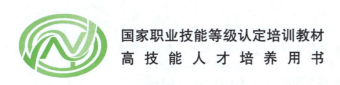

国家职业技能等级认定培训教材

高技能人才培养用书

焊工（初级）

主　编　刘昌盛　周永东

参　编　王喜亮　文　军　苏　振

　　　　苏　柯　龚兰芳　文　献

　　　　黄家庆　朱　献　吴宪宏

主　审　尹子文　周培植

机械工业出版社

本书是依据新《国家职业技能标准　焊工（2019年版）》（初级）的知识要求和技能要求，按照岗位培训需要的原则编写的。本书主要内容包括：职业道德、基础知识、焊条电弧焊、熔化极气体保护焊、手工钨极氩弧焊、气焊、钎焊、自动电弧焊、自动电阻焊和机器人焊接。

本书主要用作企业培训部门、职业技能鉴定培训机构的教材，也可作为技工院校、职业院校的教学用书。

图书在版编目（CIP）数据

焊工：初级 / 刘昌盛，周永东主编 . —北京：机械工业出版社，2023.12
（高技能人才培养用书）
国家职业技能等级认定培训教材
ISBN 978-7-111-74481-8

Ⅰ . ①焊⋯　Ⅱ . ①刘⋯ ②周⋯　Ⅲ . ①焊接 – 职业技能 – 鉴定 – 教材
Ⅳ . ① TG4

中国国家版本馆 CIP 数据核字（2023）第 252292 号

机械工业出版社（北京市百万庄大街 22 号　邮政编码 100037）
策划编辑：侯宪国　　　　　责任编辑：侯宪国　王　良
责任校对：张勤思　张　薇　　责任印制：李　昂
北京捷迅佳彩印刷有限公司印刷
2024 年 3 月第 1 版第 1 次印刷
184mm×260mm · 17 印张 · 336 千字
标准书号：ISBN 978-7-111-74481-8
定价：59.80 元

电话服务　　　　　　　　　网络服务
客服电话：010-88361066　　机 工 官 网：www.cmpbook.com
　　　　　010-88379833　　机 工 官 博：weibo.com/cmp1952
　　　　　010-68326294　　金 书 网：www.golden-book.com
封底无防伪标均为盗版　　机工教育服务网：www.cmpedu.com

编审委员会

主　任　李　奇　荣庆华

副主任　姚春生　林　松　苗长建　尹子文

　　　　周培植　贾恒旦　孟祥忍　王　森

　　　　汪　俊　费维东　邵泽东　王琪冰

　　　　李双琦　林　飞　林战国

委　员（按姓氏笔画排序）

　　　　于传功　王　新　王兆晶　王宏鑫

　　　　王荣兰　卜良勇　邓海平　卢志林

　　　　朱在勤　刘　涛　纪　玮　李祥睿

　　　　李援瑛　吴　雷　宋传平　张婷婷

　　　　陈玉芝　陈志炎　陈洪华　季　飞

　　　　周　润　周爱东　胡家富　施红星

　　　　祖国海　费伯平　徐　彬　徐丕兵

　　　　唐建华　阎　伟　董　魁　臧联防

　　　　薛党辰　鞠　刚

新中国成立以来，技术工人队伍建设一直得到了党和政府的高度重视。20世纪五六十年代，我们借鉴苏联经验建立了技能人才的"八级工"制，培养了一大批身怀绝技的"大师"与"大工匠"。"八级工"不仅待遇高，而且深受社会尊重，成为那个时代的骄傲，吸引与带动了一批批青年技能人才锲而不舍地钻研技术、攀登高峰。

进入新时期，高技能人才发展上升为兴企强国的国家战略。从2003年全国第一次人才工作会议，明确提出高技能人才是国家人才队伍的重要组成部分，到2010年颁布实施《国家中长期人才发展规划纲要（2010—2020年）》，加快高技能人才队伍建设与发展成为举国的意志与战略之一。

习近平总书记强调，劳动者素质对一个国家、一个民族发展至关重要。技术工人队伍是支撑中国制造、中国创造的重要基础，对推动经济高质量发展具有重要作用。党的十八大以来，党中央、国务院健全技能人才培养、使用、评价、激励制度，大力发展技工教育，大规模开展职业技能培训，加快培养大批高素质劳动者和技术技能人才，使更多社会需要的技能人才、大国工匠不断涌现，推动形成了广大劳动者学习技能、报效国家的浓厚氛围。

2019年国务院办公厅印发了《职业技能提升行动方案（2019—2021年）》，目标任务是2019年至2021年，持续开展职业技能提升行动，提高培训针对性、实效性，全面提升劳动者职业技能水平和就业创业能力。三年共开展各类补贴性职业技能培训5000万人次以上，其中2019年培训1500万人次以上；经过努力，到2021年底技能劳动者占就业人员总量的比例达到25%以上，高技能人才占技能劳动者的比例达到30%以上。

目前，我国技术工人（技能劳动者）已超过2亿人，其中高技能人才超过5000万人，在全面建成小康社会、新兴战略产业不断发展的今天，建设高技能人才队伍的任务十分重要。

Preface

机械工业出版社一直致力于技能人才培训用书的出版，先后出版了一系列具有行业影响力，深受企业、读者欢迎的教材。欣闻配合新的《国家职业技能标准》又编写了"国家职业技能等级认定培训教材"。这套教材由全国各地技能培训和考评专家编写，具有权威性和代表性；将理论与技能有机结合，并紧紧围绕《国家职业技能标准》的知识要求和技能要求编写，实用性、针对性强，既有必备的理论知识和技能知识，又有考核鉴定的理论和技能题库及答案；而且这套教材根据需要为部分教材配备了二维码，扫描书中的二维码便可观看相应资源；这套教材还配合天工讲堂开设了在线课程、在线题库，配套齐全，编排科学，便于培训和检测。

这套教材的出版非常及时，为培养技能型人才做了一件大好事，我相信这套教材一定会为我国培养更多更好的高素质技术技能型人才做出贡献！

中华全国总工会副主席

高凤林

前 言

Foreword

社会主义市场经济的迅猛发展，促使各行各业处于激烈的市场竞争中，人才的竞争是一个企业取得领先地位的重要因素，除了管理人才和技术人才，一线的技术工人，始终是企业不可缺少的核心竞争力量。我们按照中华人民共和国人力资源和社会保障部制定的《国家职业技能标准 焊工（2019 年版）》，编写了《焊工（初级）》教材。根据技能鉴定标准，本书结合岗位培训和考核的需要，为焊工岗位的初级工提供了实用、够用，切合岗位实际的技术内容，帮助读者尽快地达到焊工岗位的上岗要求，以适应激烈的市场竞争。

本书采用项目的形式，主要内容包括初级焊工的职业道德、基础知识、焊条电弧焊、熔化极气体保护焊、手工钨极氩弧焊、气焊、钎焊、自动电弧焊、自动电阻焊和机器人焊接等。本书每一个技能专题项目后都配有技能训练，并由中车资深技能专家通过实际操作后编写，便于读者和培训机构进行实训。同时，书中融入技能大师的高招绝活，为培养高技术技能焊工人才提供了有效的途径。本书既可作为各级技能鉴定培训机构、企业培训部门的考前培训教材，又可作为读者考前的复习用书，还可作为职业院校、技工院校和综合类技术院校机械类专业的专业课教材。

本书由刘昌盛、周永东任主编，王喜亮、文军、苏振、苏柯、龚兰芳、文献、黄家庆、朱献、吴宪宏参加编写，全书由尹子文、周培植主审。本书的编写得到了中车株洲电力机车有限公司电气设备分公司和车体事业部的大力支持和帮助，在此表示衷心感谢！

由于时间紧迫，编者的水平有限，本书的内容难免存在不足之处，欢迎广大读者批评指正。

编 者

目 录

Contents

目 录

Contents

项目 3　焊条电弧焊

目　录

Contents

项目4　熔化极气体保护焊

项目5　手工钨极氩弧焊

目 录

Contents

项目 6 气焊

目 录

Contents

目录

Contents

目录

Contents

目 录

Contents

模拟试卷样例

Chapter 1

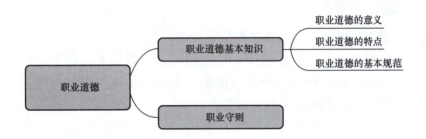

1.1 职业道德基本知识

社会主义职业道德是社会主义社会各行各业的劳动者在职业活动中必须共同遵守的基本行为准则。它是判断人们职业行为优劣的具体标准，也是社会主义道德在职业生活中的反映。因为集体主义贯穿于社会主义职业道德规范的始终，是正确处理国家、集体、个人关系的最根本的准则，也是衡量个人职业行为和职业品质的基本准则，是社会主义社会的客观要求，是社会主义职业活动获得成功的保证。职业道德的内容很丰富，它包括职业道德意识、职业道德守则、职业道德行为规范，以及职业道德培养、职业道德品质等。

1.1.1 职业道德的意义

1. 有利于推动社会主义物质文明和精神文明建设

从事职业活动的人们自觉遵守职业道德，将规范人们的职业活动和行为，可以极大限度地推动整个社会的物质创造活动。同时，良好的职业道德可以创造良好的社会秩序，提高人们的思想境界，为树立社会良好的道德风尚奠定了坚实基础，促进了社会主义精神文明建设。

2. 有利于行业、企业的建设和发展

行业的从业人员遵守职业道德，对行业的发展影响巨大。不断提高行业的道德标准，将是行业自身建设和发展的客观要求。促进企业经营管理、提高企业经济效

益需要充分发挥企业中每个职工的劳动积极性、能动性。这要求广大职工自觉遵守职业道德，从思想和行动上全身心投入工作当中，产生对企业的凝聚力。职业道德可以保障企业的发展按照正常的轨道前进，使企业获得良好的经济效益和社会效益。

3. 有利于个人的提高和发展

职业人员应该树立良好的职业道德，遵守职业守则，安心本职工作，勤奋钻研本职业务，才能提高自身的职业能力和素质。在市场经济条件下，高素质的劳动者向高效益的企业流动，是社会发展的必然趋势。只有树立良好的职业道德，不断提高职业技能，劳动者才能够在劳动市场优胜劣汰的竞争中立于不败之地。

1.1.2　职业道德的特点

1. 职业道德是社会主义道德体系的重要组成部分

由于每个人的职业与人民、国家、社会的利益密切相关；每个工作岗位，每一次职业行为，都包含着如何处理个人与国家、个人与集体关系的问题，因此，职业道德是社会主义道德体系的重要组成部分。

2. 职业道德的重要内容是树立全新的社会主义劳动态度

职业道德的本质就是在社会主义市场经济条件下，鼓励每个劳动者通过诚实的劳动，在改善自己生活的同时，为增加社会共同利益而劳动，为建设国家而劳动。劳动既是为个人谋生，也是为社会服务，劳动的双重含义产生了全新的劳动态度，具有崇高的职业道德价值。

1.1.3　职业道德的基本规范

1. 爱岗敬业

爱岗敬业是社会主义职业道德最基本、最起码、最普通的要求。爱岗敬业作为最基本的职业道德规范，是对人们工作态度的一种普遍要求。爱岗就是热爱自己的工作岗位，热爱本职工作，敬业就是要用一种恭敬严肃的态度对待自己的工作。

2. 诚实守信

诚实守信是做人的基本准则，也是社会道德和职业道德的一个基本规范。诚实就是表里如一，说老实话，办老实事，做老实人。守信就是信守诺言，讲信誉，重信用，忠实履行自己承担的义务。诚实守信是各行各业的行为准则，也是做人做事的基本准则，是社会主义最基本的道德规范之一。

3. 办事公道

办事公道是指对人和事的一种态度，也是千百年来人们所称道的职业道德。它要求人们待人处世要公正、公平。

4. 服务群众

服务群众就是为人民群众服务，也就是社会全体从业者通过互相服务，促进社会发展、实现共同幸福。服务群众是一种现实的生活方式，也是职业道德要求的一个基本内容。服务群众是社会主义职业道德的核心，它是贯穿于社会共同的职业道德之中的基本精神。

5. 奉献社会

奉献社会就是积极自觉地为社会做贡献，这是社会主义职业道德的本质特征。奉献社会自始至终体现在爱岗敬业、诚实守信、办事公道和服务群众的各种要求之中。奉献社会并不意味着不要个人的正当利益，不要个人的幸福。恰恰相反，一个自觉奉献社会的人，他才真正找到了个人幸福的支撑点，奉献和个人利益是辩证统一的。

1.2 职业守则

1. 遵守法律、法规和相关规章制度

所谓遵纪守法是指每个从业人员都要遵守法律、法规和有关规定，尤其要遵守职业纪律和与职业活动有关的法律法规。遵纪守法是从业人员的必要保证。

2. 爱岗敬业、开拓创新

任何一种道德都是从一定的社会责任出发，在个人履行对社会责任的过程中，培养相应的社会责任感，从长期的良好行为规范中建立起个人的道德。因此，职业道德首先要从爱岗敬业、忠于职守的职业行为规范开始。爱岗敬业就是提倡"干一行，爱一行"的精神。忠于职守就是要求把自己职业范围内的工作做好，合乎质量标准和规范要求，能够完成应承担的任务。

3. 勤于学习专业业务、提高能力素质

认真负责、严于律己、吃苦耐劳的工作态度，在很大程度来说，是综合素质的外在表现。如果一个人没有良好、正确的工作态度，那么他即使才高八斗、学富五车也只能"怀才不遇"。真正完成好一件事，落实好一项工作，不论大小，都要付出最大的努力，才能取得成功。有句名言道："成功只垂青有准备之人"。也就是说，成功是为勤奋、努力的人准备的，这一类人，必然具有对人生、对工作认真负责的态度，即使面对再小之事，再简单的工作，也必将全力以赴。但倘若是懒惰之人，以玩世不恭的姿态对待自己的工作和职责，即使天赋再高，也很难有大的修为和成果。因为困难就不做，或是不认真负责的去做，势必无法取得好的效果，这也就是为什么有时完全合理、可行的政策执行起来却达不到预期的目标，或是与预期的目标有偏差的原因所在。

4. 重视安全环保、坚持文明生产

重视安全生产是保证焊接生产安全有效进行的必要条件。在工厂的安全生产事故中，因为一个小小的违章操作，就有可能引发一连串的安全事故，遵守安全生产

操作规程的重要性，由此可见一斑。一定要从安全事故中吸取教训，"前事不忘，后事之师"，只有警钟长鸣，才能有效防止事故的发生。"安全第一，预防为主"，要在加强安全生产管理，完善各类安全规章制度的同时，必须切实加强广大职工的安全教育，培养安全意识，牢记安全生产操作规程，杜绝违规操作。

文明生产是指工业生产中高度发展的一种生产方式，文明生产是相对于野蛮操作而言。文明包括物质文明和精神文明。文明生产水平标志着工厂生产的管理水平。文明生产主要表现在 4 个方面：整齐优美的工作环境、保养良好的生产设备、符合安全的生产习惯和有条不紊的生产秩序。前两者体现工厂的物质文明的水平，后两者反映工厂的管理水平与工人素质，体现精神文明水平。

优美的作业环境包括美化环境、创造优美的厂容厂貌和整齐清洁的工作场所。优美的环境会给人以精神舒畅的感觉，脏乱的环境会给人以厌烦的感觉。此外，在工厂内车间周围的绿化美化工作不仅使劳动者得到美的享受，调剂精神，而且绿化工作对安全工作也有直接影响，绿化工作对防止火灾、噪声的传播有很大的作用，某些树木甚至还吸收有害气体的作用，绿化工作还可起到调节气候、预防风沙、防止太阳直射等作用。生产者要爱护环境，为美化环境添砖加瓦，创造一个清洁、文明、舒适的工作环境。

5. 崇尚劳动光荣和精益求精的敬业风气，弘扬工匠精神和争做时代先锋的意识

1）专业技能素质是从业的基本功，是职业素质的核心内容。职业素养中的专业素质是指岗位适应能力和专业技能状况。从业人员必须自觉地持之以恒地学习，钻研业务并积累经验，积极参加各种培训和岗位技能训练，以提高自身的专业理论知识和操作技能水平。

2）要谦虚谨慎，以礼待人，尊重他人。在一切工作中，不管彼此之间的社会地位、生活条件、工作性质有多大差别，都应一视同仁，互相尊重，互相信任。其中：平等尊重、相互信任是团结互助的根本和出发点。要做到上下级之间平等尊重；同事之间相互尊重；师徒之间相互尊重；尊重服务对象。

3）要顾全大局。在处理个人和集体利益的关系时，要树立全局观念，不计较个人利益，自觉服从整体利益的需要。

4）互相学习。互相学习是团结互助道德规范的中心一环。

5）加强协作。在职业活动中，为了协调从业人员之间，包括工序之间、工种之间、岗位之间、部门之间的关系，完成职业工作任务，彼此之间要互相帮助、互相支持、密切配合，搞好协作。要做到加强协作，应注意处理以下两个问题：

① 正确处理好主角与配角的关系。

② 正确看待合作与竞争，竞争的基本原则是既要竞争又要协作。

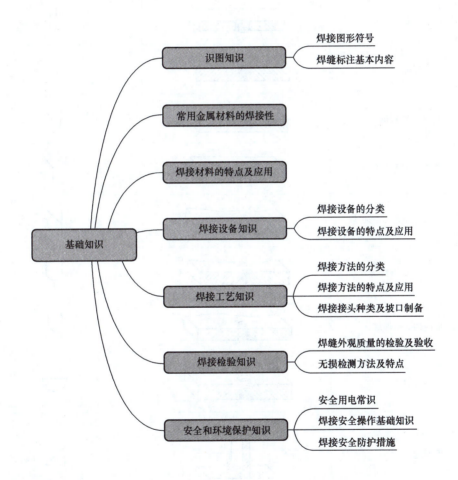

2.1　识图知识

2.1.1　焊接图形符号

在技术图样中，一般按 GB/T 324—2008《焊缝符号表示法》规定的焊缝符号表示焊缝。焊缝符号一般由基本符号、辅助符号、补充符号、焊缝尺寸符号和指引线组成。

1. 基本符号

基本符号是表示焊缝横截面形状的符号。它采用近似于焊缝横剖面形状的符号来表示，见表2-1。

表 2-1　基本符号

序号	名称	示意图	符号
1	卷边焊缝 （卷边完全熔化）		八
2	I 形焊缝		‖
3	V 形焊缝		∨
4	单边 V 形焊缝		V
5	带钝边 V 形焊缝		Y
6	带钝边单边 V 形焊缝		Y
7	带钝边 U 形焊缝		Y
8	带钝边 J 形焊缝		⊔
9	封底焊缝		⌣
10	角焊缝		◣
11	槽焊缝或塞焊缝		⊓

（续）

序号	名称	示意图	符号
12	点焊缝		○
13	缝焊缝		⊖

2. 辅助符号

辅助符号是表示焊缝表面形状特征的符号。如不需要确切地说明焊缝的表面形状时，可以不标辅助符号，见表 2-2。辅助符号的应用示例见表 2-3。

表 2-2　辅助符号

序号	名称	示意图	符号	说明
1	平面符号		—	焊缝表面齐平（一般通过加工）
2	凹面符号		⌣	焊缝表面凹陷
3	凸面符号		⌢	焊缝表面凸起

表 2-3　辅助符号的应用示例

名称	示意图	符号
平面 V 形对接焊缝		V
凸面 X 形对接焊缝		X
凹面角焊缝		
平面封底 V 形焊缝		

3. 补充符号

补充符号是为了补充说明焊缝的某些特征而采用的符号，见表2-4。补充符号的应用示例见表2-5。

表2-4 补充符号

序号	名称	示意图	符号	说明
1	带垫板符号	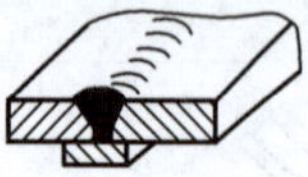	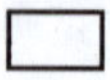 ▭	表示焊缝底部有垫板
2	三面焊缝符号	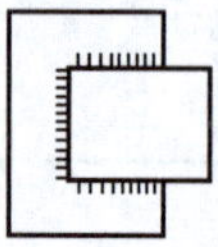	⊏	表示三面带有焊缝
3	周围焊缝符号	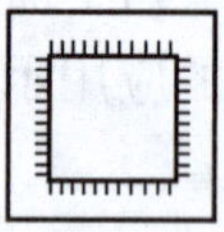	 ○	表示环绕工件周围有焊缝
4	现场符号	—	⚑	表示在现场或工地上进行焊接
5	尾部符号	—	 <	可以参照GB/T 5185—2005《焊接及相关工艺方法代号》标注焊接工艺方法等内容

表2-5 补充符号的应用示例

示意图	标注示例	说明
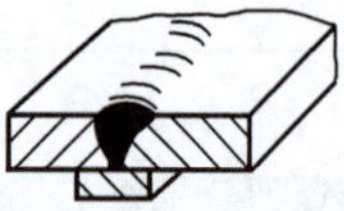	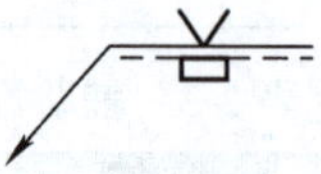	表示V形焊缝的背面底部有垫板
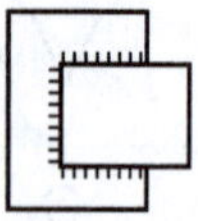	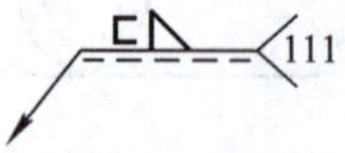 111	工件三面带有角焊缝，焊接方法为焊条电弧焊
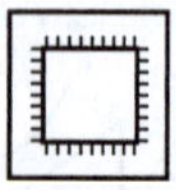	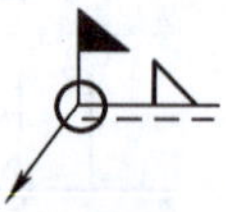	表示在现场沿工件周围施焊的角焊缝

4. 焊缝尺寸符号

焊缝尺寸符号是表示焊接坡口和焊缝尺寸的符号，见表2-6。

表 2-6　焊缝尺寸符号

符号	名称	示意图	符号	名称	示意图
δ	工件厚度	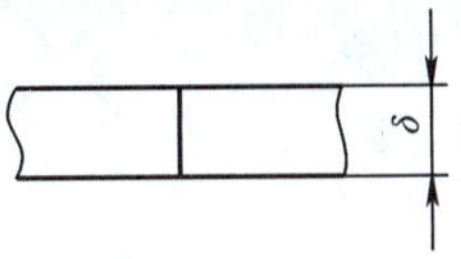	e	焊缝间距	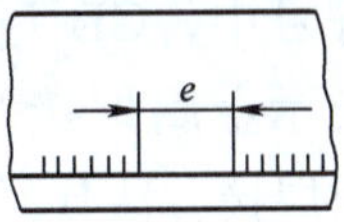
α	坡口角度	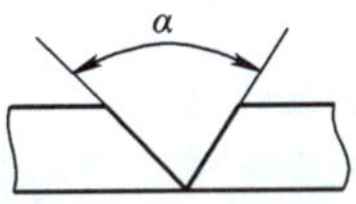	K	焊脚尺寸	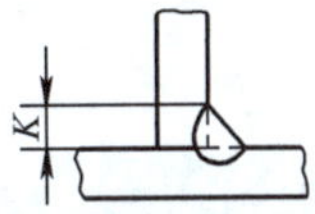
b	根部间隙	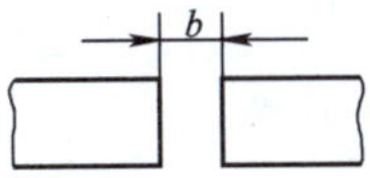	d	点焊：熔核直径 塞焊：孔径	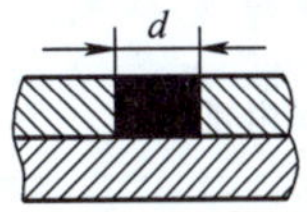
p	钝边	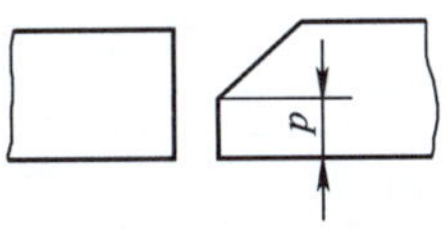	S	焊缝有效厚度	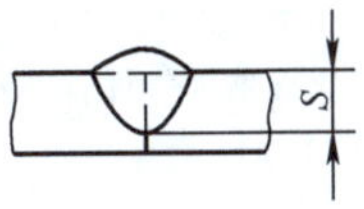
c	焊缝宽度	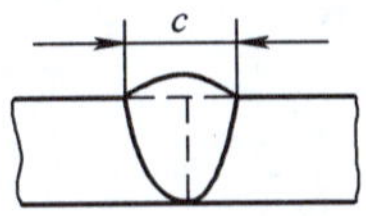	N	相同焊缝数量	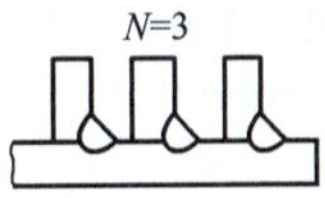
R	根部半径	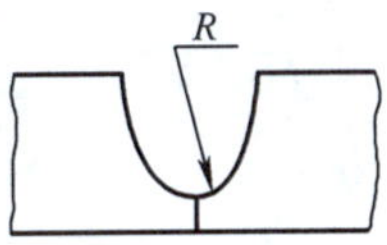	H	坡口深度	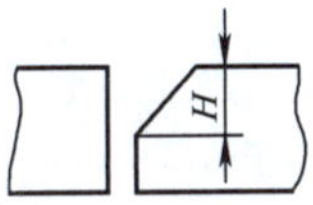
l	焊缝长度	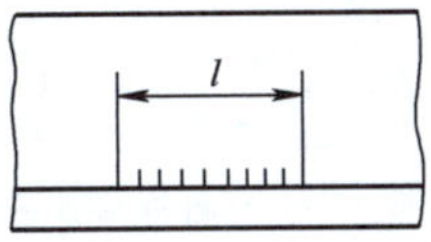	h	余高	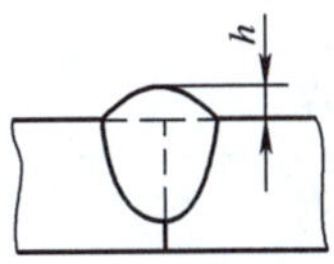
n	焊缝段数	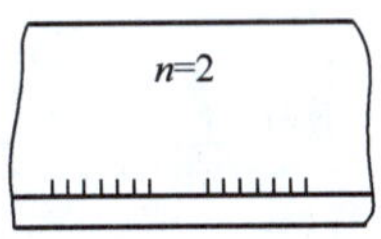	β	坡口面角度	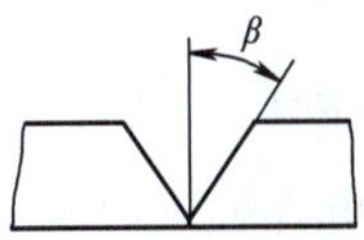

2.1.2　焊缝标注基本内容

1. 指引线

指引线一般由带有箭头的指引线（简称箭头线）和两条基准线（一条为实线，一条为虚线）两部分组成，如图 2-1 所示。有时在基准线实线末端加一尾部符号，做其他说明（如焊接方法等）。基准线的虚线可以画在基准线的实线下侧或上侧。基准线一般应与图样的底边相平行，但在特殊情况下也可以与底边相垂直。

2. 焊接方法代号

在焊接结构图上，将焊接方法代号标注在尾部符号中，GB/T 5185—2005 规定了用阿拉伯数字表示金属焊接及钎焊等各种焊接方法的代号，常用焊接方法代号见表 2-7。

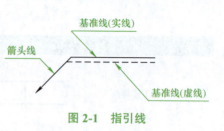

图 2-1　指引线

表 2-7　常用焊接方法代号

焊接方法	焊接方法代号	焊接方法	焊接方法代号
电弧焊	1	气焊	3
焊条电弧焊	111	氧乙炔焊	311
埋弧焊	12	氧丙烷焊	312
熔化极惰性气体保护电弧焊（MIG）	131	压力焊	4
		摩擦焊	42
熔化极非惰性气体保护电弧焊（MAG）	135	扩散焊	45
		激光焊	52
钨极惰性气体保护电弧焊（TIG）	141	电子束焊	51
		其他焊接方法	7
等离子弧焊	15	电渣焊	72
电阻焊	2	气电立焊	73
点焊	21	螺柱焊	78
缝焊	22	硬钎焊、软钎焊及钎接焊	9
凸焊	23	硬钎焊	91
闪光焊	24	火焰硬钎焊	912
电阻对焊	25	软钎焊	94

3. 焊缝标注原则和方法

完整的焊缝表示方法除了上述基本符号、辅助符号、补充符号以外，还包括指引线、一些尺寸符号及数据。

（1）指引线的标注位置　带箭头的指引线相对焊缝的位置一般没有特殊要求，如图 2-2a、b 所示。但是在标注单边 V 形、单边 Y 形、J 形焊缝时，箭头线应指向带有坡口一侧的工件，如图 2-2c、d 所示。必要时，允许箭头线弯折一次，如图 2-3 所示。

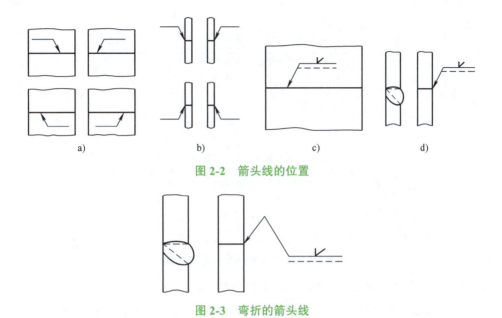

图 2-2　箭头线的位置

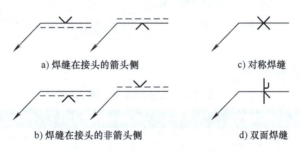

图 2-3　弯折的箭头线

（2）基本符号的标注位置

1）如果焊缝在箭头线所指的一侧（接头的箭头侧）时，则将基本符号标在基准线的实线侧，如图 2-4a 所示。

a）焊缝在接头的箭头侧　　　　　c）对称焊缝

b）焊缝在接头的非箭头侧　　　　d）双面焊缝

图 2-4　基本符号相对基准线的位置

2）如果焊缝在箭头线所指的一侧的背面（接头的非箭头侧）时，则将基本符号标在基准线的虚线侧，如图 2-4b 所示。

3）标注对称焊缝及双面焊缝时，可不加虚线，如图 2-4c、d 所示。

（3）辅助符号、补充符号的标注位置　见表 2-4、表 2-5。辅助符号的标注：平面、凹面和凸面符号标注在基本符号的上侧或下侧；补充符号的标注：垫板符号标注在基准线的下侧；三面焊缝符号标注在基本符号的左侧；周围焊缝符号、现场符号标注在指引线与基准线的交点处；尾部符号标注在基准线实线的末端。

（4）焊缝尺寸符号的标注位置　如图 2-5 所示。焊缝尺寸符号及数据的标注原则如下：

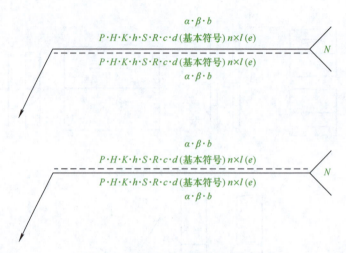

图2-5　焊缝尺寸符号的标注位置

1）焊缝横截面上的尺寸，标在基本符号的左侧。

2）焊缝长度方向尺寸，标在基本符号的右侧。

3）坡口角度、坡口面角度、根部间隙等尺寸，标在基本符号的上侧或下侧。

4）相同焊缝数量符号标在尾部。

5）当需要标注的尺寸数据较多又不易分辨时，可在数据前面增加相应的尺寸符号。当箭头线方向变化时，上述原则不变。

（5）**焊接方法代号的标注位置**　焊接方法代号标注在基准线实线末端的尾部符号中。

（6）**焊缝标注典型示例**　见表2-8。

表2-8　焊缝的标注示例

焊缝形式	焊缝示意图	标注方法	焊缝符号意义
对接焊缝			坡口角度为60°、根部间隙为2mm、钝边为3mm且封底的V形焊缝，焊接方法为焊条电弧焊
角焊缝			上面为焊脚为8mm的双面角焊缝，下面为焊脚为8mm的单面角焊缝

（续）

焊缝形式	焊缝示意图	标注方法	焊缝符号意义
对接焊缝与角焊缝的组合焊缝			表示双面焊缝，上面为坡口角度为45°、钝边为3mm、根间隙为2mm的单边V形对接焊缝，下面是焊脚为8mm的角焊缝
角焊缝			表示35段、焊脚为8mm、间距为30mm、每段长为50mm的交错断续角焊缝

注：符号"Z"表示交错、断续的焊缝。

说明：产品图样中有许多接头，每个接头的形式也不尽相同，因此，必须在熟悉各种焊缝符号和示例的基础上，首先对图样中的接头加以区分，再对每一个接头的焊缝形式、焊缝符号的标注方法进行确定，这样才能读懂焊件图样。

2.2 常用金属材料的焊接性

焊接性是金属材料在一定的焊接条件下，形成符合使用要求的完整的焊接接头的能力。它是表征金属材料焊接难易的特性，也是金属材料的基本工艺特性之一。影响焊接性的主要因素是金属材料的化学成分和组织，也与焊接工艺因素和使用条件密切相关。研究焊接性对改进金属材料的焊接性能、研制新型焊接材料和促进焊接技术进步具有重要意义。研究焊接性一般还涉及金属焊接热源、焊接热循环、焊接热输入、焊接熔池、焊接温度场、熔合线、焊缝区、热影响区、熔合比、熔焊稀释率、合金过渡系数、舍夫勒组织图、德龙组织图，以及各种评定焊接性的试验方法。

金属材料的焊接性包括物理焊接性、工艺焊接性、冶金焊接性、热焊接性和使用焊接性。

（1）物理焊接性　从理论上讲，任何金属材料（包括纯金属和合金），只要在高温熔化后能够共溶或形成共晶体，就可以用熔焊的方法进行焊接。同种金属材料之间是完全可以进行焊接的，因此就可以称为具有焊接性。而异种金属材料之间也可以通过添加过渡金属层的办法进行焊接。这种单纯从物理结合的性质来分析的焊接性称为物理焊接性。但由于物理焊接性没有考虑工艺条件和经济性，所以在实际生产中不一定行得通。

（2）**工艺焊接性** 研究金属的工艺焊接性，与焊接过程的工艺条件分不开。以熔焊为例，焊接过程包括冶金过程和热过程。在同一个焊接接头上，冶金过程主要影响焊缝金属的性能，热过程主要影响近焊缝区金属的性能。因此，可将工艺焊接性分为冶金焊接性和热焊接性加以分析。冶金焊接性是在熔焊高温下，焊接熔池内液态金属与气、渣等相之间发生物理化学反应，以及凝固结晶中组织变化而形成具有一定使用性能的焊接接头的能力。母材的化学成分是决定其冶金焊接性的主要因素。对钢而言，含碳量越高，焊接性越差。对钢内其他化学元素，可以通过碳当量（Ceq）来对其影响进行比较和估计。国际焊接学会推荐的碳当量计算公式为

$$Ceq = \left[C + \frac{Mn}{6} + \frac{(Cr + Mo + V)}{5} + \frac{(Ni + Cu)}{15} \right] \times 100\%$$

式中　Ceq——碳当量；

　　　C、Mn、Ni、Cr、Cu、V——碳、锰、镍、铬、铜、钒含量。

在实际熔焊中，还不能忽视焊接材料（如焊条，焊丝等）添加到熔池中对焊缝金属化学成分变化的影响。尤其是不锈钢的熔焊，不同化学成分的不锈钢（如奥氏体、铁素体、马氏体和双相不锈钢等）必须选择成分适宜的专用填充金属，以改善被焊金属的冶金焊接性。另外，还应应用不锈钢的相变组织图（舍夫勒组织图和德龙组织图），并引入了镍当量（Nieq）和铬当量（Creq）来对其影响进行评估。在研制金属结构的新型材料时，必须充分考虑其冶金焊接性，同时也可以通过改进添加的焊接材料性能和焊接工艺等途径来改善材料的冶金焊接性。

（3）**热焊接性** 热焊接性是在焊接过程中，邻近焊缝的热影响区金属材料发生显微组织变化和性能变化，形成具有一定使用性能的焊接接头的能力。通常，在焊接过程中，焊接热源向焊接接头部位输入相当的热量，焊接热循环对焊接熔池及邻近的热影响区产生加热和冷却作用，使热影响区金属发生相应的组织变化（如相变，晶粒长大等），从而引起力学性能、显微硬度和耐蚀性能等的变化。例如，对于含碳量稍高的低合金钢，在邻近焊缝熔合线热影响区部位易发生马氏体相变而局部淬硬变脆。即使是一些不发生相变的纯金属（如纯铝，纯钼等），经焊接热循环影响，也会因晶粒长大或形变硬化消失而使其性能发生明显变化。为了改善材料的热焊接性，除了注意选择母材的晶粒组织状态外，还要正确选定焊接方法和焊接热输入，以及适当的施焊条件，如预热、加冷却垫板和缓冷等工艺措施都可以影响热焊接性。

（4）**使用焊接性** 使用焊接性是焊接接头满足使用要求（力学和其他性能）的能力。金属焊接结构件必须满足工程设计所规定的各项使用性能，如承受载荷的类型与大小、工作介质种类、工作温度高低，以及有关的行业标准、安全及可靠性要求等。在高温下工作的焊接构件，要防止发生蠕变和氧化；在低温下工作或承受冲击载荷时，焊接接头应不会产生脆断；在腐蚀性介质中工作时，要求焊接接头具有

耐蚀性；在交变载荷下工作的焊接构件要求具有一定的抗疲劳性；而压力容器中的焊接接头，则要求机械强度和塑韧性兼顾，并要防止焊缝在一定压力下发生断裂造成容器泄漏等事故。要确保使用性能，必须十分重视金属材料的使用焊接性。

（5）试验评定　金属材料的焊接性可以通过试验进行评定。通常采用的焊接性试验有两种：

1）工艺焊接性试验，主要用于评定焊接接头在焊接过程中或焊后使用中产生裂纹的倾向。试验方法有：焊接热裂纹试验、焊接冷裂纹试验和焊接再热裂纹试验等。

2）使用焊接性试验，一般根据使用要求而定，主要有：焊接接头和焊缝金属的力学试验、测氢试验、耐蚀性试验、焊接热模拟试验和耐压试验等。

2.3　焊接材料的特点及应用

焊接材料在焊接中起到填充金属并参与焊接冶金反应的作用。因此，焊接材料质量的好坏、选择是否合理将直接影响到焊缝金属的组织和性能，并对其起着决定性的作用。下面仍以焊条电弧焊为例介绍常用的焊接材料及其特点、焊接材料如何选用，以及焊接材料在焊前的预处理等内容。

对焊条电弧焊来说，焊接材料就是焊条，它通常由金属丝和包在金属丝外面的药皮两部分组成。根据药皮的组成成分不同，可将焊条分为碱性焊条、酸性焊条和中性焊条三类。其中，碱性焊条与酸性焊条的特点对比如下：

1）酸性焊条中由于存在氧化硅、氧化钛等强氧化物，使得焊缝的氧化冶金反应比较剧烈，因此焊缝金属的有益合金元素容易被烧损，且不利于掺合金。反之，碱性焊条因含氧化性较小的氧化钙、氧化镁等氧化物，药皮中合金元素烧损少，便于掺合金。

2）碱性焊条中因含有氧化钙（萤石）而有利于脱氢，因此它对高强度钢、高合金钢等易产生冷裂纹的材料比较好。反之，酸性焊条的脱氢能力较差。

3）酸性焊条脱硫、磷的能力较弱，而碱性焊条的脱硫、磷能力较好。故用碱性焊条焊接的焊缝其综合力学性能较好。

4）酸性焊条由于含有较强的氧化物，其脱氧能力强，而且脱氧时反应剧烈，便于包括氢气在内的气体从焊缝中逸出。故酸性焊条对焊缝接头的铁锈、油污等敏感性较小，且不易产生气孔。而碱性焊条则对铁锈、油污比较敏感，这是因为铁锈、油污的存在会产生大量的气体，而碱性焊条的脱气能力较差。

5）碱性焊条由于氟化钙的存在，会影响到弧柱的电离，故其稳弧性不好，须采用直流电源，只有加入适量的钾、钠等低电离电位的稳弧剂后才可以用交流电源。而酸性焊条稳弧性较好，能交直流两用。

6）酸性焊条有较好的焊接工艺性，焊缝成形好，脱渣性也较好。碱性焊条则较差些。

7）碱性焊条焊接时产生的烟气多，且由于其中含有氟化氢这一有毒气体，故焊接时要有良好的通风措施。酸性焊条焊接时，产生的烟气少，毒性也小。

通过上述的对比分析来看，对重要的场合，宜用碱性焊条；一般情况下，可用酸性焊条。

2.4　焊接设备知识

2.4.1　焊接设备的分类

焊接设备的主要类型有电弧焊机、电阻焊机和其他焊接设备。

（1）电弧焊机　它又分为手工弧焊机（弧焊变压器、弧焊整流器和弧焊发电机）、埋弧焊机和气体保护弧焊机（非熔化极气体保护焊机和熔化极气体保护焊机）。

（2）电阻焊机　它分为点焊机、凸焊机、缝焊机和对焊机。

（3）其他电焊机　如电渣焊机、等离子弧焊机、高频焊机、电子束焊机、光束焊机、超声波焊机、摩擦焊机、冷压焊机、钎焊机等。

2.4.2　焊接设备的特点及应用

电焊机优点：电焊机使用电能源，将电能瞬间转换为热能。电很普遍，电焊机适合在干燥的环境下工作，不需要太多要求，因体积小巧，操作简单，使用方便，速度较快，焊接后焊缝结实等优点广泛应用于各个领域，特别对要求强度很高的制件特实用，可以瞬间将同种金属材料（也可将异种金属连接，只是焊接方法不同）永久性的连接，焊缝经热处理后，与母材同等强度，密封很好，这给储存气体和液体容器的制造解决了密封和强度的问题。

电焊机缺点：电焊机在使用的过程中焊机的周围会产生一定的磁场，电弧燃烧时会向周围产生辐射，弧光中有红外线、紫外线等光种，还有金属蒸汽和烟尘等有害物质，所以操作时必须要有足够的防护措施。电焊机不适合于高碳钢的焊接，由于焊接焊缝金属结晶和偏析及氧化等过程，对于高碳钢来说焊接性能不良，焊后容易开裂，产生热裂纹和冷裂纹。低碳钢有良好的焊接性能，但焊接过程中也要操作得当，除锈清洁方面较为烦琐，有时焊缝会出现夹渣、裂纹、气孔、咬边等缺陷，但操作得当会减少缺陷的产生。

电焊机在机械制造等产业中应用非常广泛，根据其不同的特性可以分为12种，每种电焊机的功能、应用领域也不尽相同。

1. KR 系列晶闸管控制 CO_2 焊机

1）KR 系列电焊机采用独特的辅助直流电抗器，使小电流区域短路频率提高，电弧柔和稳定，大电流区域短路频率降低，飞溅小，焊接性能优越。

2）得益于高速度、高精度输出控制技术的采用，即使电网电压波动，周围环境变化，都能够方便地实现一体化调节，保证输出稳定。

3）时间程序控制及各种收弧处理功能控制电路不仅控制线路板元件少，可靠性高，而且功能齐全。

4）具有完善的过电流、过热保护电路，保证了电焊机的安全性。

5）控制性能好，负载适应性强，采用先进的技术改善了焊接的工艺性能，降低了飞溅，改善了焊缝成形。

6）采用带中心抽头的电流电抗器，可以方便地改变电焊机动特性。

2. NBC 系列 CO₂ 焊机

1）NBC 系列半自动 CO_2 焊机采用 10 级调节输出电压，挡位多，调节规范方便。

2）控制网络采用集成电路，可靠性好。

3）送丝机构采用印刷电动机做送丝动力，送丝平稳，力矩大。

4）适用于薄、中板的连接焊接和间隙点固焊。

5）可焊材料：低碳钢、低合金结构钢、低合金高强钢。

3. ZX5 系列晶闸管控制直流弧焊机

1）ZX5 系列可控制硅整流弧焊机主回路采用双反星形结构的晶闸管整流，焊机主要适用于直流焊条电弧焊。

2）集成电路控制，电流调节范围宽，电弧稳定，飞溅小，焊接性能优良，不易发生引弧不良和焊条黏附现象。

3）具有电流遥控功能。

4）适用于各种焊条的焊接。

4. LGK8 系列空气等离子切割机

1）LGK8 系列切割机采用独特设计的高漏磁变压器，提供等离子切割电弧。

2）适用于普通钢、不锈钢、铜、铝、钛及其合金、铸铁等几乎所有金属板管材料。

3）可实现高速、高精度切割，切缝狭窄整齐，工作不变形。

4）使用压缩空气作为切割气流，取用方便，经济实用，与火焰切割相比，速度提高 4 倍，成本为其 1/3。

5）高频引弧方式，引弧可靠迅速，可对表面不洁或涂覆油漆等工件进行切割。

5. MZ 系列自动埋弧焊机

1）MZ 系列自动埋弧焊机焊接热效率高，熔深大，焊接速度快，焊接效果好，焊缝成形美观。

2）劳动强度低，工作效率是焊条电弧焊的 5～8 倍。

3）能焊接各种有坡口或无坡口的对接焊缝或搭接焊缝等。

4）采用晶闸管式直流弧焊电源，电弧柔和、稳定、可靠性好。

5）具有电网电压波动补偿功能和抗干扰功能。

6）焊机容量大，广泛用于造船、锅炉、铁路车辆、化工机械、压力容器、电力等行业。

6. TIG 系列逆变式氩弧焊机

1）采用MOSFET逆变技术，工作频率高达100kHz以上，电源轻便，节能省电。

2）采用高频增压引弧及脉冲热引弧设计，起弧性能好，焊接电流稳定，最小可达10A，便于薄板的焊接。

3）独特的输出特性设计，更适合填丝焊接，焊缝美观。

4）采用单相220V的电源供电，工作电压范围广，电网适应能力强，负载持续率高。

5）内设过电流、过电压、过热自动保护功能。

6）整机结构简单，可靠耐用，便于维护。

7. WS 系列逆变氩弧焊／焊条电弧焊机

1）焊接电流数字显示，直观可靠；采用先进的逆变技术，工作频率高达100kHz，体积小、重量轻、便于携带；一机多用，适用于各种金属的氩弧焊及手工电弧焊。

2）手动开关隔离电路，电网电压波动自动补偿，抗电网波动强，抗干扰能力强；氩弧焊时具有快速点焊功能；焊条电弧焊具有独特的电弧推力调节功能，方便实用。

3）独特的输出特性设计，高频增压起弧，起弧容易、焊接电流稳定、动态响应速度快、焊接无噪声、飞溅小、无磁偏，更适合填丝焊接，焊缝美观。

4）具有机控／遥控转换功能，具有起弧电流、焊接电流、基值电流、收弧电流调节，电流缓升降时间、脉冲频率、占空比、气体延迟调节功能。

5）高效节能，工作稳定可靠、电压范围宽、电网适应能力强，负载持续率高，更适合工厂连续工作；工艺优良，可靠耐用，新型斜面板外壳，人性化设计。

6）适用于不锈钢、碳钢、铜等多种金属材料的焊接。

8. ZX7 系列逆变直流弧焊机

1）采用MOSFET开关元件及最先进的IGBT逆变技术，逆变频率达20kHz以上，快速动态响应，功能完善，可靠性极高，可满足高品质焊接工艺要求。

2）负载持续率高、焊接功能余量大，具有电压波动自动补偿功能，抗电网波动强，焊接电流稳定。

3）具有推力补偿功能、电弧稳定性好、熔池均匀、飞溅小、焊缝成形美观，不黏附焊条。

4）适用于酸性焊条、碱性焊条、不锈钢焊条、铸铁焊条、耐热钢焊条的焊接。

5）适合焊接各种低、中、高碳钢，低合金钢，不锈钢等。

6）100A 以上电焊机可用于碳弧气刨。

9. WSME 系列逆变交直流脉冲氩弧焊机

1）采用进口开关元件 IGBT 模块，PWM 控制，双重逆变电流。

2）电流过零点时间短，电弧稳定，无须高频引弧。

3）超强的清理氧化膜能力，且可获得窄而深的焊缝，电流预设功能，数字化显示电流。

4）可变正、负极性焊接，方便焊工操作，具有频率选择、电流缓升、缓降调节、送气时间调节等功能。

5）具有一机多用的功能，交流脉冲氩弧焊、直流脉冲氩弧焊、交流直流氩弧焊、交流直流焊条电弧焊等。

6）内置过电流、过热、过电压等功能，抗电网电压波动强。

7）适用于对铝、铝合金、钢、铁、高中低碳钢、不锈钢等各种金属材料的焊接。

10. WSE 交直流手工氩弧焊机

1）采用动铁芯式高漏抗变压器，单相桥式整流与电抗器串联，减少直流电流的脉动。

2）具有一机四用的功能：手工交流、手工直流、交流、直流氩弧焊。

3）焊机起弧容易，电弧稳定，焊接成形好、电路简单，维护方便。

4）主要用于铝、铝合金、铜、不锈钢等材料的焊接。

11. ZXE1 系列交直流两用弧焊机

1）ZXE1 系列交直流两用弧焊机采用动铁芯式高漏抗变压器，单相桥式整流电路与电抗器串联，减少直流电流的脉动，焊接电流稳定。

2）通过改变输出电缆的接线位置，达到交直流焊接功能的转换。

3）适用酸性焊条焊接普通低碳钢、低合金钢构件。

4）适用碱性焊条焊接重要的低碳钢构件和一般的中碳钢、不锈钢、铸铁件等。

5）可广泛用于建筑、冶金、石油、化工、造船、机械等行业。

12. BX1 系列交流弧焊机

1）采用动铁芯式高漏抗变压器。

2）200 型或 200 型以下有 220V 或 380V 的输入电压转换，通过转动手柄调节动铁芯位置，无级调节电流的大小。

3）可焊材料：低碳钢、中碳钢、低合金钢。

4）环境温度介于 -10℃ 到 40℃ 之间。

5）工作场所海拔高度不超过 1000m。

6）供电电压的波动在额定值的 ±10% 以内。

7）工作场所风力低于 1.5m/s。

13. 电焊机的铭牌及标示介绍

每台电焊机上都有铭牌，在铭牌上都列有该台电焊机的型号和主要参数。如输入的初级电压、相数、功率、接法、转数。输出的次级，列有空载电压、工作电压、电流调节范围、负载持续率等内容。

（1）电焊机铭牌号表示　GB/T 10249—2010《电焊机型号编制方法》要求电焊机生产企业均按该标准编制电焊机产品的型号，所以看到产品型号就能知道该电焊机产品的结构、工艺类别、输出电流等信息。常用的电弧焊机和电阻焊机的型号含义见表 2-9、表 2-10。

表 2-9　部分电焊机型号的符号代码含义

产品名称	第一字母		第二字母		第三字母		第四字母	
	代表字母	大类名称	代表字母	小类名称	代表字母	附注特征	数字序号	系列序号
电弧焊机	B	交流弧焊机（弧焊变压器）	X P	下降特性 平特性	L	高空载电压	省略 1 2 3 4 5 6	磁放大器或饱和电抗器式 动铁芯式 串联电抗器式 动圈式 晶闸管式 变换抽头式
	A	机械驱动的弧焊机（弧焊发电机）	X P D	下降特性 平特性 多特性	省略 D Q C T H	电动机驱动 单纯弧焊发动机 汽油机驱动 柴油机驱动 拖拉机驱动 汽车驱动	省略 1 2	直流 交流发电机整流 交流
	Z	直流弧焊机（弧焊整流器）	X P D	下降特性 平特性 多特性	省略 M L E	一般电源 脉冲电源 高空载电压 交直流两用电源	省略 1 2 3 4 5 6 7	磁放大器或饱和电抗器式 动铁芯式 动线圈式 晶体管式 晶闸管式 变换抽头式 逆变式
	M	埋弧焊机	Z B U D	自动焊 半自动焊 堆焊 多用	省略 J E M	直流 交流 交直流 脉冲	省略 1 2 3 9	焊车式 横臂式 机床式 焊头悬挂式
	N	MIG/MAG焊机（熔化极惰性气体保护弧焊机/活性气体保护弧焊机）	Z B D U G	自动焊 半自动焊 点焊 堆焊 切割	省略 M C	直流 脉冲 二氧化碳保护焊	省略 1 2 3 4 5 6 7	焊车式 全位置焊车式 横臂式 机床式 旋转焊头式 台式 焊接机器人 变位式

表 2-10　部分焊机型号的符号代码含义

产品名称	第一字母		第二字母		第三字母		第四字母	
	代表字母	大类名称	代表字母	小类名称	代表字母	附注特征	数字序号	系列序号
电弧焊机	W	TIG焊机	Z S D Q	自动焊 焊条电弧焊 点焊 其他	省略 J E M	直流 交流 交直流 脉冲	省略 1 2 3 4 5 6 7 8	焊车式 全位置焊车式 横臂式 机床式 旋转焊头式 台式 焊接机器人 变位式 真空充气式
	L	等离子弧焊机/等离子弧切割机	G H U D	切割 焊接 堆焊 多用	省略 R M J S F E K	直流等离子 熔化等离子 脉冲等离子 交流等离子 水下等离子 粉末等离子 热丝等离子 空气等离子	省略 1 2 3 4 5 8	焊车式 全位置焊车式 横臂式 机床式 旋转焊头式 台式 手工等离子
电阻焊机	D	点焊机	N R J Z D B	工频 电容储能 直流冲击波 次级整流 低频 逆变	省略 K W	一般点焊 快速点焊 网状点焊	省略 1 2 3 6	垂直运动式 圆弧运动式 手提式 悬挂式 焊接机器人
	T	凸焊机	N R J Z D B	工频 电容储能 直流冲击波 次级整流 低频 逆变			省略	垂直运动式
	F	缝焊机	N R J Z D B	工频 电容储能 直流冲击波 次级整流 低频 逆变	省略 Y P	一般缝焊 挤压缝焊 垫片缝焊	省略 1 2 3	垂直运动式 圆弧运动式 手提式 悬挂式
	U	对焊机	N R J Z D B	工频 电容储能 直流冲击波 次级整流 低频 逆变	省略 B Y G C T	一般对焊 薄板对焊 异形截面对焊 钢窗闪光对焊 自行车轮圈对焊 链条对焊	省略 1 2 3	固定式 弹簧加压式 杠杆加压式 悬挂式

（2）接地保护标志　除机械驱动的电弧焊机外，其余电弧焊机都属于Ⅰ类设备；而大多数电阻焊机也属于Ⅰ类设备。所谓Ⅰ类设备是指设备的防触电保护不仅靠基本绝缘，还需将能触及的可导电部分与设施固定布线中的保护（接地）线相连接，一旦基本绝缘失效，由于能触及的可导电部分已与保护（接地）线连接，因而使用人员的安全有了保证。因此，通常在电焊机的外壳上有一保护性导体接线端（俗称接地端）。在使用电焊机时，一定要将输入电缆中的保护性导线（绿、黄双色线）与该接线端相连。如输入电缆不带保护性导线，则需要将电焊机使用场所中的专用绿、黄双色的保护性导线与该接线端相连。需要注意的是保护性导体接线端不得用于其他目的（例如用来夹紧外壳上的两个零件）。

（3）警示性符号　在电焊机的外壳上通常会有一些警示性符号。常见的警示性符号及含义见表2-11。

表2-11　警示性符号及含义

符号	功能，关键字，状态	应用
	危险电压	表示危险电压引起的危险
	干扰	表示在正确操作情况下可能的干扰
	警告	提醒操作者注意危险
	阅读使用说明书	表示操作者应阅读使用说明书
	温度显示	表示温度指示，例如温度过高，警示灯亮

（4）额定最大输入电流（I_{1max}）及最大有效输入电流（I_{1eff}）　在 GB 15579.1—2013《弧焊设备　第 1 部分：焊接电源》中对额定最大输入电流（I_{1max}）的定义为：额定输入电流的最大值。最大有效输入电流（I_{1eff}）是计算值，即根据电焊机的额定输入电流（I_1）及其相应的负载持续率（X）和空载电流（I_0），通过下式计算得到：$I_{1eff} = \sqrt{I_1^2 X + I_0^2 (1-X)}$，铭牌上给出 I_{1max} 及 I_{1eff} 数值的目的主要是用于选择适合的输入耦合装置（插头）、输入电缆横截面积和输入回路通/断开关装置及熔断器的容量。如果电焊机未配输入电缆，则用户应根据表2-12选择输入电缆的横截面积。

表2-12　适用于输入回路接线端的导线尺寸范围

最大有效输入电流 I_{1eff}/A	导体横截面积范围 /mm^2
10	1.5～2.5
16	1.5～4
25	2.5～6
35	4～10
50	6～16

（续）

最大有效输入电流 I_{1eff}/A	导体横截面积范围 /mm²
63	10～25
80	16～35
100	25～50
125	35～70
160	50～95
200	70～120

（5）空载电压　空载电压是指在额定输入电压和频率或额定空载转速下，在电焊机输出端测得的空载电压。如果电焊机装有防触电装置，则空载电压是指在该装置动作之前所测得的电压。对电弧焊机而言，特别是交流电弧焊机，为保证焊接过程中电焊机具有良好的引弧特性和电弧的稳定性，通常希望提高空载电压。然而从安全角度出发，则希望空载电压值尽可能低。GB 15579.1—2013《弧焊设备　第 1 部分：焊接电源》规定：电弧焊机的额定空载电压不得超过表 2-13 规定的数值。

表 2-13　允许的额定空载电压值一览表

工作条件	额定空载电压值
触电危险性较大的环境	直流 113V 峰值 交流 68V 峰值和 48V 有效值
触电危险性不大的环境	直流 113V 峰值 交流 113V 峰值和 80V 有效值
对操作人员加强保护的机械夹持焊炬	直流 141V 峰值 交流 141V 峰值和 100V 有效值
等离子切割	直流 500V 峰值

表 2-13 中触电危险性较大的环境是指：活动空间受到限制的位置，操作人员被迫用拘束的姿势（跪、坐、躺…）施焊，身体触及导电部件；完全或部分受到导电部件限制的位置，操作人员很可能必然或偶然地与导电部件相接触；在雨中、在潮湿或高温处，潮气和汗水会使人体皮肤电阻和附件的绝缘性能显著降低。

如果电焊机铭牌上标示有"S"符号，则表示电焊机的空载电压值小于直流 113V 峰值或交流 68V 峰值和交流 48V 有效值，该电焊机可以在触电危险性较大的环境中焊接。

（6）额定输出电流及负载持续率　在电弧焊机的铭牌上标示额定输出电流时会同时标示出其相应的负载持续率，这是用户选择焊机时最重要的指标之一。表示在该额定输出电流和负载持续率下，电焊机能正常工作而不会出现过热现象。

（7）输入容量　在电阻焊机的铭牌上标示有电焊机的输入容量（视在功率）及

其对应的负载持续率，这也是用户选择电焊机时最重要的指标之一。相同容量不同负载持续率的电阻焊机（阻焊变压器）实际容量相差很大，可以通过换算成 100% 负载持续率进行比较，两者相差很大，所以用户在选择电阻焊机时不仅要注意铭牌上标示的输入容量，而且要关注该容量所对应的负载持续率。

（8）外壳防护等级（IP 代码）　按 GB 4208—2017《外壳防护等级（IP 代码）》规定，外壳防护等级（IP 代码）由代码字母 IP（国际防护 International Protection）、第一位特征数字、第二位特征数字、附加字母、补充字母组成。第一位特征数字表示外壳应能防止固体异物进入，防止人员接近危险部件。第二位特征数字表示外壳应能防止设备进水造成有害影响。不要求规定特征数字时，该处由字母"X"代替。附加字母表示对人接近危险部件的防护等级，只有在第一位特征数字用"X"代替或对接近危险部件的实际防护高于第一位特征数字时才使用。补充字母表示进行试验的补充要求。附加字母和补充字母可省略。

（9）耐热分级（绝缘等级）　耐热分级是电气绝缘材料 / 电气绝缘系统（EIM/EIS）的耐热表示方法，为与 EIM/EIS 相对应的最高使用温度（摄氏温度℃）的数值。由于在电气设备中，通常情况下温度是电气绝缘材料主要的老化因子，国际上都认同可靠的基础性耐热分级是有用的。对于电气绝缘材料某一特定的耐热性等级，就表明与其相适用的最高使用摄氏温度。表 2-14 是电气绝缘材料耐热性分级（绝缘等级）。

表 2-14　电气绝缘材料耐热性分级（绝缘等级）

RTE	耐热等级	符号表示方法
> 105 ~ 120	105	A
> 120 ~ 130	120	E
> 130 ~ 155	130	B
> 155 ~ 180	155	F
> 180 ~ 200	180	H
> 200 ~ 220	200	
> 220 ~ 250	220	

表中 RTE 为相对耐热指数，是某一摄氏温度数值。该温度为被试材料达到终点的评估时间等于参照材料在预估耐热指数（ATE）的温度下达到终点的评估时间所对应的温度。预估耐热指数（ATE）为某一摄氏温度的数值，在该温度下参照材料在特定的使用条件下具有已知的、满意的运行经验。同一材料在不同应用中其 ATE 值可能会改变。需要注意的是：某一材料在某绝缘系统中使用并不意味着该系统的耐热等级与材料的耐热等级相同，或不管系统中使用一种以上不同等级的材料而以最低耐热等级的材料表示。

2.5　焊接工艺知识

2.5.1　焊接方法的分类

1. 熔化焊

熔化焊接由于加热方式及熔炼方式的区别，可以有以下几种主要类型：

（1）气焊　气体混合物燃烧形成高温火焰，用火焰来熔化焊件接头及焊条。最常用的气体是氧与乙炔的混合物，调整氧与乙炔的比例，可以获得氧化性、中性及还原性火焰。这种方法所用的设备较为简单，而加热区宽，但焊接后焊件的变形大，并且操作费用较高，因而逐渐被电弧焊所代替。

（2）电弧焊　电弧焊是应用最广泛的焊接方法。电弧焊的主要特征为：形成稳定的电弧，填充材料的供应以及对熔化金属的保护和屏蔽。通常，电弧可通过两种方法产生。第一种：电弧发生在一个可消耗的金属焊条和金属材料之间，焊条在焊接过程中逐渐熔化，由此提供必需的填充材料而将结合部填满。第二种：电弧发生在工件材料和一个非消耗性的钨极之间，钨极的熔点应比电弧温度要高，所需的填充材料则必须另行提供。

（3）电渣焊　电渣焊是利用电流通过熔渣所产生的电阻热来熔化金属。这种热源范围较电弧大，每一根焊丝可以单独成一个回路，增加焊丝数目，可以一次焊接很厚的焊件。

（4）真空电子束焊接　真空电子束焊接是一种特种焊接方法，用来焊接尖端技术所需的高熔点及活泼金属的小零件。它的特点是将焊件放在高真空容器内，容器内装有电子枪，利用高速电子束打击焊件将焊件熔化而进行焊接。这种方法可以获得高品质的焊件。

（5）激光焊　激光焊也是一种特种焊接方法。它是以聚焦的激光束作为能源轰击焊件所产生的热量进行焊接的方法。

2. 压焊

由于加热方式的不同，可以有以下几种主要类型：

（1）电阻焊　电阻焊是利用电阻加热的方法进行焊接，最常用的有点焊、缝焊及电阻对焊三种。前两种是将焊件加热到局部熔化状态并同时加压；电阻对焊是将焊件局部加热到高塑性状态或表面熔化状态，然后施加压力。电阻焊的特点是机械化及自动化程度高，故生产率高，但需较大的电流。

（2）摩擦焊　摩擦焊是利用摩擦热使接触面加热到高塑性状态，然后施加压力的焊接，由于摩擦时能够去除焊接面上的氧化物，并且热量集中在焊接表面，因而特别适用于导热性好及易氧化的铝合金。

（3）冷压焊　冷压焊的特点是不加热，只靠强大的压力来焊接，适用于熔点较低的母材，例如铅导线、铝导线、铜导线的焊接。

（4）**超声波焊**　超声波焊也是一种冷压焊，借助于超声波的机械振荡作用，可以降低所需用的压力，目前只适用于点焊非铁金属及其合金的薄板。

（5）**扩散焊**　扩散焊是将焊件紧密贴合，在真空或保护气氛中，在一定温度和压力下保持一段时间，使接触面之间的原子相互扩散而完成焊接的焊接方法。扩散焊主要用于焊接熔化焊、钎焊难以满足技术要求的小形、精密、复杂的焊件。

压焊时，压力使接触面的凸出部分发生塑性变形，减小凸出部分的高度，增加真实的接触面积。温度使塑性变形部分发生再结晶，并加速原子的扩散；此外，表面张力也可以促使接触面上空腔体积的缩小。这种加热的压力焊接过程与粉末冶金中的热压烧结过程相似。

冷压焊时，虽然没有加热，但由于塑性变形的不均匀性，所放出的热局限于真实接触的部分，因而也有加热的效应。

3. 钎焊

钎焊是与上述方法完全不同的焊接过程，是不同金属间的合金化过程。

2.5.2　焊接方法的特点及应用

1. 气焊

气焊是利用可燃气体与氧混合燃烧形成的火焰，加热熔化工件和填充材料形成焊接接头的熔焊方法。可燃气体主要有乙炔、氢气、液化石油气等，乙炔在氧气中燃烧时释放出有效热量最多，火焰温度最高，它是目前气焊、气割中应用最广泛的一种可燃气体。但氧乙炔焊较电弧焊的热量分散，工件受热面积大，变形大，生产效率低；同时由于气焊火焰中的氢、氧等气体和熔化金属相互作用使某些合金元素分解和烧损，会降低焊缝金属的性能，因此焊接质量不如电弧焊好。

气焊的优点在于可焊接较薄的工件、非铁金属和铸铁件等。在没有电源的情况下，对于要求不高的较厚工件，也可以采用气焊施焊。气焊的设备简单，预热和施焊都比较灵活方便，所以气焊广泛应用于碳钢、合金钢等薄件的焊接。

2. 电弧焊

电弧焊可分为焊条电弧焊、半自动（电弧）焊、自动（电弧）焊。自动（电弧）焊通常是指埋弧自动焊——在焊接部位覆有起保护作用的焊剂层，由填充金属制成的光焊丝插入焊剂层，与焊接金属产生电弧，电弧埋藏在焊剂层下，电弧产生的热量熔化焊丝、焊剂和母材金属形成焊缝，其焊接过程是自动进行的。

焊条电弧焊是用手工操纵焊条进行焊接工作的，可以进行平焊、立焊、横焊和仰焊等多位置焊接，适用于各种金属材料、各种厚度、各种结构形状的焊接。另外由于焊条电弧焊设备轻便，搬运灵活，所以，焊条电弧焊可以在任何有电源的地方进行焊接作业。

焊条电弧焊的安全特点：焊条电弧焊焊接设备的空载电压一般为 50～90V，而人体所能承受的安全电压为 30～45V，由此可见，焊条电弧焊焊接设备会对人造成生命危险，施焊时，必须穿戴好劳保用品。

3. 电渣焊

电渣焊是用电流通过熔渣所产生的电阻热作为热源，将填充金属和母材熔化，凝固后形成金属原子间牢固连接。在开始焊接时，使焊丝与起焊槽短路起弧，不断加入少量固体焊剂，利用电弧的热量使之熔化，形成液态熔渣，待熔渣达到一定深度时，增加焊丝的送进速度，并降低电压，使焊丝插入渣池，电弧熄灭，从而转入电渣焊焊接过程。电渣焊主要有熔嘴电渣焊、非熔嘴电渣焊、丝极电渣焊、板极电渣焊等。电渣焊特点：

1）可一次焊接很厚的工件。

2）生产率高，成本低。焊接厚度在 40mm 以上的工件，即使采用埋弧焊也必须开坡口进行多层焊。而电渣焊对任何厚度的工件都不需开坡口，只要使焊接端面之间保持 25～35mm 的间隙，就可一次焊成。因此生产率高、消耗的焊接材料较少、成本低。

3）焊缝金属比较纯净。

4）焊后冷却速度较慢，焊接应力较小，因而适合于焊接塑性稍差的中碳钢与合金结构钢工件。一般要进行焊后热处理，如正火处理，以改善其性能。容易过热，焊缝金属呈粗大结晶的铸态组织，冲击韧性低，焊件在焊后一般需要进行正火和回火热处理。

4. 真空电子束焊

真空电子束焊的工作原理是：在真空条件下，从电子枪中发射的电子束在高电压（通常为 20～300kV）加速下，通过电磁透镜聚焦成高能量密度的电子束。当电子束轰击工件时，电子的动能转化为热能，焊区的局部温度可以骤升到 6000℃以上，使工件材料局部熔化实现焊接。电子束焊接特点：

（1）加热功率密度大　电子束功率为束流及其加速电压的乘积，电子束功率可从几十千瓦到一百千瓦以上。电子束束斑（或称焦点）的功率可达 $10^6 ～ 10^8 W/cm^2$，比电弧功率密度高 100～1000 倍。由于电子束功率密度大、加热集中、热效率高、形成相同焊缝接头需要的热输入量小，所以适宜于难熔金属及热敏感性强的金属材料的焊接。而且焊后变形小，可对精加工后的零件进行焊接。

（2）焊缝熔深熔宽比（即深宽比）大　普通电弧焊的熔深熔宽比很难超过 2。而电子束焊接的比值可高达 20 以上，所以电子束焊可以利用大功率电子束对大厚度钢板进行不开坡口的单面焊，从而大大提高了厚板焊接的技术经济指标。目前电子束单面焊接的最大钢板厚度超过了 100mm，而对铝合金的电子束焊，最大厚度已超过 300mm。

（3）熔池周围气氛纯度高　因电子束焊接是在真空度为 $10^{-2} \sim 10^{-4}$Pa 的真空环境中进行的，残余气体中所存在的氧和氮含量要比纯度为 99.99%（体积分数）的氩气还要少几百倍左右，因此电子束焊不存在焊缝金属的氧化污染问题，所以特别适宜焊接化学活泼性强、纯度高和在熔化温度下极易被大气污染（发生氧化）的金属，如铝、钛、锆、钼、高强度钢、高合金钢以及不锈钢等。这种焊接方法还适用于高熔点金属，可进行钨—钨焊接。

由于电子束焊是在真空内用聚焦高能电子束（>10kV）把接头加热到熔化温度的焊接，加热区域非常集中，因此只能焊接真空室内放得下的小零件。

5. 激光焊

激光焊接是一种材料加工技术，利用原子受激辐射原理，使工作物质（激光材料）受激而产生一种单色性好、方向性强、强度很高的激光束，聚焦后激光束最高能量密度可达 101W/cm^2，在千分之几秒甚至更短时间内激光被金属吸收后再转化成热能，最终熔化后的金属经冷却结晶实现金属材料的连接。

随着高功率激光器的研制和开发，激光焊接技术被广泛应用到多个领域中，主要是因为其具有以下几个特点：

1）焊接深度深、速度快、变形小。采用激光焊接进行工件连接时，被焊接工件的连接间隙几乎没有，同时焊接的深宽比大，焊后变形小，热影响区小，精度高。

2）焊接装置简单灵活、能在室温或特殊条件下进行焊接，对焊接环境要求不高。

3）功率密度大。激光焊接具有相当大的熔深，功率密度大，可焊接难熔材料，如钛合金等。

6. 压焊

压焊是指通过加热等手段使金属达到塑性状态，加压使其产生塑性变形、再结晶和扩散等作用，使两个分离表面的原子接近到晶格距离（0.3 ~ 0.5nm），形成金属键，从而获得不可拆卸接头的一类焊接方法。

这类焊接有两种形式，一是将被焊金属接触部分加热至塑性状态或局部熔化状态，然后施加一定的压力，以使金属原子间相互结合形成牢固的焊接接头，如锻焊、接触焊、摩擦焊、气焊等就是这种类型的压焊方法；二是不进行加热，仅在被焊金属接触面上施加足够大的压力，借助于压力所引起的塑性变形，以使原子间相互接近而获得牢固的压挤接头，这种压焊的方法有冷压焊、爆炸焊等。

压焊是典型的固相焊接方法，固相焊接时必须利用压力使待焊部位的表面在固态下直接紧密接触，并使待焊接部位的温度升高，通过调节温度、压力和时间，使待焊表面充分进行扩散而实现原子间结合。熔化焊一般需要填充材料，常用的是焊条或者焊丝。

2.5.3　焊接接头种类及坡口制备

1. 焊接接头的分类方法及基本类型

（1）焊接接头的分类方法　焊接接头由焊缝、熔合区、热影响区及其相邻的母材组成。焊接接头主要起两方面作用，一是连接作用，二是传力作用。

（2）焊接接头的基本类型　按焊接方法不同，焊接接头可以分为熔焊接头、压焊接头和钎焊接头三大类。焊接接头的基本类型可归纳为 5 种，即对接接头、T 形（十字）接头、搭接接头、角接接头和端接接头。

上述五类接头的基本类型都适用于熔焊，一般压焊（高频电阻焊除外），都采用搭接接头，个别情况才采用对接接头；高频电阻焊一般采用对接接头，个别情况才采用搭接接头。钎焊连接的接头也有多种形式，一种分类方法将其分为四种，即搭接接头、T 形接头、套接接头、舌形与槽形接头。

2. 熔焊接头与坡口

对接接头是熔焊中受力比较理想的接头形式，为保证焊接质量、减少焊接变形和焊接材料消耗，需把被焊工件的边缘加工成各种形式的坡口，进行坡口对焊。

熔焊接头的坡口根据其形状的不同，可分为基本型、混合型和特殊型三类。基本型坡口主要有以下几种：I 形坡口、V 形坡口、单边 V 形坡口、U 形坡口、J 形坡口等；特殊型坡口主要有卷边坡口、带垫板坡口、锁边坡口、塞、槽焊坡口等。

3. 焊接接头的选择原则

为正确合理地选择焊接接头的类型、坡口形状和尺寸，主要应综合考虑以下几个方面：

（1）设计要求　保证接头满足使用要求。

（2）焊接的难易与焊接变形　焊接容易实现，变形能够控制。

（3）焊接成本　接头准备和实际焊接所需费用低。

（4）施工条件　制造施工单位具备完成施工要求所需的技术、人员和设备条件。

4. 管材的坡口与组对 1、管材的坡口

管材的坡口有以下几种形式：I 形坡口、V 形坡口和 U 形坡口。

（1）I 形坡口　I 形坡口适用于管壁厚度在 3.5mm 以下的管口焊接。

（2）V 形坡口　V 形坡口适用于中低压钢管焊接，坡口根部有钝边，其厚度为 2mm 左右。

（3）U 形坡口　U 形坡口适用于高压钢管焊接。

5. 坡口的加工方法

坡口的加工方法一般有以下几种：

1）低压碳素钢管公称直径等于或小于 50mm 的，采用手提砂轮机磨坡口；直径大于 50mm 的，用氧乙炔切割坡口，然后用手提砂轮机打磨掉氧化层并打磨平整。

2）中压碳素钢管、中低压不锈耐酸钢管和低合金钢管以及各种高压钢管，用车床加工坡口。

3）非铁金属管，用手工锉坡口。

6. 坡口的作用

根据设计或工艺要求，在焊件的待焊部位加工成一定几何形状和尺寸的沟槽，叫坡口。坡口的作用是：

1）使热源（电弧或火焰）能伸入焊缝根部，保证根部焊透。

2）便于操作和清理焊渣。

3）调整焊缝成形系数，获得较好的焊缝成形。

4）调节基本金属与填充金属的比例。

7. 坡口的选择原则

为获得高质量的焊接接头，应选择适当的坡口形式。坡口的选择，主要取决于母材厚度、焊接方法和工艺要求。选择时，应注意以下问题：

1）尽量减少填充金属量。

2）坡口形状容易加工。

3）便于焊工操作和清渣。

4）焊后应力和变形尽可能小。

8. 坡口制备

坡口制备所采取的方法，根据焊件的尺寸、形状及加工条件确定。有以下方法：

1）剪边：以剪板机剪切加工，常用于Ⅰ形坡口。

2）刨边：用刨床或刨边机加工，常用于板件加工。

3）车削：用车床或车管机加工，适用于管子加工。

4）切割：用氧乙炔火焰手工切割或自动切割机切割加工成Ⅰ形、Ⅴ形、Ⅹ形和Ｋ形坡口。

5）碳弧气刨：主要用于清理焊根时的开槽，效率较高、劳动条件较差。

6）铲削或磨削：用手工或风动、电动工具铲削或使用砂轮机（或角向磨光机）磨削加工，效率较低，多用于焊接缺陷返修部位的开槽。

坡口加工质量对焊接过程有很大影响，应符合图样或技术条件要求。

2.6 焊接检验知识

2.6.1 焊缝外观质量的检验及验收

焊接缺陷的存在，将直接影响焊接结构的安全使用。分析焊接结构发生事故的原因，归纳起来都是由于焊接结构中的缺陷所引起的，因此，必须了解焊接缺陷的

性质、产生原因和防止措施以及焊缝质量的检验方法。通过对焊接接头进行必要的检验和评定，以便能及时消除各种缺陷，从而保证焊接质量。

1. 焊缝外观缺陷种类

焊接过程中在焊接接头中产生的金属不连续、不致密或连接不良的现象称为焊接缺陷。焊接缺陷的种类很多，按其在焊缝中的位置不同，可分为外部缺陷和内部缺陷两大类。

（1）外部缺陷 位于焊缝外表面，用肉眼或低倍放大镜（3~5倍）可以看到的缺陷称为外部缺陷。常见的外部缺陷有焊缝形状尺寸不符合要求、咬边、错边、焊瘤、烧穿、凹坑与弧坑、根部收缩、表面气孔、未焊透和表面裂纹等。

（2）内部缺陷 位于焊缝内部，必须用无损探伤检验或破坏性检验方法才能发现的缺陷称为内部缺陷。常见的内部缺陷有未焊透、未熔合、夹渣、内部气孔和内部裂纹等。

金属熔焊焊缝缺陷按 GB/T 6417—2005 规定，可分为 6 大类：即裂纹、孔穴（气孔、缩孔）、固体夹渣、未熔合和未焊透、形状缺陷（咬边、下塌、焊瘤等）及其他缺陷。

2. 焊缝外观缺陷产生原因及防止措施

（1）焊缝形状尺寸不符合要求 焊缝形状尺寸不符合要求包括焊缝形状不符合要求和焊缝的几何尺寸不符合施工图样或相关技术标准规定。

1）焊缝形状不符合要求。焊缝形状不符合要求主要是指焊缝外形高低不平，波形粗劣；焊缝宽窄不均，太宽或太窄；焊缝余高过高或高低不均；角焊缝焊脚不均以及变形较大等，如图 2-6 所示。

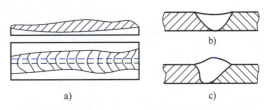

图 2-6　焊缝形状尺寸不符合要求

① 危害。焊缝宽窄不均，除了造成焊缝成形不美观外，还影响焊缝与母材的结合强度；焊缝余高太高，使焊缝与母材交界突变，形成应力集中，而焊缝低于母材，就不能得到足够的接头强度；角焊缝的焊脚不均，且无圆滑过渡也易造成应力集中。

② 产生焊缝形状及尺寸不符合要求的原因。主要是由于焊接坡口角度不当或装配间隙不均匀；焊接电流过大或过小；运条速度或手法不当以及焊条角度选择不合适；埋弧焊主要是由于焊接参数选择不当。

③ 防止措施。选择正确的坡口角度及装配间隙；正确选择焊接参数；提高焊工操作技术水平，正确地掌握运条手法和速度，随时适应焊件装配间隙的变化，以保持焊缝的均匀。

2）焊缝的几何尺寸不符合施工图样或相关技术标准规定。

① 危害。如焊缝尺寸小，焊件截面积减小，削弱了某些承受动载荷结构的疲劳

项目
2

强度；如焊缝尺寸大，增加了焊接结构的应力变形，浪费了焊接材料和焊接工作时间，这是很不经济的。

②产生尺寸缺陷的原因。焊工在施焊前，没有详细阅读施工图样或有关标准规定，不清楚对焊缝尺寸的要求；焊接时，运条（丝）横向摆动不均或焊接速度不均匀，焊接参数选择不合适。

③防止措施。提高焊工素质和操作技术水平，严格按图施工。

（2）咬边　咬边是形状缺陷的一种，由于焊接参数选择不当或操作方法不正确，沿焊趾的母材部位产生的沟槽或凹陷称为咬边，如图2-7所示。

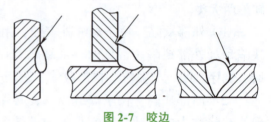

图2-7　咬边

1）危害。咬边是一种较危险的缺陷，减少了母材的有效面积，降低了焊接接头强度，并且在咬边处形成应力集中，容易引发裂纹。特别是焊接低合金结构钢时，咬边的边缘被淬硬，常常是焊接裂纹的发源地。因此，重要结构的焊接接头不允许存在咬边，或者规定咬边深度在一定数值之下（如咬边深度不得超过0.5mm），否则就应进行焊补修磨。

2）产生原因。焊接电流太大以及运条速度不合适；角焊时焊条角度或电弧长度不适当；埋弧焊时焊接速度过快等。

3）防止措施。选择适当的焊接电流、保持运条均匀；角焊时焊条要采用合适的角度和保持一定的电弧长度；埋弧焊时要正确选择焊接参数。

（3）错边　错边也是一种形状缺陷，是由于对接的两个焊件没有对正而使板或管的中心线存在平行偏差而形成的，如图2-8所示。错边严重的焊件，在进行力的传递过程中，由于附加应力和力矩的作用，会促使焊缝发生破坏。

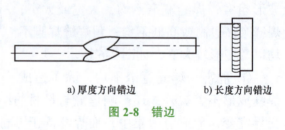

a)厚度方向错边　　　　b)长度方向错边

图2-8　错边

防止错边的措施是定位焊时对正两焊件的中心线。

（4）焊瘤　焊瘤是焊接过程中，熔化金属流淌到焊缝之外未熔化的母材上所形成的金属瘤，如图2-9所示。

1）危害。焊瘤不仅影响了焊缝的成型，而且在焊瘤的部位往往还存在着夹渣和未焊透等缺陷；由于焊缝的几何形状突变，造成应力集中；管子内部焊瘤会减小管路介质的流通截面。

2）产生原因。主要是焊接电流过大，焊接速度过慢，引起熔池温度过高，液态金属凝固较慢，在自重作用下形成焊瘤。操作不熟练和运条不当也易产生焊瘤。

3）防止措施。提高操作技术水平；选用正确的焊接电流，控制熔池温度；使用碱性焊条时宜采用短弧焊接；运条方法要正确。

（5）凹坑与弧坑　凹坑是焊后在焊缝表面或背面形成的低于母材的局部低洼部分。弧坑是在焊缝收尾处产生的下陷部分，如图 2-10 所示。弧坑处常含有裂纹、缩孔、夹渣等缺陷，因此是一种非常有害的焊接缺陷。

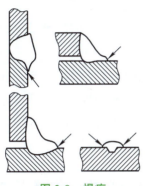

图 2-9　焊瘤

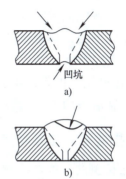

图 2-10　凹坑与弧坑

1）危害。凹坑和弧坑使焊缝的有效断面减小，削弱了焊缝强度。对弧坑来说，由于杂质的集中会导致产生弧坑裂纹。

2）产生原因。操作技能不熟练，电弧拉得过长；焊接表面焊缝时，焊接电流过大，焊条又未适当摆动，熄弧过快；过早进行表面焊缝焊接或中心偏移等都会导致弧坑；埋弧焊时，导电嘴压得过低，造成导电嘴粘渣，也会使表面焊缝两侧凹陷等。

3）防止措施。提高焊工操作技能；采用短弧焊接；填满弧坑，如焊条电弧焊时，焊条在收弧处做短时间的停留或做几次环形运条；使用收弧板；CO_2 气体保护焊时，选用有"火口处理（弧坑处理）"装置的电焊机。

（6）下塌与烧穿　下塌是指单面熔焊时，由于焊接工艺不当，造成焊缝金属过量而透过背面，使焊缝正面塌陷，背面凸起的现象。烧穿是在焊接过程中，熔化金属自坡口背面流出，形成穿孔的缺陷，如图 2-11 所示。

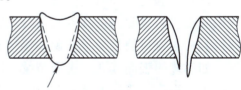

图 2-11　下塌与烧穿

1）危害。下塌和烧穿是焊条电弧焊和埋弧自动焊中常见的缺陷，下塌削弱了焊接接头的承载能力，烧穿影响焊缝表面质量，焊缝金属组织易过烧，使焊接接头完全失去了承载能力，是一种绝对不允许存在的缺陷。

2）产生原因。主要是由于焊接电流过大，焊接速度过慢，使电弧在焊缝处停留时间过长；装配间隙太大，钝边太薄。

3）防止措施。正确选择焊接电流和焊接速度；减少熔池在高温停留时间；严格控制焊件的装配间隙和钝边大小。

（7）焊缝直线度　焊缝直线度是指焊缝外表面成形情况，即焊缝外表面焊缝的中心线弯曲、不直，角焊缝单边等现象，如图 2-12 所示。

1）危害。影响焊缝外观成形和焊缝与母材的结合强度。

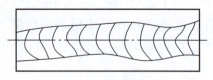

图 2-12　焊缝平直度

2）产生原因。工件坡口角度不当；装配间隙不均匀；焊接电流过大或过小；焊工操作不熟练，运条方法不当，焊条角度不当等；埋弧焊时焊接参数不正确等。

3）防止措施。正确选用坡口角度和装配间隙；正确选择焊接电流；提高焊工操作技能；控制适当的工艺参数；角焊时随时注意保持正确的焊条角度和焊接速度等。

2.6.2　无损检测方法及特点

1. 无损检测的分类与检测方法的符号

无损检测是指不损坏被检查材料或成品的性能和完整性而检测缺陷的方法。它包括外观检测、密封性检测、耐压试测、无损检测（渗透检测、磁粉检测、超声检测、射线检测）等，无损检测方法符号见表 2-15。

表 2-15　无损检测方法符号

无损检测方法	外观检测	射线检测	超声检测	磁粉检测	渗透检测	涡流检测	密封性检测	声发射
符号	VT	RT	UT	MT	PT	ET	LT	AE（AT）

2. 外观检验

外观检验是一种简便而又实用的检验方法。它是用肉眼或借助于标准样板、焊缝检验尺、内窥镜、量具或低倍放大镜观察焊件，以发现焊缝表面缺陷的方法。外观检验的主要目的是为了发现焊接接头的表面缺陷及焊缝尺寸是否符合图样设计要求，如焊缝的表面气孔、表面裂纹、咬边、焊瘤、烧穿及焊缝尺寸偏差、焊缝成形缺陷等。检验前须将焊缝附近 10～20mm 内的飞溅和污物清除干净。焊缝的外观尺寸一般采用焊缝检验尺进行检验，具体检验方法如图 2-13 所示。

3. 密封性检验

密封性检验是用来检查有无漏水、漏气和渗油、漏油等现象的试验。密封性检验的方法很多，常用的方法有气密性检验、煤油试验等。主要用来检验焊接管道、盛器、密闭容器上的焊缝或接头是否存在不致密缺陷等。

（1）气密性检验　常用的气密性检验是将远低于容器工作压力的压缩空气压入容器，利用容器内外气体的压力差来检查有无泄漏的。检验时，在焊缝外表面涂上肥皂水，当焊接接头有穿透性缺陷时，气体就会逸出，肥皂水就有气泡出现而显示缺陷，如果容器较小时可放入水中检验，这样能准确地检测到所有穿透性缺陷的位置，这种检验方法常用于受压容器接管、加强圈的焊缝。

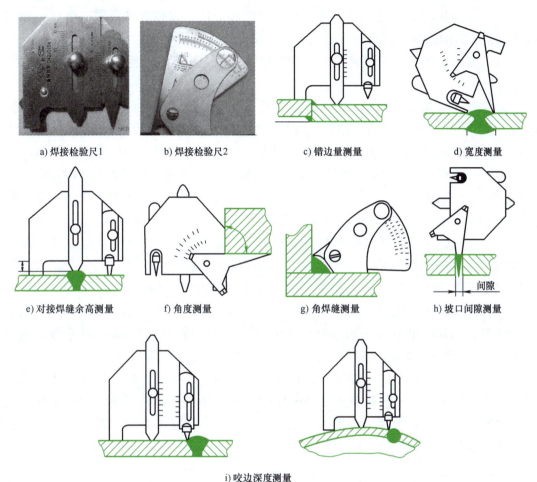

a) 焊接检验尺1　　　　b) 焊接检验尺2　　　　c) 错边量测量　　　　d) 宽度测量

e) 对接焊缝余高测量　　　f) 角度测量　　　　g) 角焊缝测量　　　　h) 坡口间隙测量

i) 咬边深度测量

图 2-13　焊缝检验尺及使用方法

　　若在被试容器中通入含 1%（体积分数）氨气的混合气体来代替压缩空气效果更好。这时应在容器的外壁焊缝表面贴上一条比焊缝略宽、用含 5% 硝酸汞的水溶液浸过的纸带。若焊缝或热影响区有泄露，氨气就会透过这些地方与硝酸汞溶液起化学反应，使该处试验纸呈现出黑色斑纹，从而显示出缺陷所在。这种方法比较准确、迅速，同时可在低温下检查焊缝的密封性。

　　（2）煤油试验　　在焊缝表面（包括热影响区部分）涂上石灰水溶液，干燥后便呈白色。再在焊缝的另一面涂上煤油。由于煤油渗透能力较强，当焊缝及热影响区存在贯穿性缺陷时，煤油就能透过去，使涂有石灰水的一面显示出明显的油斑，从而显示缺陷所在。

　　煤油试验的持续时间与焊件板厚、缺陷大小及煤油量有关，一般为 15～20min，如果在规定时间内，焊缝表面未显现油斑，可认为焊缝密封性合格。

35

4. 耐压检验

耐压试验是将水、油、气等充入容器内慢慢加压，以检查其泄露、耐压、破坏等的试验。常用的耐压试验有水压试验、气压试验。

（1）水压试验　水压试验主要用来对锅炉、压力容器和管道的整体致密性和强度进行检验。

试验时，将容器注满水，密封各接管及开孔，并用试压泵向容器内加压。试验压力一般为产品工作压力的 1.25 ～ 1.5 倍，试验温度一般高于 5℃（低碳钢）。在升压过程中，应按规定逐级上升，中间做短暂停压，当压力达到试验压力后，应恒压一定时间，一般为 10 ～ 30min，随后再将压力缓慢降至产品的工作压力。这时在沿焊缝边缘 15 ～ 20mm 的地方，用圆头小锤轻轻敲击检查，当发现焊缝有水珠、水雾或有潮湿现象时，应标记出来，待容器卸压后做返修处理，直至产品水压试验合格为止。

（2）气压试验　气压试验和水压试验一样，是检验在压力下工作的焊接容器和管道的焊缝致密性和强度。气压试验比水压试验更为灵敏和迅速，但气压试验的危险性比水压试验大。试验时，先将气体（常用压缩空气）加压至试验压力的 10%，保持 5 ～ 10min，并将肥皂水涂至焊缝上进行初次检查。如无泄露，继续升压至试验压力的 50%，其后按 10% 的级差升压至试验压力并保持 10 ～ 30min，然后再降到工作压力，至少保持 30min 并进行检验，直至合格。

由于气体须经较大的压缩比才能达到一定的高压，如果一定高压的气体突然降压，其体积将突然膨胀，其释放出来的能量是很大的。若这种情况出现在进行气压试验的容器上，实际上就是出现了非正常的爆破，后果是不堪设想的。因此，气压试验时必须严格遵守安全技术操作规程。

5. 无损检测

无损检测是检验焊缝质量的有效方法，主要包括渗透检测、磁粉检测、射线检测、超声检测等。其中射线检测、超声检测适合于焊缝内部缺陷的检验，渗透检测、磁粉检测则适合于焊缝表面缺陷的检验。无损检测已在重要的焊接结构中得到了广泛使用。

（1）渗透检测　渗透检测是利用带有荧光染料（荧光法）或红色染料（着色法）的渗透剂的渗透作用，显示缺陷痕迹的无损检验法，它可用来检验铁磁性和非铁磁性材料的表面缺陷，但多用作非铁磁性材料焊件的检验。渗透检测有荧光检测和着色检测两种方法，具体渗透步骤见表 2-16。

1）荧光检测。检验时，先将被检验的焊件浸渍在具有很强渗透能力的有荧光粉的油液中，使油液能渗入细微的表面缺陷，然后将焊件表面清除干净，再撒上显像粉（MgO）。此时，在暗室内的紫外线照射下，残留在表面缺陷内的荧光液就会发光（显像粉本身不发光，可增强荧光液发光），从而显示了缺陷的痕迹。

表 2-16　渗透检测步骤

检测步骤	示意图
预处理和预清洗	
渗透过程	
中间清洗和干燥	
显像过程	
观察	
记录	Protokoll
后清洗	

2）着色检测。着色检测的原理与荧光探伤相似，不同之处只是着色检测是用着色剂来取代荧光液而显现缺陷。检验时，将擦干净的焊件表面涂上一层红色的流动性和渗透性良好的着色剂，使其渗入到焊缝表面的细微缺陷中，随后将焊件表面擦净并涂以显像粉，便会显现出缺陷的痕迹，从而确定缺陷的位置和形状。

着色检测的灵敏度较荧光探伤高，操作也较方便。

（2）磁粉检测　磁粉检测是利用在强磁场中，铁磁性材料表面缺陷产生的漏磁场吸附磁粉的现象而进行的无损检验方法。磁粉检测仅使用于检验铁磁性材料的表面和近表面缺陷。

检验时，首先将焊缝两侧充磁，焊缝中便有磁力线通过。若焊缝中没有缺陷，材料分布均匀，则磁力线的分布是均匀的。当焊缝中有气孔、夹渣、裂纹等缺陷时，则磁力线因各段磁阻不同而产生弯曲，磁力线将绕过磁阻较大的缺陷。如果缺陷位于焊缝表面或接近表面，则磁力线不仅在焊缝内部弯曲，而且将穿过焊缝表面形成漏磁，在缺陷两端形成新的 S 极、N 极产生漏磁场，如图 2-14 所示。当焊缝表面撒有磁粉粉末时，漏磁场就会吸引磁粉，在有缺陷的地方形成磁粉堆积，探伤时就可根据磁粉堆积的图形情况等来判断缺陷的形状、大小和位置。磁粉探伤时，磁力线的方向与缺陷的相对位置十分重要。如果缺陷长度方向与磁力线平行则缺陷不易显露，如果磁力线方向与缺陷长度方向垂直时，则缺陷最易显露。因此，磁粉检测时，必须从两个以上不同的方向进行充磁检测。

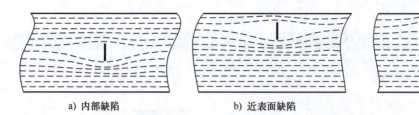

| a) 内部缺陷 | b) 近表面缺陷 | c) 表面缺陷 |

图 2-14　焊缝中有缺陷时产生漏磁的情况

磁粉检测有干法和湿法两种。干法是当焊缝充磁后，在焊缝处撒上干燥的磁粉；湿法则是在充磁的焊缝表面涂上磁粉的混浊液。

（3）超声检测　利用超声波探测材料内部缺陷的无损探伤检验法称为超声检测。它是利用超声波（即频率超过 20kHz，人耳听不见的高频率声波）在金属内部直线传播时，遇到两种介质的界面会发生反射和折射的原理来检验缺陷的。

1）超声检测时常出现的焊接缺陷及识别：超声检测经常出现的焊接缺陷有未熔合、未焊透、裂纹及夹渣等，超声检测焊接缺陷的特征见表 2-17。

表 2-17　常见焊接缺陷的特征

缺陷种类	特征			
	产生位置	反射面	形状	方向面
未熔合	坡口面与层间	光滑	平面状或曲面状	与坡口面相同或平行于探测面
未焊透	根部	光滑	槽形或平面状	垂直于探测面
裂纹	整个焊缝区	粗糙	弯曲面状	垂直于焊接线或探测面
夹渣	坡口面与层间	稍粗糙	较复杂	推测较困难

2）超声检测的优缺点：

① 优点：超声检测具有灵敏度高，操作灵活方便，探伤周期短，成本低、安全等优点。

② 缺点：超声波探伤要求焊件表面粗糙度低（光滑），对缺陷性质的辨别能力差，且没有直观性，较难测量缺陷真实尺寸，判断不够准确，对操作人员要求较高。

（4）射线检测　射线检测是采用 X 射线或 γ 射线照射焊接接头，检查内部缺陷的一种无损检测法。它可以显示出缺陷在焊缝内部的种类、形状、位置和大小，并可作永久记录。目前 X 射线检测应用较多，一般只应用在重要焊接结构上。

1）射线检测原理。它是利用射线透过物体并使照相底片感光的性能来进行焊接检验。当射线通过被检验焊缝时，在缺陷处和无缺陷处被吸收的程度不同，使得射线通过接头后，射线强度的衰减有明显差异，在胶片上相应部位的感光程度也不一样。图 2-15 所示为 X 射线探伤工作原理，当射线通过缺陷时，由于被吸收较少，穿出缺陷的射线强度大（$J_a < J_e$），对软片（底片）感光较强，冲洗后的底片，在缺陷处颜色就较深，无缺陷处颜色较淡。通过对底片上影像的观察、分析，便能发现焊缝内有无缺陷及缺陷种类、大小与分布。

焊缝在进行射线检验前，必须进行表面检查，表面上存在的不规则程度，应不妨碍对底片上缺陷的辨认，否则事先应加以整修。

2）射线检测时缺陷的识别。用 X 射线和 γ 射线对焊缝进行检验，一般只应用在重要结构上。这种检验由专业人员进行，但作为焊工应具备一定的评定焊缝底片的知识，能够正确判定缺陷的种类和部位，做好返修工作。经射线照射后，在底片上一条淡色影像即是焊缝，在焊缝部位中显示的深色条纹或斑点就是焊接缺陷，其尺寸、形状与焊缝内部实际存在的

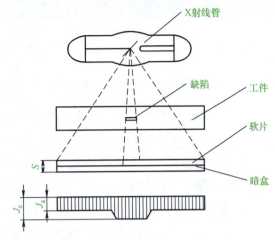

图 2-15　X 射线检测工作原理

缺陷相当。图 2-16 所示为几种常见缺陷在底片中显示的典型影像。表 2-18 为常见焊接缺陷的影像特征。

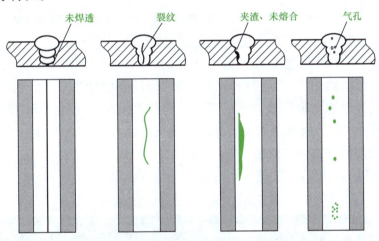

图 2-16　常见缺陷在底片中显示的典型影像

表 2-18　常见焊接缺陷的影像特征

焊接缺陷	缺陷影像特征
裂纹	裂纹在底片上一般呈略带曲折的黑色细条纹，有时也呈现直线细纹，轮廓较为分明，两端较为尖细，中部稍宽，很少有分支，两端黑度逐渐变浅，最后消失
未焊透	未焊透在底片上是一条断续或连续的黑色直线，在不开坡口对接焊缝中，在底片上常是宽度较均匀的黑直线状；V 形坡口对接焊缝中的未焊透，在底片上位置多是偏离焊缝中心、呈断续的线状，即使是连续的也不太长，宽度不一致，黑度也不大均匀；V 形、双 V 形坡口双面焊中的底部或中部未焊透，在底片上呈黑色较规则的线状；角焊缝的未焊透呈断续线状
气孔	气孔在底片上多呈现为圆形或椭圆形黑点，其黑度一般是中心处较大，向边缘逐渐减小；黑点分布不一致，有密集的，也有单个的

（续）

焊接缺陷	缺陷影像特征
夹渣	夹渣在底片上多呈不同形状的点状或条状。点状夹渣呈单独黑点，黑度均匀，外形不太规则，带有棱角；条状夹渣呈宽而短的粗线条状；长条状夹渣的线条较宽，但宽度不一致
未熔合	层间未熔合在底片上的影像呈不规则形状，有的呈条状，分布在焊缝的任意位置上。层间未焊透影像色泽呈黑灰，当有夹渣存在时，则影像颜色较深。坡口未熔合在底片上呈细而断续的直线状黑影，黑度不均匀，通常是断续分布的，并和焊道中线偏离。当坡口是U形时，则影像黑底较深而宽度较窄。当坡口未熔合以单个存在时，长度也不会太长
夹钨	在底片上多呈圆形或不规则的亮斑点，轮廓清晰

3）射线检测等级。射线检测焊缝质量的评定，可按国家标准 GB/T 37910.1—2019 的规定进行。按此标准，射线检测验收等级可分为 1、2、3 三个等级。钢、镍、钛及其合金常见焊接缺陷的射线检测验收标准见表 2-19。

表 2-19　钢、镍、钛及其常见焊接缺陷的射线检测验收标准

射线探伤质量等级	评定标准
1级	不允许裂纹，未熔合、未焊透、缩孔
2级	不允许裂纹，未熔合、未焊透、缩孔
3级	不允许裂纹，允许未熔合、未焊透和缩孔，但未熔合仅允许断续且不能延伸至表面，同时未熔合、未焊透、缩孔缺陷的尺寸不能超过标准规定的数值

在标准中，将缺陷长宽比小于或等于 3 的缺陷定义为圆形缺陷，包括气孔、夹渣和夹钨。圆形缺陷用评定区进行评定，将缺陷换算成计算点数，再按点数确定缺陷分级，评定区应选在缺陷最严重的部位。将焊缝缺陷长宽比大于 3 的夹渣定义为条状夹渣，圆形缺陷分级和条状夹渣分级评定见国标 GB/T 37910.1—2019。

6. 常用无损检测方法的对比

本书对常用无损检测方法进行了对比，具体内容见表 2-20。

表 2-20　常用无损检测方法的对比

检测方法	能检测出的缺陷	可检验的厚度	灵敏度	判断方法	备注
渗透检测	贯穿表面的缺陷（如微细裂纹、气孔等）	表面	缺陷宽度小于0.01mm、深度小于0.04mm者检查不出	直接根据渗透剂吸附在显像剂上的分布，确定缺陷位置，缺陷深度不能确定	焊接接头表面一般不需加工，有时需打磨加工
磁粉检测	表面及近表面的缺陷（如细微裂纹、未焊透、气孔等），被检验表面最好与磁场正交	表面及近表面	比荧光法高；与磁场强度大小及磁粉质量有关	直接根据磁粉分布情况判定缺陷位置。缺陷深度不能确定	（1）焊接接头表面不需加工，有时需打磨加工（2）限于母材及焊缝金属均为铁磁性材料

（续）

检测 方法	能检测出的缺陷	可检验的厚度	灵敏度	判断方法	备注
超声 检测	内部缺陷（裂纹、未焊透、气孔等）	焊件厚度上限几乎不受限制，下限一般为8mm	能探出直径大于1mm以上的气孔、夹渣。探裂纹较灵敏。探表面、近表面缺陷较不灵敏	根据荧光屏上信号的指示，可判断有无缺陷及其位置和大小。判断缺陷的种类较难	检验部位的表面需加工至表面粗糙度值为Ra12.5～3.2μm，可以单面探测
X射线 检测	内部缺陷（裂纹、未焊透、夹渣、气孔等）	50kV：0.1～0.6mm 100kV：1.0～5.0mm 150kV：≤25mm 250kV：≤60mm	能检验出尺寸大于焊缝厚度1%～2%的缺陷	从照相底片上能直接判断缺陷种类、大小和分布，对裂纹不如超声波灵敏度高	焊接接头表面不需加工；正反两个面都必须是可接近的（如无金属飞溅粘连及明显的不平整）

2.7 安全和环境保护知识

2.7.1 安全用电常识

1. 电流对人体的伤害形式

电流对人体的伤害形式有电击、电伤、电磁场生理伤害三种形式。

（1）电击 电流通过人体内部时，会破坏人的心脏、肺部以及神经系统的正常功能，使人出现痉挛、呼吸窒息、心颤、心脏骤停以至危及人的生命。因此，绝大部分触电死亡事故都是由电击造成的。

（2）电伤 电流的热效应、化学效应或机械效应对人外部组织的伤害。其中主要是间接或直接的电弧烧伤、熔化金属溅出烫伤。

（3）电磁场生理伤害 在高频电磁场的作用下，使人产生头晕、乏力、记忆力衰退，失眠多梦等神经系统的症状。

2. 电流对人体伤害的影响因素

（1）流经人体的电流 电流通过人体心脏，会引起心室颤动。电流通过人体的持续时间越长，触电的危险性越大。因为人的心脏每收缩一次，中间要间歇0.1s，在这0.1s的间歇时间里，心脏对电流最为敏感。如果通过的持续时间超过1s，将与心脏的间歇时间重合，引起心室颤动。更大的电流会促使心脏停止跳动，这些都会中断血液循环，导致死亡。

造成触电事故的电流有三种：

1）感知电流。触电时能使触电者感觉到的最小电流。工频交流电为1mA，直流电约为5mA。

2）摆脱电流。人体触电后，能够自己摆脱触电电源的最大电流。工频交流电约为10mA，直流电约为50mA。

3）致命电流。在较短的时间内，能危及触电者的生命的电流。工频交流电为50mA，直流电在3s内为500mA。

在有防止触电保护装置的前提下，人体允许通过的电流为30mA。

通过人体的电流大小不同，对人体伤害的轻重程度也不同。通过人体的电流越大，致死作用的时间就越短。另外，电流通过人体的时间越长，危险性越大。所以一旦触电，必须立即切断电源，尽可能减少电流流经人体的时间。

（2）**电流通过人体的途径**　从左手到胸部，电流流经心脏的途径最短，是最危险的触电途径，很容易引起心室颤动和中枢神经失调而导致死亡；从右手到脚的途径危险性要小些，但会因痉挛而摔伤；从右手到左手的危险性又比从右手到脚的危险性要小些；从脚到脚是触电危险性最小的电流途径，但是，往往触电者会因触电痉挛而摔倒，导致电流通过全身或造成二次事故。

（3）**人体状况**　通过人体的电流大小，取决于线路中的电压和人体的电阻。人体的电阻除人体自身的电阻外，还包括人所穿的衣服、鞋等的电阻。干燥的衣服、鞋及干燥的工作场地，能使人体的电阻增大。精神贫乏、人体劳累、皮肤潮湿出汗、带有导电性粉尘、加大与带电体的接触面积和压力、皮肤破损等因素都会导致人体的电阻都会下降。一般情况下人体电阻约为 $1000 \sim 1500\Omega$，在不利的情况下人体电阻一般可达 $500 \sim 650\Omega$。这样就会大大增加触电的可能性。

在比较干燥而触电危险性比较小的环境中，人体电阻按 $1000 \sim 1500\Omega$ 考虑，此环境下的人体允许电流为30mA，则安全电压为

$$U_{安全} = R_{人体}I_{允许} = (1000 \sim 1500)\Omega \times 30 \times 10^{-3}A = 30 \sim 45V（我国规定安全电压为36V）$$

在潮湿而触电危险性又较大的环境中，人体电阻按 650Ω 考虑，人体允许电流为30mA，则安全电压为

$$U_{安全} = R_{人体}I_{允许} = 650\Omega \times 30 \times 10^{-3}A = 19.5V（我国规定安全电压为12V）$$

（4）**电流频率**　电流的频率不同，对人体的作用也不同。频率在 $25 \sim 300Hz$ 的交流电对人体的伤害最大，而工频为50Hz的交流电正好在这一范围内。当频率超过1000Hz时，触电危险性明显减轻。小于10Hz时危险性也小一些。高频电流有趋肤效应，也就是说电流频率越高，流经导体表面的电流越多，所以触电者身上流经电流的频率越高，危险性越小。电流频率越接近 $50 \sim 60Hz$，则触电的危害性越大。所以，工频电触电的危险性比其他频率的交流电和直流电都大。

3. 触电

（1）**触电事故**　触电事故是电焊操作的主要危险。因为电焊设备的空载电压一般都超过安全电压，而且焊接电源与380V/220V的电力网络连接。一般我国常用的焊条电弧焊电源的空载电压：弧焊变压器的空载电压为 $55 \sim 80V$，弧焊整流器的空

载电压为 50 ~ 90V。在移动和调节电焊设备，在更换焊条或一旦设备发生故障，较高的电压就会出现在焊钳或焊枪、焊件及焊机外壳上。尤其是在容器、管道、船舱、锅炉和钢架上进行焊接，周围都是金属导体，触电危险性更大。

（2）触电的类型　按照人体触及带电体方式和电流通过人体的途径，触电有四种类型：

1）单相触电。即当站在地面或其他接地导体上的人，身体某一部分触及一相带电体的触电事故。这种触电的危险程度与电网运行方式有关，一般情况下，接地电网的单相触电比不接地电网的危险性大。电焊大部分触电事故都是单相触电。

2）两相触电。即当人体两处同时触及电源任何两相带电体而发生的触电事故。这时触电者所受到的电压是 220V 或 380V，触电危险性很大。

3）跨步电压触电。即当带电体接地，有电流流入地下时，电流在接地点周围地面产生电压降，人在接地点周围，两脚之间出现跨步电压，由此引起的触电事故称为跨步电压触电。

4）高压触电。即在 1000V 以上高压电气设备上，当人体过分接近带电体时，高压电能使空气击穿，电流流过人体，同时还伴有电弧产生，将触电者烧伤。高压触电事故能将触电者轻则致残，重则死亡。

（3）发生触电事故的原因　触电事故有多种不同情况，可以分为直接触电和间接触电。直接触电是人体直接触及焊接设备或靠近高压电网及电气设备而发生的触电。间接触电是人体触及意外带电体所发生的触电。意外带电体是指正常情况下不带电，由于绝缘损坏或电气设备发生故障而带电的导体。

1）发生直接触电的原因。

① 更换焊条、电极和焊接过程中，焊工赤手或身体接触到焊条、焊钳或焊枪的带电部分而脚或身体其他部位与地或焊件之间无绝缘防护。

② 在金属容器、管道、锅炉、船舱或金属结构内部施工时，没有绝缘防护或绝缘防护不合格。

③ 焊工或辅助人员身体大量出汗，或在阴雨天中露天施工，或在潮湿地方进行焊割作业时，没有绝缘防护用品或绝缘防护用品不合格而导致触电事故发生。

④ 在带电接线、调节焊接电流或带电移动设备时，容易发生触电事故。

⑤ 登高焊割作业时，身体触及低压线路或靠近高压电网而引起的触电事故。

2）发生间接触电的原因。

① 焊接设备的绝缘破坏、绝缘老化（或过载）损坏或机械损伤，电焊机被雨水或潮气侵蚀，电焊机内掉入金属物品等都会导致绝缘损伤部位碰到焊接设备外壳，人体触及外壳引起触电。

② 电焊机的相线及零线错接，使外壳带电。

③ 焊接过程中，人体触及绝缘破损的电缆、胶木电闸带电部分等。

④ 因利用厂房的金属结构、轨道、管道、天车吊钩或其他金属材料拼接件，作为焊接回路而发生的触电事故。

3）防止触电的安全技术措施。

① 焊工要熟悉和掌握有关电的基本知识以及预防触电和触电后的急救方法等知识，严格遵守有关部门规定的安全措施，防止触电事故的发生。

② 防止身体与带电物体接触，这是防止触电的最有效的方法。

③ 焊接参数控制器的电源电压和照明电压应不高于 36V；锅炉、压力容器等内部最好使用 12V 电源。

④ 设备在使用前需用高阻表（绝缘电阻表）检查其绝缘电阻，绝缘电阻一般大于 0.5MΩ 为合格，并经常检查电焊机的绝缘是否良好。电焊机的带电端钮（或接线柱等）应加保护罩；电焊机的带电部分与机壳应保持良好的绝缘；不允许使用绝缘不好的焊钳和电缆。

⑤ 正确使用劳动防护用品，焊条电弧焊时应戴绝缘手套，穿绝缘鞋。在雨天或潮湿处焊接时应用绝缘橡胶垫或垫干燥木板等。特殊情况时必须派专人进行监护。

⑥ 电焊机外壳要有完善的保护接地或保护接零（中线）装置及其他保护装置。

⑦ 电焊机接线、维修电焊机应由电工进行，严禁焊工自行操作。

⑧ 尽可能采用防触电装置和自动断电装置。

⑨ 进行触电急救知识教育发生触电时，首先要迅速脱离电源，并对触电者采取防止摔伤、人工呼吸、心脏按压等急救措施。

2.7.2　焊接安全操作基础知识

焊接安全生产非常重要。在焊接生产中，常常会发生一些事故。究其原因主要是：

1）焊接时，焊工要与电、可燃及易爆的气体（如乙炔等）、易燃液体（如液化石油气）、明火、压力容器等接触，稍不小心就容易发生火灾、爆炸等事故。

2）焊接时，焊工要接触各种电器，并受到焊接热源（电弧、气体火焰）的高温、高频磁场、噪声和射线等的影响，稍不注意就会发生触电事故、高频电磁场和射线辐射致伤。

3）在焊接过程中还会产生一些有害气体、烟尘、电弧光的辐射，长期在这样的环境中工作，很可能引起呼吸道中毒、窒息和皮肤灼伤等事故。

4）根据工作需要，有时焊工要在高处、水下、容器设备内部等特殊环境进行焊接、气割操作，不小心容易发生空中坠落等事故。

由此可见，大多数事故都是由于焊工和有关生产人员不熟悉有关劳动保护知识，不遵守安全操作规程所引起。这不仅给国家财产造成经济损失，而且直接影响焊工及其他工作人员的人身安全。

国家对焊工的安全健康是非常重视的，国家安全生产监督管理总局令第 30 号《特种作业人员安全技术培训考核管理规定》中明确规定：焊接与热切割作业是特种作业，直接从事特种作业者——焊工，是特种作业人员。特种作业人员必须经专门的安全技术培训并考核合格，取得《中华人民共和国特种作业操作证》后，方可上岗作业。

2.7.3 焊接安全防护措施

所谓焊接劳动保护是指为保障职工在生产劳动过程中的安全和健康所采取的措施。如果在焊接过程中不注意安全生产和劳动保护，就有可能引起爆炸、火灾、灼烫、触电、中毒等事故，甚至可能使焊工患上尘肺、电光性眼炎、慢性中毒等职业病。因此在生产过程中，必须重视焊接劳动保护，焊接劳动保护应贯穿于整个焊接工作的各个环节。加强焊接劳动保护的措施很多，主要应从两方面来控制：一是研究和采用安全卫生性能好的焊接技术及提高焊接机械化、自动化程度，从焊接技术角度减少污染和减轻焊工与有害因素的接触，从某种意义上讲，这是更为积极的防护；二是加强焊工的个人防护。

1. 焊接劳动保护

要在焊接结构设计、焊接材料、焊接设备和焊接工艺的改进和选用、焊接车间设计和安全卫生管理等各个环节中，积极改善焊接劳动卫生条件。如设计焊接结构时，要避免让焊工进入狭窄空间焊接，对封闭结构施焊要开合理的通风口。焊接材料和焊接设备应尽量提高安全卫生性能。制定焊接工艺时，要优先选用自动焊或机器人焊接。要经常对焊工进行安全教育，定期监测焊接作业场所中有害物质的浓度，督促生产和技术部门采取措施，改进安全卫生状况。焊接劳动保护措施要从多方面综合采取技术措施。

2. 焊接作业场所的通风

切实做好施焊作业场所的通风排尘，是焊接劳动保护极为重要的内容。

在焊接过程中，采取通风措施，降低工人呼吸带空气中的烟尘及有害气体浓度，对保证作业工人的健康是极其重要的。

焊接通风是通过通风系统向车间送入新鲜空气，或将作业区域内的有害烟气排出，从而降低工人作业区域空气中的烟尘及有害气体浓度，使其符合国家卫生标准，以达到改善环境，保护工人健康的目的。

一个完整的通风除尘系统，不是简单地将车间内被污染的空气排出室外，而是将被污染的空气净化后再排出室外，这样才能有效地防止对车间外大气的环境污染。

1）焊接通风的分类。按通风换气的范围，焊接通风分为局部通风和全面通风两类。焊接局部通风主要是局部排风，即从焊接工作点附近收集烟气，经净化后再排出室外。全面通风是指对整个车间进行的通风换气，它是以清洁的空气将整个车间空气的有害物质浓度冲淡到最高允许浓度以下，并使之达到卫生标准。

局部通风所需风量小，烟气刚刚散发出来就被排风罩口吸出，因此烟气不经过作业者呼吸带，也不影响周围环境，通风效果较好。全面通风不受焊接工作地点布置的限制，不妨碍工人操作，但散发出来的烟气仍可能通过工人呼吸带。焊接作业点多，作业分散，流动性大的焊接作业场所应采用全面通风。

2）焊接通风的特点。焊接烟尘不同于一般机械性粉尘，它具有以下特点：

① 电焊烟尘粒子小。

② 电焊烟尘黏性大。由于烟尘粒子小，带静电、温度高而使其黏性大。

③ 电焊烟尘温度高，在排风管道和除尘器内空气温度达 60 ~ 80℃。

④ 焊接过程发尘量大，一个焊工操作一天所产生的烟尘量约为 60 ~ 150g。

由于焊接烟尘的特点，电焊烟尘的通风除尘系统必须针对以上特点采取有效措施。

3）局部通风系统。

① 局部通风系统的结构。局部通风系统由排烟罩、风管、风机和净化装置组成。排烟罩用于捕集电焊过程中散发的电焊烟尘，装于焊接工作点附近；风管用于输送由排烟罩捕集的电焊烟气及净化后的空气；风机用于推动空气在排风系统内的流动，一般采用离心风机；净化装置（除尘器）用于净化电焊烟气。根据捕集烟尘的机理不同，局部通风系统有多种形式。

② 局部通风系统的形式。局部通风系统有固定式、移动式和随机式三种。

固定式排烟罩有上抽式、下抽式和侧抽式三种，这类装置适于焊接操作地点固定、工件较小的情况下采用。其中下抽式排风方法使焊接操作方便，排风效果较好。

局部通风装置排烟途径要合理，焊接烟气不得经过操作者的呼吸带。排出口的风速以 1 ~ 2m/s 为宜。排出管的出口必须高出作业厂房顶部 1 ~ 2m。

移动式排风罩结构简单轻便，可根据需要随意移动。在密闭结构、化工容器和管道内施焊或在大厂房非定点施焊时效果良好。

随机式排烟罩是被固定在自动焊机头上或附近位置，可分为近弧排烟罩和隐弧排烟罩，以隐弧排烟罩效果更好。使用隐弧式排烟罩时应严格控制风速和正压，以保证保护气体不被破坏，否则难以保证焊接质量。

4）全面通风的措施。焊工作业室内净高度低于 3.5 ~ 4m 或每个焊工作业空间小于 200m³ 时，工作间（室、舱、柜等）内部结构影响空气流通，应采用全面通风换气方式。

全面通风包括机械通风和全面自然通风。以风机为动力的通风系统，称为全面机械通风系统，它是通过风机及管道等组成的通风系统进行厂房、车间的通风换气。全面自然通风是通过车间侧窗及天窗进行通风换气。

全面机械通风的效果，不仅与换气量及换气机械系统布置方式有关，还与所需的风机、风管等设备有关。全面通风的目的是尽可能在较大空间范围内减少烟气对操作者及作业环境的污染程度，将焊接烟尘及有害气体从厂房或车间的整体范围内较多地排出，尽量使进、排气流均匀分布，减少通气死角，避免有害物质在局部区域积聚。

3. 弧光的防护措施

焊接弧光对人体的危害主要是眼睛和皮肤，只要采取行之有效的防护措施和个人防护措施，就完全可以达到保护作业人员身体健康的目的。弧光防护措施如下：

（1）设置防护屏　一般在小件焊接的固定场所设置防护屏，以保护焊接车间工作人员的眼睛。防护屏的材料可用薄铁板、玻璃纤维布等不燃或难燃的材料。

（2）采用合理的墙壁饰面材料　在较小的空间施焊时，为防止弧光反射，可采用吸光材料做墙壁饰面材料。

（3）保证足够的防护距离　弧光辐射强度随距离的加大而减弱，在自动或半自动焊作业时，应保证足够的防护间距。

（4）改进工艺　尽量采用自动焊或半自动焊、埋弧焊，尽可能使工人远离施焊地点操作。对弧光很强、危害严重的焊接方法应将弧光封闭在密闭装置内。

（5）对弧光的个人防护　焊工自身要采取个人防护措施，以减少弧光辐射的危害。

4. 焊接作业个人防护措施

焊工的防护用品是保护工人在劳动过程中安全和健康所需要的、必不可少的个人预防性用品。在各种焊接与切割作业中，一定要按规定佩戴，以防作业过程的污染物排放造成对人体的伤害。

焊接作业时使用的防护用品种类较多，有防护面罩、头盔、防护眼镜、安全帽、防噪声耳塞、耳罩、工作服、手套、绝缘鞋、安全带、防尘口罩、防毒面具及披肩等。

（1）焊接防护面罩及头盔　焊接防护面罩是一种防止焊接金属飞溅、弧光及其他辐射使面部、颈部损伤，同时通过滤光镜片保护眼睛的一种个人防护用品。常用的有手持式面罩、头盔式面罩两种。而头盔式面罩又分为普通头盔式面罩、封闭隔离式送风焊工头盔式面罩及输气式防护焊工头盔式面罩三种。

普通头盔式面罩，面罩主体可上下翻动，便于双手操作，适合于各种焊接作业，特别是高空焊接作业。

输气式防护焊工头盔式面罩，主要用于熔化极氩弧焊，特别适用于密闭空间焊接，该头盔可使新鲜空气通达眼、鼻、口三部分，从而起到保护作用。

封闭隔离式送风焊工头盔式面罩，主要用于高温、弧光较强、发尘量高的焊接与切割作业，如 CO_2 气体保护焊、氩弧焊、空气碳弧气刨、等离子弧切割及仰焊等，该头盔呼吸畅通，既防尘又防毒。缺点是价格太高，设备较复杂，焊工行动受送风管长度限制。

手持式焊接面罩如图 2-17 所示；普通头盔式面罩如图 2-18 所示；封闭隔离式送风焊工头盔式面罩如图 2-19 所示；输气式防护焊工头盔式面罩如图 2-20 所示。

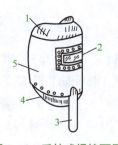

图 2-17　手持式焊接面罩

1—上弯面　2—观察窗　3—手柄
4—下弯面　5—面罩主体

图 2-18　普通头盔式面罩

1—头箍　2—上弯面
3—观察窗　4—面罩主体

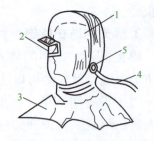

图 2-19　封闭隔离式送风焊
工头盔式面罩

1—面盾　2—观察窗　3—披肩
4—送风管　5—呼吸阀

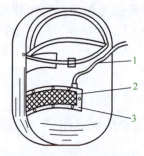

a) 简易输气式防护头盔结构示意图

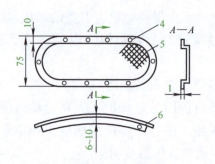

b) 送风带构造示意图

图 2-20　输气式防护焊工头盔式面罩

1—送风管　2—小孔　3—风带　4—固定孔　5—送风孔　6—送风管插入孔

（2）防护眼镜　防护眼镜主要通过防护滤光片实现焊接过程中对眼睛的保护功能。

焊接防护滤光片的遮光编号以可见光透过率的大小决定，可见光透过率越大，编号越小，颜色越浅，滤光片的颜色，工人较喜欢黄绿色或蓝绿色。

焊接滤光片分为吸收式、吸收-反射式及电光式三种，吸收-反射式比吸收式好，电光式镜片造价高。

气焊及辅助工带的护目镜，镜架的结构必须有防侧光的遮光板，辅助工最好用3号、4号的镜片，气焊工最好用5号、6号的镜片。在气焊、气刨、切割、打磨工件边缘或敲焊渣时，必须佩戴防碎屑眼镜，镜架必须耐冲击，镜腿要宽，以防碎屑从侧面伤害眼睛。

焊工应根据电流大小、焊接方法、照明强弱及本身视力的好坏来选择正确合适的滤光片。选择时，可参考表2-21。

表 2-21 护目镜遮光片的选择

焊接方法	焊条直径 /mm	焊接电流 /A	最低滤光号	推荐滤光号
焊条电弧焊	< 2.5	< 60	7	—
	2.5 ~ 4	60 ~ 160	8	10
	4 ~ 6.4	160 ~ 250	10	12
	> 6.4	250 ~ 550	11	14
气体保护焊及药芯焊丝电弧焊	—	< 60	7	—
		60 ~ 160	10	11
		160 ~ 250	10	12
		250 ~ 500	10	14
钨极惰性气体保护焊	—	< 50	8	10
		50 ~ 100	8	12
		150 ~ 500	10	14
空气碳弧气刨	—	< 500	10	12
		500 ~ 1000	11	14
等离子弧焊	—	< 20	6	6 ~ 8
		20 ~ 100	8	10
		100 ~ 400	10	12
		400 ~ 800	11	14
等离子弧切割	—	< 300	8	9
		300 ~ 400	9	12
		400 ~ 800	10	14
硬钎焊	—	—	—	3 或 4
软钎焊	—	—	—	2
碳弧焊	—	—	—	14
气焊	板厚 /mm		—	
	< 3			4 或 5
	3 ~ 13			5 或 6
	> 13			6 或 8
气割	板厚 /mm		—	
	< 25			3 或 4
	25 ~ 150			4 或 5
	> 150			5 或 6

根据经验，建议开始使用可以看清熔池的较适宜的镜片，但遮光号不要低于下限值。

如果焊接、切割中的电流较大，就近又没有遮光号大的滤光片，可将两片遮光号较小的滤光片叠起来使用，效果相同。当把 1 片滤光片换成 2 片时，可根据下列公式折算：

$$N = (n_1 + n_2) - 1$$

式中　　　N——1 片滤光片的遮光号；

　　　n_1、n_2——2 片滤光片各自的遮光号。

为保护操作者的视力，焊接工作累计 8h，一般要更换一次新的保护片。

（3）**防尘口罩及防毒面具**　焊工在焊接与切割过程中，当采用的通风不能使焊接现场烟尘或有害气体的浓度达到卫生标准时，必须佩戴合格的防尘口罩或防毒面具。

防尘口罩有隔离式和过滤式两大类。每类又分为自吸式和送风式两种。

防毒面具通常可采用送风焊工头盔来代替。

（4）**防噪声保护用品**　防噪声防护用品主要有耳塞、耳罩、防噪声棉等。最常用的是耳塞、耳罩，最简单的是在耳内塞棉花。

耳塞是插入外耳道最简便的护耳器。它分大、中、小三种规格。耳塞的平均隔声值为 15～25dB。其优点是防声作用大，体积小，携带方便，易于保存，价格便宜。

佩戴各种耳塞时，要将塞帽部分轻推入外耳道内，使它与耳道贴合，但不要用力太猛或塞得太深，以感觉适度为止。

耳罩是一种以椭圆或腰圆形罩壳把耳朵全部罩起来的护耳器。耳罩对高频噪声有良好的隔离作用，平均隔声值为 15～30dB。

使用耳罩时，应先检查外壳有无裂纹和漏气，而后将弓架压在头顶适当位置，务必使耳壳软垫圈与周围皮肤贴合。

（5）**安全帽**　在多层交叉作业（或立体上下垂直作业）现场，为了预防高空和外界飞来物的危害，焊工应佩戴安全帽。

安全帽必须有符合国家安全标准的出厂合格证，每次使用前都要仔细检查各部分是否完好，是否有裂纹，调整好帽箍的松紧程度，调整好帽衬与帽顶内的垂直距离，应保持在 20～50mm 之间。

（6）**工作服**　焊工用的工作服，主要起到隔热、反射和吸收等屏蔽作用，使焊工身体免受焊接热辐射和飞溅物的伤害。

焊工常穿用白帆布制作的工作服，在焊接过程中具有隔热、反射、耐磨和透气性好等优点。在进行全位置焊接和切割时，特别是仰焊或切割时，为了防止焊接飞溅或熔渣等溅到面部或额部造成灼伤，焊工可使用石棉物制作的披肩、长套袖、围裙和鞋盖等防护用品进行防护。

焊接过程中，为了防止高温飞溅物烫伤焊工，工作服上衣不应该系在裤子里面；工作服穿好后，要系好袖口和衣领上的衣扣，工作服上衣不要有口袋，以免高温飞溅物掉进口袋中引发燃烧，工作服上衣要做大，衣长要过腰部，不应有破损空洞，不允许沾有油脂，不允许潮湿，工作服应较轻。

（7）**手套、工作鞋和鞋盖**　焊接和切割过程中，焊工必须戴防护手套，手套要求耐磨，耐辐射热，不容易燃烧和绝缘性良好。最好采用牛（猪）绒面革制作手套。

　　焊接过程中，焊工必须穿绝缘工作鞋。工作鞋应该是耐热、不容易燃烧、耐磨、防滑的高筒绝缘鞋。工作鞋使用前，须经耐压试验 500V 合格，在有积水的地面上焊接时，焊工的工作鞋必须是经耐压试验 600V 合格的防水橡胶鞋。工作鞋是黏胶底或橡胶底，鞋底不得有铁钉。

　　焊接过程中，滚烫的焊接飞溅物坠地后，四处飞溅。为了保护好脚不被高温飞溅物烫伤，焊工除了要穿工作鞋外，还要系好鞋盖。鞋盖只起隔离高温焊接飞溅物的作用，通常用帆布或皮革制作。

　　（8）安全带　焊工登高焊割作业时，必须系戴符合国家标准的防火高空作业安全带。使用安全带前，必须检查安全带各部分是否完好，救生绳挂钩应固定在牢靠的结构上。安全带要耐高温、不容易燃烧，要高挂低用，严禁低挂高用。

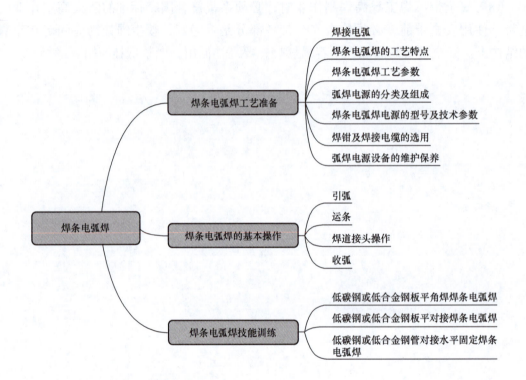

3.1 焊条电弧焊工艺准备

3.1.1 焊接电弧

　　焊接电弧是一种特殊的气体放电现象，它产生强烈的光和大量的热量。由焊接电源供给的具有一定电压的两电极间或电极与母材间，在气体介质中产生的强烈而持久的放电现象，称为焊接电弧。电弧焊就是依靠焊接电弧把电能转变为焊接过程所需的热能来熔化金属，从而达到连接金属的目的。

1. 焊接电弧的分类

　　焊接电弧的性质与弧焊电源的种类、焊接电弧状态、电极材料以及电弧周围的

介质等有关。焊接电弧的分类如下：

1）按弧焊电源种类可分为：交流电弧、直流电弧和脉冲电弧（含高频脉冲电弧）。

2）按电弧状态可分为：自由电弧和压缩电弧。

3）按电极材料可分为：熔化极电弧和非熔化极电弧。

2. 焊接电弧的产生

（1）焊接电弧产生的条件　在常态下，气体的分子和原子是呈中性的，气体中没有带电粒子（电子、正离子），因此，气体不能导电，电弧也不能自发地产生。要使电弧产生和连续燃烧，两电极（或电极与母材）之间的气体中就必须要有导电的带电粒子，这是电弧产生和维持的重要条件。

当电极与工件短路接触时，由于电极和工件表面都不是绝对平整的，所以只是在少数突出点上接触（图 3-1），通过这些点的短路电流比正常的焊接电流要大得多，这就产生大量的电阻热，使接触部分的金属温度剧烈地升高而熔化，甚至汽化。同时受热的阴极发射出大量电子。由阴极发射出的电子，在电场力的作用下，快速地向阳极运动，在运动中与中性气体分子相撞，并使其电离成电子和正离子，电子被阳极吸收，而正离子向阴极运动，形成电弧的放电现象。因此，气体的电离和阴极电子发射是电弧产生和维持的必要条件。

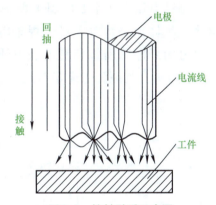

图 3-1　接触引弧示意图

焊接电弧引燃的顺利与否，是与焊接电流，电弧中的电离物质，电源的空载电压及其特性有关。如果焊接电流大，电弧中有存在容易电离的元素，电源的空载电压又较高时，则电弧的引燃就容易。

（2）焊接电弧的引燃　把造成两电极间气体发生电离和阴极发射电子而引起电弧燃烧的过程称为焊接电弧的引燃（引弧）。

焊接电弧的引燃一般有两种方式：接触引弧和非接触引弧。电弧的引燃过程如图 3-2 所示。

1）接触引弧。弧焊电源接通后，将电极（焊条或焊丝）与工件直接短路接触，并随后拉开焊条或焊丝而引燃电弧，称为接触引弧。接触引弧是一种最常用的引弧方式。

在焊接过程中，电弧电压由短路时的零增加到电弧复燃时的电压值所需要的时间为电压恢复时间。电压恢复时间对于焊接电弧的引燃及焊接过程中电弧的稳定性具有重要的意义。这个时间的长短，是由弧焊电源的特性决定的。在电弧焊接时，对电压恢复时间要求越短越好，一般不超过 0.05s。如果电压恢复时间太长，则电弧就不容易引燃且会造成焊接过程不稳定。

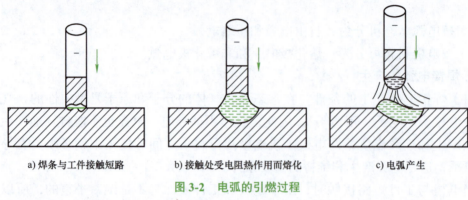

a) 焊条与工件接触短路　　　b) 接触处受电阻热作用而熔化　　　c) 电弧产生

图 3-2　电弧的引燃过程

接触引弧方法主要应用于焊条电弧焊、埋弧焊、熔化极气体保护焊等。对于焊条电弧焊，接触引弧又可分为划擦法引弧和直击法引弧两种，如图 3-3、图 3-4 所示。划擦法引弧相对比较容易掌握。

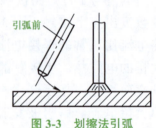

图 3-3　划擦法引弧

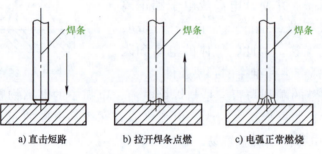

a) 直击短路　　　b) 拉开焊条点燃　　　c) 电弧正常燃烧

图 3-4　直击法引弧

2）非接触引弧。引弧时电极与工件之间保持一定间隙，然后在电极和工件之间施以高电压击穿间隙使电弧引燃，这种方式称为非接触引弧。

非接触引弧需利用引弧器才能实现。根据工作原理不同，非接触引弧可分为高压脉冲引弧和高频高压引弧。高压脉冲引弧需高压脉冲发生器，频率一般为 50～100Hz，电压峰值为 3～10kV。高频高压引弧需用高频振荡器，频率为 150～260kHz，电压峰值为 2～3kV。

这种引弧方式主要应用于钨极氩弧焊和等离子弧焊。由于引弧时电极无须和工件接触，这样不仅不会污染工件上的引弧点，而且也不会损坏电极端部的几何形状，有利于电弧燃烧的稳定性。

3.1.2 焊条电弧焊的工艺特点

1. 焊条电弧焊的优点

（1）工艺灵活、适应性强　对于不同的焊接位置、接头形式、焊件厚度的焊缝，只要焊条所能达到的任何位置，均能进行方便的焊接。对一些单件、小件、短的、不规则的空间任意位置的焊缝以及不易实现机械化焊接的焊缝，更显得机动灵活，操作方便。

（2）应用范围广　焊条电弧焊的焊条能够与大多数的焊件金属性能相匹配，因而，接头的性能可以达到被焊金属的性能。焊条电弧焊不但能焊接碳钢、低合金钢、不锈钢及耐热钢，对于铸铁、高合金钢及非铁金属等也可以用焊条电弧焊焊接。此外，还可以进行异种钢焊接和各种金属材料的堆焊等。

（3）易于分散焊接应力和控制焊接变形　由于焊接是局部的不均匀加热，所以焊件在焊接过程中都存在着焊接应力和变形。对于结构复杂而焊缝又比较集中的焊件、长焊缝和大厚度焊件，其应力和变形问题更为突出。采用焊条电弧焊，可以通过改变焊接工艺，如采用跳焊、分段退焊、对称焊等方法，来减少变形和改善焊接应力的分布。

（4）设备简单、成本较低　焊条电弧焊使用的交流焊机和直流焊机，其结构都比较简单，维护保养也比较方便；设备轻便，易于移动，且焊接中不需要辅助气体保护，并具有较强的抗风能力；投资少，成本相对较低。

2. 焊条电弧焊的缺点

（1）焊接生产率低、劳动强度大　由于焊条的长度是一定的，因此，每焊完一根焊条后必须停止焊接，更换新的焊条，而且每焊完一层焊道后要求清渣，焊接过程不能连续进行，所以生产率低，劳动强度大。

（2）焊缝质量依赖性强　由于采用手工操作，焊缝质量主要靠焊工的操作技术和经验来保证，所以，焊缝质量在很大程度上依赖于焊工的操作技术及现场发挥，甚至焊工的精神状态也会影响焊缝质量。

3.1.3 焊条电弧焊工艺参数

焊接参数是指焊接时为保证焊接质量而选定的各物理量（焊条直径、焊接电流、电弧电压、焊接速度、焊接层道数、电源种类、极性和焊接热输入等）的总称。焊接参数选择正确与否，直接影响焊缝的形状、尺寸、焊接质量和生产率。因此，选择焊接参数是焊接生产中十分重要的一个环节。

1. 焊条直径

在实际生产过程中为了提高生产率，应尽可能选用较大直径的焊条，但是用直径过大的焊条焊接，会造成未焊透或焊缝成形不良的缺陷。因此必须正确选择焊条的直径。焊条直径的选择主要是根据被焊工件的厚度、接头形状、焊缝位置和预热条件来确定的。

（1）**焊件的厚度**　焊条直径可根据焊件厚度进行选择。厚度较大的焊件应选用直径较大的焊条。反之，薄焊件焊接则应选用小直径焊条，见表3-1。

表3-1　焊条直径的选择　　　　　　（单位：mm）

板厚	1~2	2~2.5	2.5~4	4~6	6~10	>10
焊条直径	1.6~2.0	2.0~2.5	2.5~3.2	3.2~4.0	4.0~5.0	5.0~5.8

（2）**焊缝位置**　在板厚相同的条件下，焊接平焊缝用的焊条直径应比其他位置大一些，立焊最大不超过5mm，而仰焊、横焊最大直径不超过4mm，这样可形成较小的熔池，减少熔化金属的下淌。

（3）**焊接层次**　进行多层焊时，如果第一层焊缝所采用的焊条直径过大，会造成因电弧过长而不能焊透，因此为了防止根部焊不透，对多层焊的第一层焊道，应选用直径较小的焊条进行焊接，以后各层可以根据焊件厚度，选用较大直径的焊条。

（4）**接头形式**　搭接接头、T形接头因不存在全焊透问题，所以应选用较大的焊条直径，以提高生产率。

（5）**电源种类和极性的选择**　电源的种类和极性主要取决于焊条的类型。直流电源的电弧燃烧稳定，焊接接头的质量容易保证；交流电源的电弧稳定性差，接头质量也较难保证。

2. 电源种类和极性

电源的种类和极性主要取决于焊条的类型。

（1）**电源种类**　焊条电弧焊时采用的电源有交流和直流两大类，根据焊条的性质进行选择。直流电源的电弧燃烧稳定，焊接接头的质量容易保证；交流电源的电弧稳定性差，接头质量也较难保证。通常，酸性焊条可同时采用交、直流两种电源，由于交流弧焊机构造简单、造价低、使用及维护方便，所以优先采用交流弧焊机。但交流电源焊接时，电弧稳定性差。采用直流电源焊接时，电弧稳定，飞溅少，但电弧磁偏吹较严重。碱性低氢型焊条稳弧性差，通常必须采用直流弧焊机。如药皮中含有较多稳弧剂的焊条，也可使用交流弧焊机，但此时电源的空载电压应较高些。用小电流焊接薄板时，也常用直流电源，这样引弧较容易，电弧也较稳定。

（2）**电源极性**　从电弧的构造及温度可知，若焊件或焊钳所接的正、负极不同，则温度也相应不同。因此，使用直流焊机时，应考虑选择电源的极性问题，以保证电弧稳定燃烧和焊接质量。

1）极性。极性是指在直流电弧焊或电弧切割时焊件的极性。焊件与电源输出端正、负极的接法，分为正接和反接两种。正接就是焊件接电源正极，电极接电源负极的接线法，也称正极性；反接就是焊件接电源负极，电极接电源正极的接线法，也称反极性。对于交流电源来说，由于电源的极性是交变的，所以不存在正接和反接。

2）极性的应用。焊接电源极性的选用主要应根据焊条的性质和焊件所需的热量来决定。同时，利用不同的极性，可焊接不同要求的焊件，如采用酸性焊条焊接厚度较大的焊件时，可采用直流正接法（即焊条接负极，焊件接正极），以获得较大的熔深，而在焊接薄板焊件时，则采用直流反接，可防止烧穿。若酸性焊条采用交流电源焊接时，其熔深介于直流正接和反接之间。

3. 焊接电流

焊接时流经焊接回路的电流称为焊接电流。焊接电流的大小直接影响着焊接质量和焊接生产率。增大焊接电流能提高生产率，但电流过大易造成焊缝咬边、烧穿等缺陷，同时增加了金属飞溅，也会使接头的组织产生过热而发生变化；而电流过小易造成夹渣、未焊透等缺陷，降低焊接接头的力学性能，所以应适当地选择焊接电流。焊接电流的选择，主要取决于焊条的类型、焊件材质、焊条直径、焊件厚度、接头形式、焊缝位置以及焊接层次等。

（1）**焊条直径**　焊条直径越大，熔化焊条所需要的电弧热量越多，焊接电流也越大。碳钢酸性焊条焊接电流大小与焊条直径的关系，一般可根据下面的经验公式来选择：

$$I_h = (35 \sim 55)D$$

式中　I_h——焊接电流（A）；

　　　D——焊条直径（mm）。

根据以上公式所求得的焊接电流，只是一个大概数值。对于同样直径的焊条焊接不同材质和厚度的工件，焊接电流亦不同。一般板越厚，焊接热量散失得越快，应取电流值的上限值；对焊接热输入要求严格控制的材质，应在保证焊接过程稳定的前提下，取下限值。对于横、立、仰焊时所用的焊接电流，应比平均的数值小 10% ~ 20% 左右。焊接中碳钢或普通低合金钢时，其焊接电流应比焊低碳钢时小10% ~ 20%，碱性焊条比酸性焊条小 20%。而在锅炉和压力容器的实际焊接生产中，焊工应按照焊接工艺文件规定的参数施焊。

（2）**焊缝位置**　相同焊条直径的条件下，在焊接平焊缝时，由于运条和控制熔池中的熔化金属都比较容易，因此可以选择较大的电流进行焊接。但在其他位置焊接时，为了避免熔化金属从熔池中流出，要使熔池尽可能小些。通常立焊、横焊的焊接电流比平焊的焊接电流小 10% ~ 15%，仰焊的焊接电流比平焊的焊接电流小15% ~ 20%。

（3）**焊条类型**　当其他条件相同时，碱性焊条使用的焊接电流应比酸性焊条小 10% ~ 15%，否则焊缝中易形成气孔。不锈钢焊条使用的焊接电流比碳钢焊条小15% ~ 20%。

（4）**焊接层次**　焊接打底层时，特别是单面焊双面成形时，为保证背面焊缝质量，常使用较小的焊接电流；焊接填充层时为提高效率，保证熔合良好，常使用较大的焊接电流；焊接盖面层时，为防止咬边和保证焊缝成形，使用的焊接电流应比填充层稍小些。

在实际生产中，焊工一般可根据焊接电流的经验公式先算出一个大概的焊接电流，然后在钢板上进行施焊调整，直至确定合适的焊接电流。在试焊过程中，可根据下列几点来判断选择的电流是否合适：

1）观察飞溅。电流过大时，电弧吹力大，可看到较大颗粒的铁液向熔池外飞溅，焊接时爆裂声大；电流过小时，电弧吹力小，熔渣和铁液不易分清。

2）观察焊缝成形。电流过大时，熔深大、焊缝余高低、两侧易产生咬边；电流过小时，焊缝窄而高、熔深浅且两侧与母材金属熔合不好；电流适中时，焊缝两侧与母材金属熔合得很好，呈圆滑过渡。

3）观察焊条熔化情况。电流过大时，当焊条熔化了大半根时，其余部分均已发红；电流过小时，电弧燃烧不稳定，焊条容易粘在焊件上。

4. 电弧电压

焊条电弧焊的电弧电压主要由电弧长度来决定。焊接过程中，要求电弧长度不宜过长，否则电弧燃烧会出现下列几种不良现象：

1）电弧燃烧不稳定，易摆动，电弧热能分散，飞溅增多，造成金属和电能的浪费。

2）焊缝厚度小，容易产生咬边、未焊透、焊缝表面高低不平、焊波不均匀等缺陷。

3）对熔化金属的保护差，空气中氧、氮等有害气体容易侵入，使焊缝产生气孔的可能性增加，使焊缝金属的力学性能降低。

因此，在焊接时应力求使用短弧焊接，相应的电弧电压为 16～25V。在立、仰焊时弧长应比平焊时更短一些，以利于熔滴过渡，防止熔化金属下淌。碱性焊条焊接时应比酸性焊条弧长短些，以利于防止产生气孔。短弧一般认为电弧长度是焊条直径的 0.5～1.0 倍。

5. 焊接速度

单位时间内完成的焊缝长度称为焊接速度。焊接速度应该均匀适当，既要保证焊透又要保证不烧穿，同时还要使焊缝宽度和高度符合图样设计要求。

当焊接速度过慢时，焊缝高温停留时间增长，热影响区宽度增加，焊接接头的晶粒变粗，力学性能降低，同时使变形量增大，而且会造成焊穿、余高过高等缺陷。当采用较大的焊接速度时，易获得较高的焊接生产率，但是，焊接速度过大，会造成咬边、未焊透、气孔等缺陷。

焊接速度直接影响焊接生产率，所以应该在保证焊缝质量的基础上，采用较大的焊条直径和焊接电流，同时根据具体情况适当加快焊接速度，以保证在获得焊缝的高低和宽窄一致的条件下，提高焊接生产率。

6. 焊接层道数

在中厚板焊接时，一般要开坡口并采用多层多道焊。多层多道焊有利于提高焊接接头的塑性和韧性，对于低碳钢和强度等级低的普通低合金钢多层多道焊时，每道焊缝厚度不宜过大，过大时对焊缝金属的塑性不利，因此对质量要求较高的焊缝，每层厚度最好不大于 4mm。同样每层焊道厚度不宜过小，过小时焊接层次增多不利于提高劳动生产率。根据实际经验，每层厚度约等于焊条直径的 0.8 ~ 1.2 倍时，生产率较高，并且比较容易保证质量和便于操作。

3.1.4 弧焊电源的分类及组成

电源是在电路中用来向负载供给电能的装置，而焊条电弧焊的焊接电源，即是在焊接电路中为焊接电弧提供电能的设备，为区别于其他的电源，这类电源称为弧焊电源。弧焊电源实质上是用来进行电弧放电的电源，电弧焊电源必须具有各种外特性；工艺和结构上还要求焊接电源具有适当的空载电压，容易引弧，同时可以根据不同直径的焊条、不同的焊接位置来调节焊接电流，并保证短路电流不大于额定电流的 1.5 倍；此外，还能维持不同功率的电弧稳定燃烧，满足消耗电能少、使用安全、容易维护等要求。

按弧焊电源电路结构原理来分类，弧焊电源可分为弧焊变压器、弧焊整流器和弧焊逆变器等，对应的电焊机称为交流弧焊机、直流弧焊机及逆变弧焊机。

1. 交流弧焊机（弧焊变压器）

交流弧焊机由变压器和电抗器两部分组成，一般接单相电源。其基本原理是通过变压器达到焊接所需要的空载电压，并经过电抗器来获得下降的外特性。交流弧焊机有串联电抗器式和增强漏磁式两种结构。

弧焊变压器一般也称交流弧焊电源，它在所有弧焊电源中应用最广。其主要特点是在焊接回路中增加阻抗，阻抗上的压降随焊接电流的增加而增加，以此获得陡降外特性。按获得陡降外特性的方法不同，弧焊变压器可分为串联电抗器式弧焊变压器和增强漏磁式弧焊变压器两大类。弧焊变压器的分类及常用型号见表 3-2，常用的弧焊变压器技术数据见表 3-3。

表 3-2 弧焊变压器的分类及常用型号

类型	结构形式	国产常用型号
串联电抗器式弧焊变压器	分体式	BP—3×500、BN—300、BN—500
	同体式	BX—500、BX2—500、BX2—1000
增强漏磁式弧焊变压器	动铁芯式	BX1—135、BX1—300、BX1—500
	动圈式	BX3—300、BX3—500 BX3—1—300、BX3—1—500
	抽头式	BX6—120—1、BX6—160、BX6—120

表 3-3　常用的弧焊变压器技术数据

主要技术数据	动铁芯式			动圈式			
	BX1—160	BX1—250	BX1—400	BX3—250	BX3—300	BX3—400	BX3—500
额定焊接电流 /A	160	250	400	250	300	400	500
电流调节范围 /A	32 ~ 160	50 ~ 250	80 ~ 400	36 ~ 360	40 ~ 400	50 ~ 500	60 ~ 612
一次电压 /V	380	380	380	380	380	380	380
额定空载电压 /V	80	78	77	78/70	75/60	75/70	73/66
额定工作电压 /V	21.6 ~ 27.8	22.5 ~ 32	24 ~ 39.2	30	22 ~ 36	36	40
额定一次电流 /A				48.5	72	78	101.4
额定输入容量 /kV·A	13.5	20.5	31.4	18.4	20.5	29.1	38.6
额定空载持续率（%）	60	60	60	60	60	60	60
质量 /kg	93	116	144	150	190	200	225
外形尺寸（长 /mm）×（宽 /mm）×（高 /mm）	587 × 325 × 680	600 × 380 × 750	640 × 390 × 780	630 × 480 × 810	580 × 600 × 800	695 × 530 × 905	610 × 666 × 970
用途	适用于 1 ~ 8mm 厚低碳钢板的焊接。焊条电弧焊电源	适用于中等厚度低碳钢板的焊接。焊条电弧焊电源	适用于中等厚度低碳钢板的焊接。焊条电弧焊电源	适用于 3mm 厚度以下的低碳钢板焊接。焊条电弧焊电源	焊条电弧焊电源，电弧切割电源	焊条电弧焊电源	手工钨极氩弧焊、焊条电弧焊、电弧切割电源

（1）动铁芯式弧焊变压器　动铁芯式弧焊变压器由一个口形固定铁芯和一个活动铁芯组成，活动铁芯构成了一个磁分路，以增强漏磁，使电焊机获得陡降外特性。

国产动铁芯式弧焊变压器目前有 BX1 系列，常用的 BX1—300 型弧焊变压器是梯形动铁芯式的弧焊变压器，它的一次绕组和二次绕组各自分成两半分别绕在变压器固定铁芯上，一次绕组两部分串联连接电源，二次绕组两部分并联连接焊接回路。BX1—300 型电焊机的焊接电流调节方便，仅需移动铁芯就可满足电流调节要求，其调节范围为 75 ~ 400A，调节范围广。当活动铁芯由里向外移动而离开固定铁芯时，漏磁减少，则焊接电流增大；反之，焊接电流减小。

（2）动圈式弧焊变压器　动圈式弧焊变压器是一种常用的增强漏磁式弧焊变压器，国产产品属 BX3 系列，产品有 BX3—120、BX3—120—1、BX3—300、BX3—300—2、BX3—500 型等。现以 BX3—300 型弧焊变压器为例说明，该焊机的空载电压为 75V/60V，工作电压为 30V，电流调节范围为 40 ~ 400A。

1）动圈式弧焊变压器的构造。BX3—300型弧焊变压器是一台动圈式单相焊接变压器，变压器的一次绕组分成两部分，固定在口形铁心两心柱的底部，铁心的宽度较小，而叠厚较大。二次绕组也分成两部分，装在两铁心柱的上部并固定于可动的支架上，通过丝杠连接，经手柄转动可使二次绕组上下移动，以改变一次、二次绕组间的距离，调节焊接电流的大小。一次、二次绕组可分别接成串联（接法Ⅰ）和并联（接法Ⅱ），使之得到较大的电流调节范围。

2）动圈式弧焊变压器的工作原理。动圈式弧焊变压器属于增强漏磁式，它是利用初级漏磁通和次级漏磁通的存在而获得下降外特性，当变压器工作时，铁心内除存在着由初级电流所激励的磁通外，还有一小部分经过空气闭合，且仅与一次或二次绕组发生关系的磁通，它们被称为漏磁通。漏磁通分别在一次绕组和二次绕组内感应出一个电动势，这个电动势对电路的作用，相当于在该电路中串联了一个电抗线圈。由此可见，如增大一次、二次绕组的漏磁，即相当于该电路上串联电抗线圈所产生的电压降增大，这样，便可获得陡降外特性。

① 空载。在空载时，由于一次绕组无焊接电流流过，因此不存在次级漏磁通，则无降压现象，故能保持原始的较高的空载电压，有利于引弧。

② 焊接。焊接时，由于焊接电流的存在，使漏磁通随着焊接电流的增大而增大（初级漏磁通也可折合成次级漏磁通），使焊机获得下降的外特性。

③ 短路。焊接短路时，由于短路电流很大，由此而产生的漏磁造成更大的电压降，从而限制了短路电流的增长。

3）动圈式弧焊变压器焊接电流的调节。动圈式弧焊变压器通过改变一次、二次绕组的匝数进行粗调节，通过改变一次、二次绕组的距离来进行细调节。

① 粗调节。由于电抗与二次绕组匝数的二次方成正比，所以改变二次绕组的匝数，可以在较大的范围内调节焊接电流。但由于二次绕组的匝数很难做到连续改变，因此改变二次绕组的匝数，达不到连续调节焊接电流的目的。而单独改变二次绕组的匝数，会使空载电压受到影响。为了在改变二次绕组匝数的同时保持空载电压不变，特将一次、二次绕组各自分成匝数相等的两盘。若使用小电流时，同时将一次、二次绕组各自接成串联形式；若使用大电流时，同时将一次、二次绕组各自接成并联形式。由各自串联换成各自并联时，输出的电流可增大4倍。这样就扩大了电流调节范围，从而实现焊接电流的粗调节。

② 细调节。在所述两种接法中，都可用改变一次、二次绕组之间的距离进行电流细调节，这是因为改变了两绕组间的距离，使得一次、二次绕组间空气漏磁通发生了变化。当距离增大，漏磁增大，焊接电流就减小；反之，焊接电流增大。

2. 直流弧焊机（弧焊整流器）

交流弧焊机比直流电焊机经济，但在电弧稳定性方面不如直流电焊机，因而限制了它的应用范围。在焊接较重要的焊接构件时，多采用直流弧焊机。直流弧焊机按变流的方式不同分为：弧焊整流器、直流发电机（现已淘汰）和逆变整流器。

1）直流弧焊机多采用硅整流和晶闸管整流两种电路处理方式，具有外特性好，调节能力强等优点。

2）逆变整流器是由电子电路控制可调外特性和工艺参数的弧焊直流电源。与硅整流器比较最突出的优点是：高效节能、质量小、体积小和具有良好的弧焊工艺性能等。

逆变整流器基本原理：把电网中工频（50Hz）交流电变换成中频（几百至几万Hz）交流电后，再降压和整流以获得直流电输出。

弧焊整流器是一种直流弧焊电源，用交流电经过变压、整流后获得直流电。根据整流元件的不同，弧焊整流器有硅弧焊整流器、晶闸管式弧焊整流器及逆变式弧焊整流器三种。硅弧焊整流器常用的有 ZXG 型，即下降特性硅弧焊整流器。随着国内外焊接事业的发展，逆变式弧焊整流器的优点逐渐显现，它的优点是消耗材料少、体积小、质量小、功率因数高、省电、动特性良好，且调节性能好，电网电压波动和工作电压波动可以补偿，而输出电压稳定，便于一机多用和实现自动化焊接等。

（1）硅弧焊整流器　硅弧焊整流器是弧焊整流器的基本形式之一，如国产焊机 ZXG—400。这种焊接电源一般由三相降压变压器、硅整流器、输出电抗器和外特性调节机构等部分组成。

硅弧焊整流器是以硅元件作为整流元件，通过增大降压变压器的漏磁或通过磁饱和放大器来获得下降的外特性及调节空载电压和焊接电流。输出电抗器是串联在直流回路中的一个带铁芯并有气隙的电磁线圈，起改善电焊机动特性的作用。这种电焊机的优点是：电弧稳定、耗电少、噪声小、制造简单、维护方便、防潮、抗振、耐候力强。缺点是：由于没有采用电子电路进行控制和调节，焊接过程中可调的焊接参数多，不够精确，受电网电压波动的影响较大，用于要求一般质量的焊接产品的焊接。

（2）晶闸管弧焊整流器　晶闸管弧焊整流器以其优异的性能已逐步代替了弧焊发电机和硅弧焊整流器，成为目前一种主要的直流弧焊电源。晶闸管弧焊整流器是一种电子控制的弧焊电源，它是利用晶闸管来整流，以获得所需的外特性及调节电流、电压的。ZX5—400 型晶闸管弧焊整流器采用全集成电路控制电路、三相全桥式整流电源。它主要由三相主变压器、晶闸管整流器、直流输出电抗器、控制电路、电源控制开关等部件组成。晶闸管弧焊整流器具有以下特点：

1）电源的动特性好，电弧稳定、熔池平静，飞溅小，焊缝成形好，有利于全位置焊接。

2）电源中带有电弧推力调节装置，使焊接过程中电弧吹力大，而且电弧吹力强度可以调节，通过调节和改变电弧推力来改变焊接电流穿透力，在施焊时可保证引弧容易，促进熔滴过渡，焊条不易粘住熔池，操作方便，可远距离调节电流。

3）电源中加有连弧操作和灭弧操作选择装置，以调节电弧长度。当选择连弧操作时，可以保证电弧拉长不熄弧；当选择灭弧操作时，配以适当的推力电流，可以保证焊条一接触焊件就引燃电弧，电弧拉到一定长度就熄弧，当焊条与焊件短路时，"防粘"功能可迅速将焊接电流减小而使焊条端部脱离焊件，进行再引弧。

4）电源控制板全部采用集成电路元件，出现故障时，只需更换备用板，电焊机就能正常使用，维修很方便。常用国产晶闸管弧焊整流器技术参数见表 3-4。

表 3-4　常用国产晶闸管弧焊整流器技术参数

产品型号	额定输入容量 /kW	一次电压 /V	工作电压 /V	额定焊接电流 /A	焊接电流调节范围 /A	负载持续率（%）	质量 /kg	主要用途
ZX5—250	14	380	21～30	250	25～250	60	150	适用于焊条电弧焊及氩弧焊
ZX5—400	24	380	21～36	400	40～400	60	200	
ZX5—630	48	380	44	630	130～630	60	260	
ZX5—800	—	380	—	800	100～800	60	300	适用于碳钢、不锈钢、铸铁等全位置焊接，也可用于碳弧气刨焊缝清根

3. 逆变弧焊机（弧焊逆变器）

将直流电变换成交流电称为逆变，实现这种变换的装置叫作逆变器。为焊接电弧提供电能，并具有弧焊方法所要求性能的逆变器，即为弧焊逆变器或称为逆变式弧焊电源。目前，各类逆变式弧焊电源已应用于多种焊接方法，逐步成为电焊机更新换代的重要产品。

弧焊逆变器通常采用三相交流电供电，经整流和滤波后变成直流电，然后借助大功率电子开关元件 [晶闸管、晶体管、场效应晶体管或绝缘栅双极型晶体管（IGBT）]，将其逆变成几千到几万 Hz 的中频交流电，再经中频变压器降至适合焊接的几十伏电压。通常弧焊逆变器需获得的是直流电，故常把弧焊逆变器称为逆变弧焊整流器，弧焊逆变器采用了复杂的变流顺序，即：工频交流→整流滤波→直流→逆变→中频交流→降压→低压交流（直流）。

弧焊逆变器主要由输入整流器、电抗器、逆变器、中频变压器、输出整流器、电抗器及电子控制电路等部件组成。弧焊逆变器具有以下特点：

1）高效节能。弧焊逆变器的效率可达 80%～90%，空载损耗极小，一般只有数十瓦至一百余瓦，节能效果显著。

2）质量小、体积小。中频变压器的质量只为传统弧焊电源降压变压器的几十分之一，整机质量仅为传统弧焊电源的 1/10～1/5。

3）具有良好的动特性和弧焊工艺性能，如引弧容易、电弧稳定、焊缝成形美观、飞溅少等。

4）调节速度快。所有焊接参数均可无级调整。

5）具有多种外特性，能适应各种弧焊方法，并适合于与机器人结合组成自动焊接生产线。

常用国产 ZX7 系列弧焊逆变器的技术参数见表 3-5。

表 3-5　常用国产 ZX7 系列弧焊逆变器的技术参数

主要技术数据	晶闸管		场效应晶体管		IGBT		
	ZX7—300S/ST	ZX7—630S/ST	ZX7—315	ZX—400	ZX7—160	ZX7—315	ZX7—630
电源	三相、380V、50Hz		三相、380V、50Hz		三相、380V、50Hz		
额定输入功率 /kV·A	—	—	11.1	16	4.9	12	32.4
额定输入电流 /A	—	—	17	22	7.5	18.2	49.2
额定焊接电流 /A	300	630	315	400	160	315	630
额定负载持续率（%）	60	60	60	60	60	60	60
最高空载电压 /V	70～80	70～80	65	65	75	75	75
焊接电流调节范围 /A	I 档：60～210 II 档：90～300	I 档：60～210 II 档：180～630	50～315	60～400	16～160	30～315	60～630
效率（%）	83	83	90	90	≥90	≥90	≥90
外形尺寸 /mm（长×宽×高）	640×355×470	720×400×560	450×200×300	560×240×355	500×290×390		550×320×390
质量 /kg	58	98	25	30	25	35	45
用途	"S"为焊条电弧焊电源　"ST"为焊条电弧焊、氩弧焊两用电源		具有电流响应速度快，静、动特性好，功率因数高、空载电流小、效率高等优点。适用于各种低碳钢、低合金钢及不同类型结构钢的焊接		采用脉冲宽度调制（PWM），20kHz 绝缘栅双极型晶体管（IGBT）模块逆变技术。具有引弧迅速可靠、电弧稳定、飞溅小、高效节能、焊缝成形好、并可"防粘"等特点。用于焊条电弧焊、碳弧气刨电源		

3.1.5　焊条电弧焊电源的型号及技术参数

根据 GB/T 10249—2010《电焊机型号编制办法》，电焊机型号由汉语拼音字母及阿拉伯数字组成，如图 3-5a 所示，型号中 3 各项用汉语拼音字母表示；2、4 各项用阿拉伯数字表示；3、4 项如不用时，可空缺。产品符号代码的编排秩序如图 3-5b 所示，产品符号代码中 1、2、3 各项用汉语拼音字母表示；4 各项用阿拉伯数字表示；3、4 项如不用时，可直接用 1、2 项表示，部分电弧焊机的符号代码见表 3-6。

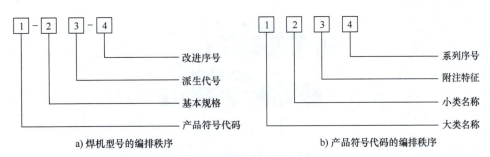

a) 焊机型号的编排秩序   b) 产品符号代码的编排秩序

图 3-5   焊机型号及产品符号代码的编排秩序

表 3-6   部分电弧焊机的符号代码

第一字母		第二字母		第三字母		第四字母	
代表字母	大类名称	代表字母	小类名称	代表字母	附注特征	数字序号	系列序号
B	交流弧焊机（弧焊变压器）	X	下降特性	L	高空载电压	省略 1 2 3 4 5 6	磁放大器或饱和电抗器式 动铁芯式 串联电抗器式 动圈式 晶闸管式 交换抽头式
		P	平特性				
A	弧焊发电机	X	下降特性	省略 D Q C T H	电动机驱动 单纯弧焊发电机 汽油机驱动 柴油机驱动 拖拉机驱动 汽车驱动	省略 1 2	直流 交流发电机整流 交流
		P	平特性				
		D	多特性				
Z	弧焊整流器	X	下降特性	省略	一般电源	省略 1 2 3 4 5 6 7	磁放大器或饱和电抗器式 动铁芯式 动线圈式 晶体管式 晶闸管式 交换抽头式 逆变式
				M	脉冲电源		
		P	平特性	L	高空载电压		
		D	多特性	E	交直流两用电源		

3.1.6   焊钳及焊接电缆的选用

1. 焊钳的选用

焊钳是焊条电弧焊用于夹持焊条并把焊接电流传输至焊条进行电弧焊的工具，如图 3-6 所示。按焊钳允许使用的电流值分类，常用的焊钳有 300A、500A 两种。焊钳技术参数见表 3-7。

图 3-6　焊钳示意图

表 3-7　焊钳技术参数

型号	额定电流 /A	焊接电缆孔径 /mm	适用焊条直径 /mm	质量 /kg	外形尺寸 /mm
G352	300	14	2～5	0.5	250×80×40
G582	500	18	4～8	0.7	290×100×45

（1）焊钳的要求　焊钳的钳口既要夹住焊条又要把焊接电流传输给焊条，对于钳口材料要求有高的导电性和一定的机械强度，因此采用纯铜制造。为了保证导电能力，要求焊钳与焊接电缆的连接必须紧密牢固。对夹紧焊条的弹簧压紧装置要有足够的夹紧力，并且操作方便。焊工手握的绝缘柄及钳口外侧的耐热绝缘保护片，要求有良好的绝缘性能和强度。焊钳还应安全、轻便、耐用。

（2）焊钳使用中的注意事项　电弧焊电源配套的电焊钳规格是按照电源的额定焊接电流大小选定，需要更换焊钳时，也应按照焊接电流及焊条直径的大小选择适用的电焊钳。电焊钳与焊接电缆的连接必须紧密牢固，保证导电良好，操作方便。使用中，要防止电焊钳和焊件或焊接工作台发生短路。焊接工作中，注意焊条尾端剩余长度不宜过短，防止电弧烧坏电焊钳。使用电焊钳要避免受重力撞击损坏焊钳。

2. 焊接电缆的选用

（1）对焊接电缆的要求　焊接电缆的作用是传导焊接电流，它是弧焊电源和电焊钳及焊条之间传输焊接电流的导线。对焊接电缆有如下要求：

1）焊接电缆要有良好的导电性，柔软且易弯曲，绝缘性能好，耐磨损。

2）专用焊接软电缆是用多股纯铜细丝制成导线，并外包橡胶绝缘。电缆的导电截面分为几个等级，电弧焊机需按照额定焊接电流选择焊接电缆截面积。

3）焊接电缆长度一般不宜超过 20m，确实需要加长时，可将焊接电缆分成两节，连接焊钳的一节用细电缆，另一节按长度及使用的焊接电流选择粗一些的电缆；两节用电缆快速接头连接。

（2）焊接电缆型号　有 YHH 型电焊橡胶套电缆和 YHHR 型电焊橡胶特软电缆两种。各种焊接电缆技术数据见表 3-8。

表 3-8　焊接电缆技术数据

电缆型号	截面面积 /mm²	线芯直径 /mm	电缆外径 /mm	电缆质量 / (kg/km)	额定电流 /A
YHH 型电焊橡胶套电缆	16	6.23	11.5	282	120
	25	7.50	12.6	397	150
	35	9.23	15.5	557	200
	50	10.50	17.0	737	300
	70	12.95	20.6	990	450
	95	14.70	22.8	1339	600
	120	17.15	25.6	—	—
	150	18.90	27.3	—	—
YHHR 型电焊橡胶特软电缆	6	3.96	8.5	—	35
	10	4.89	9.0	—	60
	16	6.15	10.8	282	100
	25	8.00	13.0	397	120
	35	9.00	14.5	557	200
	50	10.60	16.5	737	300
	70	12.95	20	990	450
	95	14.70	22	1339	600

（3）焊接电缆截面与最大焊接电流和电缆长度的关系　电焊机技术标准规定了焊接电缆的长度。如果有特殊需要加长焊接电缆的长度，则应采用较大导电截面积的电缆，以免电流损失过大；反之，缩短电缆长度，则可用较小的截面积以增加电缆的柔软性。焊接电缆截面积与最大焊接电流和电缆长度的关系见表 3-9。

表 3-9　焊接电缆截面与最大焊接电流和电缆长度的关系

最大焊接电流 /A	电缆长度 /m		
	15	30	45
	电缆截面积 /mm²		
200	30	50	60
300	50	60	80
400	50	80	100
500	60	100	—

（4）焊接电缆使用注意事项

1）焊接电缆和电焊钳、电缆接头等的连接必须紧密可靠。要防止损坏，划破电缆外包绝缘，如果有损伤必须及时处理，保证绝缘效果不降低。

2）电焊机电缆线应使用整根电缆线，中间不应该有连接接头，当电缆线需要接长时，应使用接头连接器连接，连接处应保持绝缘良好，而且接头不宜超过两个。

3）焊接电缆使用时不可盘绕成圈状，以防产生感抗影响焊接电流。

4）停止焊接时，应将电缆收放妥当。

（5）焊接电缆与焊机的连接　焊接电缆与电源的连接要求导电良好、工作可靠、装拆方便。常用连接方法有快速接头和螺纹接线柱紧固连接两种。

1）使用快速接头。使用快速接头连接，装拆方便，接头两端分别装于焊机输出端和焊接电缆的一端。使用电焊机时把快速接头两端部旋紧，就可以把电缆和电焊机连接。

2）利用螺纹接线柱紧固连接。把电缆接头和电缆线紧固连接好，使用电焊机时用螺栓把电缆线接头与电焊机输出接线片固定在一起。这种连接方法较为落后，装拆不便且连接处绝缘防护不好。

3.1.7　弧焊电源设备的维护保养

弧焊电源设备的维护是保证安全生产和焊接质量的重要手段，因此必须重视电焊机的日常维护工作。同时，对于一个熟练的电焊工来说，也应该懂得自己所使用的弧焊电源常见故障产生的原因和处理这些故障的基本方法，这对于提高焊工的技术素质、焊接质量和焊接生产率都具有十分重要的意义。

对电焊机的合理使用和正确维护，能保持弧焊设备工作性能的稳定，并可延长其使用期限，保证生产的正常进行。弧焊设备的维护应由电工和焊工共同负责，焊工在维护方面应注意以下问题：

1）弧焊电源应尽可能放在通风良好而又干燥的地方，不应靠近高热地区，并应保持平稳。硅弧焊整流器要特别注意对硅整流器的保护和冷却，严禁在不通风情况下进行焊接工作，以免烧坏硅整流器。

2）焊机接入电网时，电焊机电压须与之相符，以防烧坏设备，并注意电焊机的可靠接地。

3）焊钳不能与电焊机接触，以防止发生短路。

4）必须按照设备的要求，在空载或切断电源的情况下改变极性接法和调整焊接电流。

5）应按照电焊机的额定焊接电流和额定负载持续率使用，不要使设备过载而遭破坏。

6）焊接过程中，焊接回路的短路时间不宜过长，特别是硅弧焊整流器用大电流工作时更应注意，否则易烧坏硅整流器。

应经常注意焊接电缆与电焊机接线柱的接触情况是否良好，及时紧固螺母。

经常检查弧焊发电机的电刷与换向片的接触情况，要求电刷在换向片表面有适当的均匀压力，以使所有电刷都能承受到等荷的电流。电刷火花过大易烧坏换向片，应视实际情况调换电刷或用蘸有汽油的布揩去换向片上的碳屑，也可用木块衬着玻璃砂纸对换向片表面进行研磨，但切不可用手指压着砂纸研磨，严禁用金钢砂砂纸研磨。

应防止电焊机受潮，保持电焊机内部清洁，定期用干燥的压缩空气吹净内部的

灰尘，对硅弧焊整流器尤为注意。

发生故障、工作完毕及临时离开工作场地时，应及时切断电焊机的电源。

3.2　焊条电弧焊的基本操作

焊条电弧焊最基本的操作是引弧、运条、焊道连接和收弧。

3.2.1　引弧

引弧即产生电弧。焊条电弧焊是采用低电压、大电流放电产生电弧，依靠电焊条瞬时接触工件来实现。引弧时必须将焊条末端与焊件表面接触形成短路，然后迅速将焊条向上提起 2～4mm 的距离，此时电弧即引燃。引弧的方法有两种：碰击法和擦划法，如图 3-7 所示。

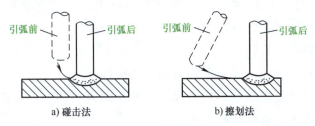

图 3-7　引弧方法

1. 碰击法

碰击法是将焊条与工件保持一定距离，然后垂直落下，使之轻轻敲击工件，从而发生短路，再迅速将焊条提起产生电弧的引弧方法。此种方法适用于各种位置的焊接。

（1）优点　碰击法是一种理想的引弧方法，适用于各种位置引弧，不易碰伤工件。

（2）缺点　受焊条端部清洁情况限制，用力过猛时药皮易大块脱落，造成暂时性偏吹，操作不熟练时易粘于工件表面。

（3）操作要领　焊条垂直于焊件，使焊条末端对准焊缝，然后将手腕下弯，使焊条轻碰焊件，引燃后，手腕放平，迅速将焊条提起，使弧长约为焊条外径 1.5 倍，稍做"预热"后，压低电弧，使弧长与焊条内径相等，且焊条横向摆动，待形成熔池后向前移动，如图 3-7a 所示。

2. 擦划法

擦划法是将电焊条在坡口上滑动，成一条线，当端部接触时，发生短路，因接触面很小，温度急剧上升，在未熔化前，将焊条提起，产生电弧的引弧方法。

（1）优点　易掌握，不受焊条端部清洁情况（有无熔渣）限制。

（2）缺点　操作不熟练时，易损伤工件。

（3）操作要领　擦划法动作类似划火柴。先将焊条端部对准焊缝，然后将手腕扭转，使焊条在工件表面上轻轻划擦，划的长度以 20～30mm 为佳，以减少对工件表面的损伤，然后将手腕扭平后迅速将焊条提起，使弧长约为所用焊条外径 1.5 倍，做"预热"动作（即停留片刻），其弧长不变，预热后将电弧压短至与所用焊条直径相符。在始焊点做适当横向摆动，且在起焊处稳弧（即稍停片刻）以形成熔池后进行正常焊接，如图 3-7b 所示。

上述两种引弧方法应根据具体情况灵活应用。擦划法引弧虽比较容易，但这种方法使用不当时，会擦伤工件表面。为尽量减少工件表面的损伤，应在焊接坡口处擦划，擦划长度以 20～25mm 为宜。在狭窄的地方焊接或工件表面不允许有划伤时，应采用碰击法引弧。碰击法引弧较难掌握，焊条的提起动作太快并且焊条提得过高，电弧易熄灭；动作太慢，会使焊条粘在工件上。当焊条一旦粘在工件上时，应迅速将焊条左右摆动，使之与焊件分离；若仍不能分离时，应立即松开焊钳切断电源，以免短路时间过长而损坏电焊机。

3. 引弧注意事项

1）注意清理工件表面，以免影响引弧及焊缝质量。

2）引弧前应尽量使焊条端部焊芯裸露，若不裸露可用锉刀轻锉，或轻击地面。

3）焊条与工件接触后提起时间应适当。

4）引弧时，若焊条与工件出现粘连，应迅速使焊钳脱离焊条，以免烧损弧焊电源，待焊条冷却后，用手将焊条拿下。

5）引弧前应夹持好焊条，然后使用正确操作方法进行焊接。

6）初学引弧，要注意防止电弧光灼伤眼睛。对刚焊完的工件和焊条头不要用手触摸，也不要乱丢，以免烫伤和引起火灾。

4. 引弧的技术要求

在引弧处，由于钢板温度较低，焊条药皮还没有充分发挥作用，会使引弧点处的焊缝较高，熔深较浅，易产生气孔，所以通常应在焊缝起点后面 10mm 处引弧，如图 3-8 所示。引燃电弧后拉长电弧，并迅速将电弧移至焊缝起点进行预热。预热后将电弧压短，酸性焊条的弧长约等于焊条直径，碱性焊条的弧长应为焊条直径的一半左右，

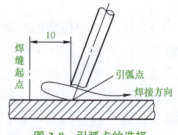

图 3-8　引弧点的选择

进行正常焊接。采用上述引弧方法即使在引弧处产生气孔，也能在电弧第二次经过时，将这部分金属重新熔化，使气孔消除，并且不会留引弧伤痕。为了保证焊缝起点处能够焊透，焊条可做适当的横向摆动，并在坡口根部两侧稍加停顿，以形成一定大小的熔池。

引弧对焊接质量有一定的影响，实际中经常因为引弧不好而造成始焊的缺陷。

综上所述，在引弧时应做到以下几点：

1）工件坡口处无油污、锈斑，以免影响导电能力并防止熔池产生氧化物。

2）在接触时，焊条提起时间要适当。太快，气体未电离，电弧可能熄灭；太慢，则使焊条和工件粘合在一起，无法引燃电弧。

3）焊条的端部要有裸露部分，以便引弧。若焊条端部裸露不均，则应在使用前用锉刀加工，防止在引弧时，碰击过猛使药皮成块脱落，引起电弧偏吹和引弧瞬间保护不良。

4）引弧位置应选择适当，开始引弧或因焊接中断重新引弧，一般均应在离始焊点后面 10～20mm 处引弧，然后移至始焊点，待熔池熔透再继续移动焊条，以消除可能产生的引弧缺陷。

3.2.2 运条

电弧引燃后，就开始正常的焊接过程。为获得良好的焊缝成形，焊条需要不断地运动。焊条的运动称为运条。运条是电焊工操作技术水平的具体表现。焊缝质量的优劣、焊缝成形的好坏，主要由运条来决定。

运条由三个基本运动合成，分别是焊条的送进运动、焊条的横向摆动运动和焊条的沿焊缝移动运动，如图 3-9 所示。

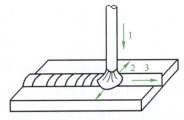

图 3-9 焊条的三个基本运动

1—焊条送进 2—焊条摆动 3—沿焊缝移动

1. 焊条的送进运动

焊条的送进运动主要是用来维持所要求的电弧长度。由于电弧的热量熔化了焊条端部，电弧逐渐变长，有熄弧的倾向。要保持电弧继续燃烧，必须将焊条向熔池送进，直至整根焊条焊完为止。为保证一定的电弧长度，焊条的送进速度应与焊条的熔化速度相等，否则会引起电弧长度的变化，影响焊缝的熔宽和熔深。

2. 焊条的摆动和沿焊缝移动

焊条的摆动和沿焊缝移动这两个动作是紧密相连的，而且变化较多、较难掌握。通过两者的联合动作可获得一定宽度、高度和一定熔深的焊缝。所谓焊接速度即单位时间内完成的焊缝长度。图 3-10 所示为焊接速度对焊缝成形的影响。焊接速度太慢，会焊成宽而局部隆起的焊缝；太快，会焊成断续细长的焊缝；焊接速度适中时，才能焊成表面平整，焊波细致而均匀的焊缝。

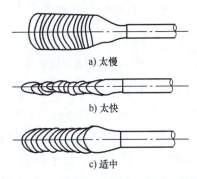

a) 太慢

b) 太快

c) 适中

图 3-10 焊接速度对焊缝成形的影响

3. 运条手法

为了控制熔池温度，使焊缝具有一定的宽度和高度，在生产中经常采用以下运条手法。

（1）直线形运条法　直线形运条法是指焊接时，应保持一定的弧长，焊条不摆动并沿焊接方向移动。由于此时焊条不做横向摆动，所以熔深较大，且焊缝宽度较窄，如图 3-11 所示。此法适用于板厚 3～5mm 的不开坡口的对接平焊、多层焊的第一层焊道和多层多道焊。

图 3-11　直线运条法

（2）直线往返形运条法　直线往返形运条法是指焊条末端沿焊缝的纵向做来回直线形摆动，如图 3-12 所示，主要适用于薄板焊接和接头间隙较大的焊缝。其特点是焊接速度快，焊缝窄，散热快。

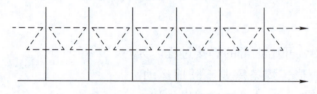

图 3-12　直线往返形运条法

（3）锯齿形运条法　锯齿形运条法是指焊条末端做锯齿形连续摆动并向前移动，在两边稍停片刻，以防产生咬边缺陷，如图 3-13 所示。这种手法操作容易、应用较广，多用于比较厚的钢板的焊接，适用于平焊、立焊、仰焊的对接接头和立焊的角接接头。

（4）月牙形运条法　月牙形运条法是指焊条末端沿着焊接方向做月牙形的左右摆动，并在两边的适当位置做片刻停留，以使焊缝边缘有足够的熔深，防止产生咬边缺陷，如图 3-14 所示。此法适用于仰、立、平焊位置以及需要比较饱满焊缝的地方。其适用范围和锯齿形运条法基本相同，但用此法焊出来的焊缝余高较大。其优点是，能使金属熔化良好，而且有较长的保温时间，熔池中的气体和熔渣容易上浮到焊缝表面，有利于获得高质量的焊缝。

图 3-13　锯齿形运条法

图 3-14　月牙形运条法

（5）三角形运条法　三角形运条法是指焊条末端做连续三角形运动，并不断向前移动。按适用范围不同，可分为斜三角形和正三角形两种运条方法。其中斜三角形运条法适用于焊接 T 形接头的仰焊缝和有坡口的横焊缝。其特点是能够通过焊条的摆动控制熔化金属，促使焊缝成形良好，如图 3-15a 所示。正三角形运条法仅适用于开坡口的对接接头和 T 形接头的立焊。其特点是一次能焊出较厚的焊缝断面，有利于提高生产率，而且焊缝不易产生夹渣等缺陷，如图 3-15b 所示。

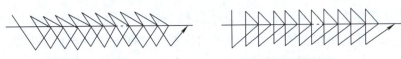

a) 斜三角形运条法   b) 正三角形运条法

图 3-15　三角形运条法

（6）圆圈形运条法　圆圈形运条法是指焊条末端连续做圆圈运动，并不断前进。这种运条方法又分正圆圈运条和斜圆圈运条两种。正圆圈运条法只适于焊接较厚工件的平焊缝，其优点是能使熔化金属有足够高的温度，有利于气体从熔池中逸出，可防止焊缝产生气孔，如图 3-16a 所示。斜圆圈运条法适用于 T 形接头的横焊（平角焊）和仰焊以及对接接头的横焊缝，其特点是可控制熔化金属不受重力影响，能防止金属液体下淌，有助于焊缝成形，如图 3-16b 所示。

a) 正圆圈运条法   b) 斜圆圈运条法

图 3-16　圆圈形运条法

3.2.3　焊道接头操作

后焊的焊道与先焊的焊道的连接处称为焊道的接头。焊条电弧焊时，由于受焊条长度的限制，不可能一根焊条完成一条焊缝，因而出现了焊缝前后两段的连接问题。焊缝的连接一般有以下几种情况：

1. 后焊焊缝的起头与先焊焊缝的结尾相接（尾头相接）

如图 3-17a 所示，这种接头使用最多。接头的方法是在弧坑稍前（约 10mm）处引弧，电弧可比正常焊接时略微长些（低氢型焊条电弧不可长，否则易产生气孔），然后将电弧后移到原弧坑的 2/3 处，填满弧坑后即向前进入正常焊接。操作时应注意后移量，如果电弧后移太多，则可能造成接头过高，后移太少将造成接头脱节，产生弧坑未填满的缺陷。此种接头适用于单层焊及多层焊的盖面层接头。

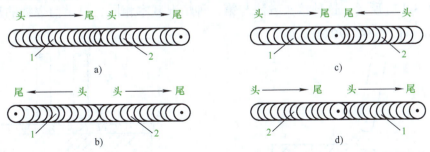

图 3-17　焊道接头的四种方法

1—先焊焊缝　2—后焊焊缝

多层焊根部焊接时，有时为了保证根部接头处能焊透，常采用如下的接头方法：当电弧引燃后，将电弧移至图3-18b中1的位置，这样电弧一半的热量将一部分弧坑重新熔化，电弧另一半的热量将弧坑前方（即坡口的钝边部分）的坡口熔化，从而形成一个新的熔池。这种方法有利于根部接头处的焊透。

当弧坑存在缺陷时，在电弧引燃后应将电弧移至图3-18b中2的位置进行接头，这样，由于整个弧坑重新熔化，因而有利于消除弧坑中存在的缺陷。用这种方法焊接，接头处焊缝较高，但对保证焊缝质量是有利的。

接头时，更换焊条的动作越快越好，因为在熔池尚未冷却时进行接头（热接法），不仅能保证接头质量，而且可使焊缝外观成形美观。

2. 后焊焊缝的起头与先焊焊缝的起头相接（头头相接）

如图3-17b所示。先焊焊缝的起头处要略低些，这样接头时，在先焊焊缝的起头的略前处引弧，并稍微拉长电弧，将电弧引向接头处，并覆盖前焊缝的端头处，待起头处焊缝焊平后，再向焊接方向移动，如图3-19所示。

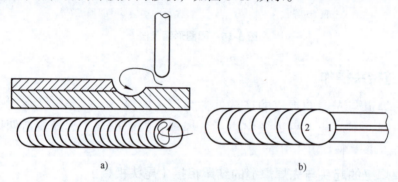

a)　　　　　　　　　　　　　　　　b)

图3-18　从焊缝末尾处起焊的接头方法

3. 后焊焊缝的结尾与先焊焊缝的结尾相接（尾尾相接）

如图3-17c所示。后焊焊缝焊到先焊焊缝的收弧处时，焊接速度应略慢些，以填满前焊缝的弧坑，然后以较快的焊接速度再略向前焊一些熄弧，如图3-20所示。

4. 后焊焊缝的结尾与先焊焊缝的起头相接（头尾相接）

如图3-17d所示。这种接头方法与第三种情况基本相同，只是前焊缝的起头与第二种情况一样，应略为低些。

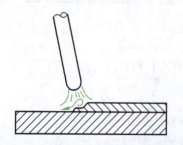

图3-19　从焊缝端头处起焊的接头方法

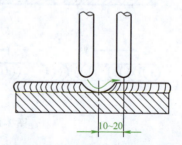

10~20

图3-20　焊缝接头处的熄弧方法

3.2.4 收弧

焊缝的收尾是指一条焊缝焊完后收弧（熄弧）。焊接结束时，应把收尾处的弧坑填满，若收尾时立即拉断电弧，则会形成比焊件表面低的弧坑。

在弧坑处常出现缩松、裂纹、气孔、夹渣等缺陷，因此焊缝完成时的收尾动作不仅是熄灭电弧，而且要填满弧坑。收尾动作有以下几种：

1. 划圈收尾法

焊条移至焊缝终点时，做圆圈运动，直到填满弧坑再拉断电弧，如图 3-21a 所示。主要适用于厚板焊接的收尾。

2. 反复断弧收尾法

收尾时，焊条在弧坑处反复熄弧、引弧数次，直到填满弧坑为止，如图 3-21b 所示。此法一般适用于薄板和大电流焊接，但碱性焊条不宜采用，因其容易产生气孔。

3. 回焊收尾法

焊条移至焊缝收尾处立即停止，并改变焊条角度回焊一小段，如图 3-21c 所示。此法适用于碱性焊条。当换焊条或临时停弧时，应将电弧逐渐引向坡口的斜前方，同时慢慢抬高焊条，使得熔池逐渐缩小。当液态金属凝固后，一般不会出现缺陷。

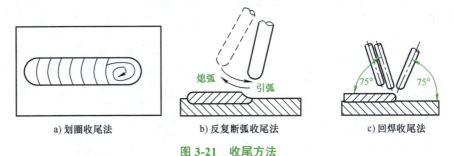

a）划圈收尾法　　　　b）反复断弧收尾法　　　　c）回焊收尾法

图 3-21　收尾方法

3.3　焊条电弧焊技能训练

技能训练 1　低碳钢或低合金钢板平角焊焊条电弧焊

1. 焊前准备

1）试件材料：Q235B 钢板，规格 300mm × 100mm × 10mm，1 件；Q235B 钢板，规格 300mm × 150mm × 10mm，1 件；I 形坡口，如图 3-22 所示。

2）焊接材料：E4303、E4315 或 E5015 焊条，焊条直径 ϕ3.2mm 和 ϕ4.0mm，焊前按规定烘干，随用随取。

3）焊接要求：焊后两钢板垂直，焊脚尺寸 K。

4）焊接设备：ZX5—400、ZX7—400 型或 BX3—300 型直流弧焊机，直流反接法或交流。

5）辅助工具：角向打磨机、焊条保温筒、平锉、钢丝刷、锤子、扁铲、300mm钢直尺。

2. 装配定位焊

1）清除坡口面及坡口正反面两侧各20mm范围内的油污、锈蚀、水分及其他污物，直至露出金属光泽。

2）装配间隙为0~2mm。

3）定位焊采用与焊接试件相同牌号的焊条，在试件两端背面进行定位焊，如图3-23所示。每条定位焊缝长度为10~15mm，两端各预留10~25mm。为保证焊后垂直状态可采用反变形和交替定位焊法。

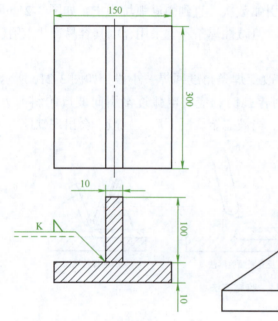

图3-22　平角焊接试件图

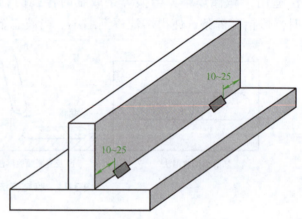

图3-23　定位焊位置示意图

3. 焊接参数

焊接参数见表3-10。

表3-10　焊接参数

焊道分布	焊接层次	焊条直径/mm	焊接电流/A	工作角/（°）	焊接角/（°）
	第1层	3.2	100~120	45	65~80
	第2层	4.0	160~180	45~55	65~80
	第3层	4.0	160~180	55~65	65~80

4. 操作要点及注意事项

平角焊时，由于立板熔化金属有下淌趋势，容易产生咬边和焊缝分布不均，造成焊脚不对称。操作时要注意立板的熔化情况和液体金属的流动情况，适时调整焊条角度和焊条的运条方法。焊接时，引弧的位置超前10mm，电弧燃烧稳定后，再回到起头处，由于电弧对起头处有预热作用，可以减少起头焊处熔合不良的缺陷，也能够消除引弧的痕迹。

（1）单层焊　焊脚尺寸小于5mm时，焊脚采用单层焊。根据焊件的厚度不同，选用直径为ϕ3.2mm或ϕ4.0mm的焊条。由于电弧的热量向焊件的三个方向传递，散热快，所以焊接电流比相同条件下的对接平焊增大10%左右。保持焊条角度与水平焊件成45°，与焊接方向成65°～80°。若角度过小，会造成根部熔深不足，若角度过大，熔渣容易跑到熔池前面而产生夹渣。运条时采用直线形运条法，短弧焊接。焊脚尺寸为5～8mm时，可采用斜圆圈运条法或锯齿形运条法，运条到底板时要放慢速度，以保证水平焊件的熔深；由底板向立板运条要稍快，以防熔化金属下淌；在立板处要稍做停留，以保证根部焊透和水平焊接的熔深，防止夹渣。按此规律循序渐进，采用短弧操作，以保证良好的焊缝成形和焊缝质量。

（2）多层焊　当焊脚尺寸为8～10mm时宜采用两层两道焊法，第一层采用直径为ϕ3.2mm焊条，焊接电流稍大（100～120A），以获得较大的熔深。运条时采用直线形运条法，收弧时应填满弧坑。第二层施焊前清理第一层焊渣，若发现夹渣应用小直径焊条修补后方可焊第二层，第二层焊接时，采用斜圆圈或锯齿形运条法，焊道两侧稍停片刻，以防止产生咬边缺陷。

（3）多层多道焊　当焊脚尺寸为10～12mm时，采用两层三道焊法。第一道焊接时，可用直径为ϕ3.2mm的焊条，电流稍大，采用直线形运条法，收弧时填满弧坑，焊后彻底清渣。焊接第二道时，应覆盖第一条焊道的2/3，焊条与水平焊件夹角为45°～55°，以使水平焊件能够较好地熔合焊道，焊条与焊接方向的夹角仍为65°～80°，运条时采用斜圆圈或锯齿形运条方法，运条速度与多层焊接时基本相同，所不同之处就在于在立板不需停留。焊接第三道时，对第二条焊道覆盖1/3～1/2，焊条与水平焊件的角度为40°～45°，仍用直线形运条，若希望焊道薄一些，可以采用直线往返运条法，通过运条焊道的焊接可将夹角处焊平整。最终整条焊缝应宽窄一致，平整圆滑，无咬边、夹渣、焊脚偏下等缺陷。

若是焊脚尺寸大于12mm时，可以采用三层六道、四层十道，焊脚尺寸越大，焊接层次、道数就越多，操作方法仍按上述方法进行。对于承受重载荷或动载荷的较厚钢板角焊接结构应开坡口，如在垂直焊件上开单边V形坡口，适用于4mm以下厚板结构，亦可以在垂直焊件上开双单边V形坡口，无论采用哪种坡口形式，其操作方法与多层多道焊相似，但要保证焊缝的根部焊透。

（4）船形焊　为克服平角焊时立板易产生咬边和焊脚不均匀的缺陷，在生产实际中尽可能地将焊件翻转45°，使焊条处于垂直位置的焊接叫船形焊。

这时可采用对接平焊的操作方法，有利于使用大直径焊条和较大的焊接电流，而且能一次焊成较大截面的焊缝，提高平角焊接的生产率，并容易获得平整美观的焊缝。

船形焊时采用锯齿形或月牙形运条法。焊接第一层焊缝时采用小直径焊条及稍大的焊接电流，其他各层使用大直径焊条，焊条做适当的摆动，并在焊缝的两侧多停留一些时间，以保证焊缝两侧熔合良好。

5. 焊缝质量检验

（1）外观检验　焊缝表面不得有裂纹、未熔合、夹渣、气孔等缺陷；焊缝的正面宽窄度误差在0.5mm以内；焊缝的凹度或凸度应小于1.0mm；焊脚应对称，其高宽差≤2mm。

（2）内部检验　焊缝内部进行宏观金相检验，熔深符合工艺要求。

技能训练2　低碳钢或低合金钢板平对接焊条电弧焊

1. 焊前准备

1）试件材料：Q235B钢板，规格300mm×100mm×6mm，2件；I形坡口，如图3-24所示。

2）焊接材料：E4303焊条，直径为ϕ3.2mm和ϕ4.0mm，焊前按规定烘干，随用随取。

3）焊接要求：单面焊双面成形。

4）焊接设备：ZX5—400型或BX3—300型直流弧焊机，直流反接法或交流。

5）辅助工具：角向打磨机、焊条保温筒、平锉、钢丝刷、锤子、扁铲、300mm钢直尺。

2. 装配定位焊

1）清除坡口面及坡口正反面两侧各20mm范围内的油污、锈蚀、水分及其他污物，直至露出金属光泽。

2）装配间隙为1～2mm；错边量≤0.5mm。

3）定位焊采用与焊接试件相同牌号的焊条，定位焊2点，位于离试件两端20mm的坡口内，定位焊缝长度10～15mm，并将定位焊缝修磨成缓坡状。

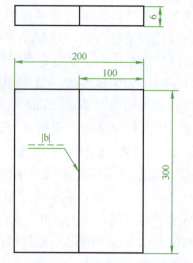

图3-24　I形坡口对接平焊试件图

3. 焊接参数

焊接参数见表3-11。

表 3-11　焊接参数

焊道分布	焊接层次	焊条直径 /mm	焊接电流 /A	电弧电压 /V
	第 1 层	3.2	110 ~ 130	22 ~ 24
	第 2 层	4.0	140 ~ 150	23 ~ 25
	第 3 层	4.0	150 ~ 160	24 ~ 26

4. 操作要点及注意事项

1）正面打底层焊接。打底焊采用直径 ϕ3.2mm 的焊条，采用直线形运条法或直线往复形运条法，采用短弧焊接，并应使熔深达到板厚的 2/3，焊条角度如图 3-25 所示。

2）正面盖面层焊接。盖面焊缝采用直径 4.0mm 的焊条，采用直线形运条法或直线往复形运条法，焊缝宽度为 8 ~ 10mm，余高应小于 1.5mm，焊条角度如图 3-25 所示。

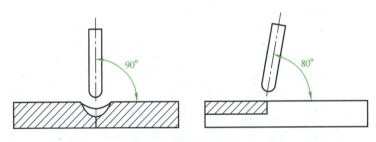

图 3-25　焊条角度（一）

3）反面盖面层焊接。正面焊缝焊完后，首先将背面焊渣清除干净，采用直径 ϕ4.0mm 的焊条，适当加大焊接电流，保证与正面焊缝内部熔合，以免产生未焊透。运条速度应慢些，采用直线形运条或焊条做微微的搅动，以获得较大的熔深和熔宽，焊条角度如图 3-26 所示。

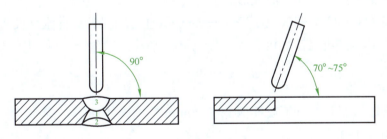

图 3-26　焊条角度（二）

4）运条过程中，如发现熔渣与熔化金属混合不清时，可把电弧拉长，同时将焊条向前倾斜，利用电弧的吹力吹动熔渣，并做向熔池后方推送熔渣的动作，如图 3-27 所示。动作要快捷，以免熔渣超前而产生夹渣的缺陷。

5）焊后清理表面飞溅。

5. 焊缝质量检查

1）焊缝宽度比坡口每侧增宽 0.5 ~ 2.5mm，焊缝宽度差 ≤ 3mm，余高 0 ~ 3mm，余高差 ≤ 2mm。

2）咬边深度 ≤ 0.5mm，长度不得超过 20% 焊缝长度。未焊透深度 ≤ 1.5mm，总长度不得超过焊缝有效长度的 10%。背面凹坑深度 ≤ 1mm，总长度 ≤ 10% 的焊缝有效长度。

图 3-27 推送熔渣的方法

3）内部缺陷按 GB/T 37910.1—2019 规定 Ⅱ 级为合格。

技能训练 3 低碳钢或低合金钢管对接水平固定焊条电弧焊

1. 焊前准备

1）试件材料：Q235B 钢板，规格 100mm×ϕ159mm×8mm，2 件，单面坡口角度为 30°，如图 3-28 所示。

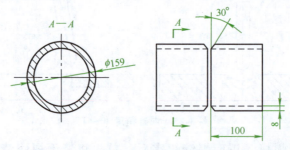

图 3-28 试件规格与材质

2）焊接材料：E4303 焊条，直径为 ϕ3.2mm 和 ϕ4.0mm，焊前按规定烘干，随用随取。

3）焊接要求：单面焊双面成形。

4）焊接设备：ZX5—400 型或 BX3—300 型直流弧焊机，直流反接法。

5）辅助工具：角向打磨机、焊条保温筒、平锉、钢丝刷、锤子、扁铲、300mm 钢直尺。

2. 装配定位焊

1）清除坡口面及坡口正反面两侧各 20mm 范围内的油污、锈蚀、水分及其他污物，直至露出金属光泽。

2）钢管修磨钝边 0.5 ~ 1mm，无毛刺。

3）装配。

① 焊缝的组对间隙应下端窄上端宽，下端 3.5 ~ 4.0mm，上端 4.0 ~ 4.5mm；错边量 ≤ 0.5mm，管子内径同心，如图 3-29 所示。

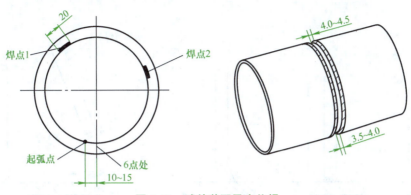

图 3-29　试件装配及定位焊

② 定位焊及预留反变形。采用 2 点定位，定位焊分别在焊点 1、焊点 2 的坡口内。定位焊缝长度为 15～20mm，厚度为 2～3mm，定位焊缝要求焊透，无缺陷，两端打磨成斜坡状。定位焊时注意将后焊一侧焊缝做预留反变形量为 1～2mm，如图 3-30 所示。

③ 装配方法。先在工作台上放置一根槽钢，再将两根管子平放置槽钢上进行装配，定位焊前预留好装配间隙，然后焊接定位焊点，定位装配后应保证管与管同心。

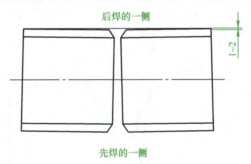

图 3-30　试件预留反变形量

3. 焊接参数

焊接参数见表 3-12。

表 3-12　焊接参数

焊道分布	焊接层次	焊条直径 /mm	焊接电流 /A	焊条角度 /(°)
	打底层（1）	3.2	90～100	70～80
	填充层（2）	3.2	110～120	60～70
	盖面层（3）	4.0	120～140	60～70

4. 操作要点及注意事项

（1）引弧　引弧分为接触法引弧与非接触法引弧，而接触法引弧分为擦划法与碰击法，此次打底焊主要采用接触法引弧的碰击法（图 3-31），填充与盖面采用接触法引弧的擦划法（图 3-32）。

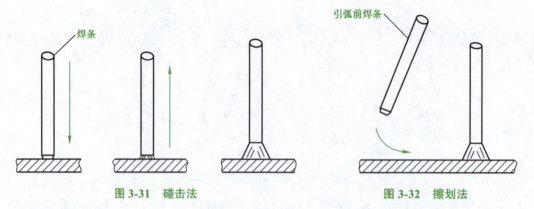

图 3-31　碰击法　　　　　　　　　　图 3-32　擦划法

（2）打底层

1）焊枪与焊缝前进方向角度随位置而变化，控制在 75°～90° 之间，与焊缝两侧试板夹角为 90°，采用月牙形断弧法进行焊接，两侧既是起弧点也是收弧点，如图 3-33 所示，每次断弧时间控制在 1～2s 之间。

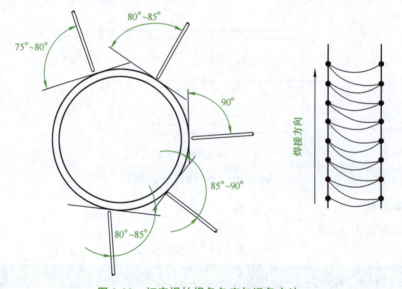

图 3-33　打底焊的焊条角度与运条方法

2）焊接时，电弧长度应保持在 2～3mm 之间，并将电弧保持在熔池前端约 1/3 处，且断弧要有一定的节奏。

3）焊接接头时，为保证接头良好，应在收弧处后面 10～15mm 开始引弧。

4）为保证焊缝正面两边不产生夹沟和避免成形不良，在月牙的中部摆动稍快，焊缝厚度控制在 3mm 左右。

（3）填充层

1）焊枪与焊缝前进方向角度随位置而变化，控制在 80°～90° 之间，与焊缝两

侧试板夹角为 90°，采用锯齿形运条方法，两侧稍有停顿，如图 3-34 所示。

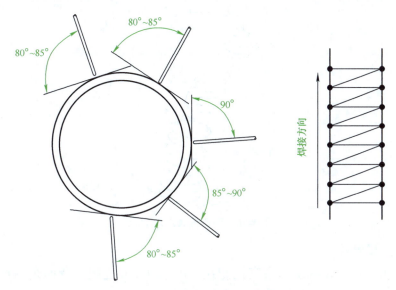

图 3-34 填充焊的焊条角度与运条方法

2）为了保证焊缝两侧不出现夹渣现象，焊接时应注意观察熔池与母材应有良好的熔合，在两侧稍有停顿，并保持焊条的角度。

3）第二道填充层焊接时，应控制好焊缝的厚度，第二道填充层焊完后应距焊件表面 1~1.5mm，焊缝的凸度控制在 1mm 左右，保证坡口的棱边不被熔化，如图 3-35 所示，以便盖面层焊接时控制焊缝的直线度，还可防止盖面层过高。

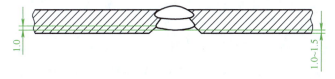

图 3-35 填充层的尺寸示意图

（4）盖面层

1）焊缝的盖面与第二层的焊枪角度以及运条方法基本一致，如图 3-34 所示。

2）为保证焊缝的外观成形，避免焊缝两侧产生咬边，焊条运条至坡口两侧边缘时应稍有停顿，如图 3-36 所示，将焊缝两侧的坡口填满，然后再正常焊接。

3）为了保证焊缝表面的平整，运条时应均匀，左右运条时中间速度稍快些。

4）为避免焊接时焊缝熔化金属因重力的作用造成往下流形成焊瘤，在焊接过程中要控制熔渣始终跟着焊条的方向前进，保证焊缝的外观成形。

（5）收尾 焊缝收尾时若采用立即拉断电弧收弧，会形成低于焊件表面的弧坑，容易产生应力集中与减弱金属强度，影响焊缝质量。焊条电弧焊常用的收弧方法有划圈收弧法、回焊收弧法、反复熄弧-引弧法，此次打底焊试验主要采用反复熄弧-

引弧法进行收弧，填充与盖面采用划圈收弧法。

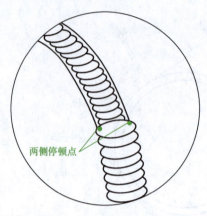

两侧停顿点

图 3-36　两侧停顿点示意图

5. 焊缝质量检验

（1）外观检验　焊缝正面余高控制在 1.0 ～ 2.0mm 之间，背面余高控制在 1.0 ～ 2.0mm 之间，且焊缝的正面与背面宽窄度误差在 0.5mm 以内。

（2）内部检验　X 射线检测达到 I 级。

（3）弯曲试验　弯曲直径（D）为两倍母材板厚，正弯、背弯试样各两块 180° 弯曲合格。

项目 4
熔化极气体保护焊

Chapter 4

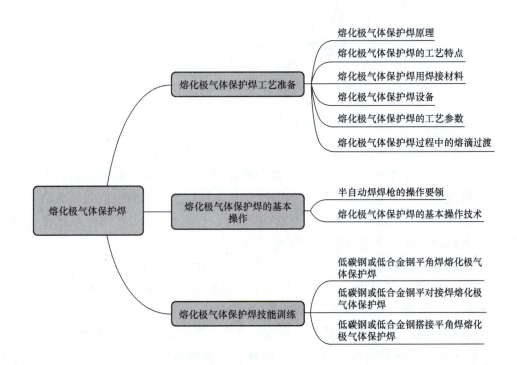

熔化极气体保护焊工艺准备
- 熔化极气体保护焊原理
- 熔化极气体保护焊的工艺特点
- 熔化极气体保护焊用焊接材料
- 熔化极气体保护焊设备
- 熔化极气体保护焊的工艺参数
- 熔化极气体保护焊过程中的熔滴过渡

熔化极气体保护焊

熔化极气体保护焊的基本操作
- 半自动焊焊枪的操作要领
- 熔化极气体保护焊的基本操作技术

熔化极气体保护焊技能训练
- 低碳钢或低合金钢平角焊熔化极气体保护焊
- 低碳钢或低合金钢平对接焊熔化极气体保护焊
- 低碳钢或低合金钢搭接平角焊熔化极气体保护焊

4.1 熔化极气体保护焊工艺准备

4.1.1 熔化极气体保护焊原理

　　熔化极气体保护焊是用气体作为保护层，依靠焊丝与焊件之间产生的电弧来熔化金属实现连接的一种熔化焊方法，其焊接过程如图 4-1 所示。

　　焊接时，使用成盘的焊丝，焊丝由送丝机构经软管和焊枪的导电嘴送出；电源的两输出端分别接在焊枪和工件上。焊丝与工件接触后产生电弧，在电弧的高温作用下，工件局部熔化形成熔池，而焊丝端部也不断熔化，形成熔滴过渡到熔池中去。同时，气瓶中送出的气体以一定的压力和流量从焊枪的喷嘴喷出，形成一股保护气流，使熔池和电弧区与空气隔离。随着焊枪的移动，熔池凝固成焊缝，从而将被焊工件连接成一个整体。

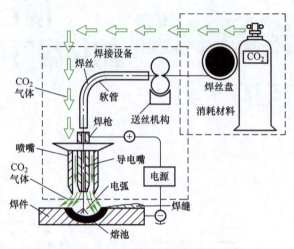

图 4-1　熔化极气体保护焊焊接过程

4.1.2　熔化极气体保护焊的工艺特点

1）穿透能力强，厚板焊接时可增加坡口的钝边和减小坡口；焊接电流密度大（$100 \sim 300A/m$），变形小，生产效率比焊条电弧焊高 $1 \sim 3$ 倍。如果算上无须更换焊条及层间清渣的时间，熔化极气体保护焊比焊条电弧焊至少提高生产效率 5 倍以上。

2）纯 CO_2 焊在一般工艺范围内不能达到射流过渡，实际上常用短路过渡和滴状过渡，加入混合气体后才有可能获得射流过渡。

3）采用短路过渡技术可以用于全位置焊接，而且对薄壁构件焊接质量高，焊接变形小。因为电弧热量集中，受热面积小，焊接速度快，且气体的气流对焊件起到一定冷却作用，故可防止焊薄件烧穿和减小焊接变形。

4）抗锈能力强，焊缝含氢量低，焊接低合金高强度钢时冷裂纹的倾向小。

5）熔化极气体保护焊所用气体价格便宜，焊前对焊件清理可从简，其焊接成本只有埋弧焊和焊条电弧焊的 $40\% \sim 50\%$。

6）焊接过程中金属飞溅较多，特别是当焊接参数匹配不当时，更为严重。

7）电弧气氛有很强的氧化性，不能焊接易氧化的金属材料，抗风能力较弱，室外作业需有防风措施。

8）焊接弧光较强，特别是大电流焊接时，要注意对操作人员防弧光辐射保护。

9）熔池可见，易于观察。便于实现自动化。

4.1.3　熔化极气体保护焊用焊接材料

1. 保护气体

熔化极气体保护焊中采用保护气体的主要目的是防止熔融的焊缝金属被周围气氛污染和侵害。目前常用的保护气体有单一气体，如氩（Ar）、氦（He）和二氧化碳（CO_2）等气体。通常情况下，为了改善焊缝成形，使用混合气体，如 $Ar+O_2$、

Ar+He、CO_2+O_2 等。

2. 焊丝

熔化极气体保护焊时，为了保证焊缝具有足够的力学性能以及不产生气孔等，对焊丝有以下要求。

（1）对焊丝的要求

1）焊丝必须含有足够数量的 Mn、Si 等脱氧元素，以减少焊缝金属中的含氧量，防止焊缝产生气孔，减少飞溅，保证焊缝具有足够的力学性能。

2）焊丝的含碳量限制在 0.10%（质量分数）以下，并控制硫、磷含量。

3）焊丝表面镀铜，镀铜可防止生锈，有利于保存，并可改善焊丝的导电性及送丝稳定性。

4）当要求焊缝金属具有更高的抗气孔能力时，则希望焊丝还应含有固氮元素（Al、Ti）。

（2）焊丝的分类、牌号及型号　按不同的制造方法，焊丝可分为实心焊丝和药心（管状）焊丝两类。实心焊丝是将热轧线材拉拔加工制成的，广泛用于各种自动和半自动焊接方法中。

根据 GB/T 8110—2020《熔化极气体保护电弧焊用非合金钢及细晶粒钢实心焊丝》，焊丝型号由 5 部分组成：①第 1 部分：用字母"G"表示熔化极气体保护电弧焊用实心焊丝；②第 2 部分：表示在焊态、焊后热处理条件下，熔敷金属的抗拉强度代号；③第 3 部分：表示冲击吸收能量（kV_2）不小于 27J 时的试验温度代号；④第 4 部分：表示保护气体类型代号，保护气体类型代号按 GB/T 39255—2020《焊接与切割用保护气体》的规定；⑤第 5 部分：表示焊丝化学成分分类。除以上强制代号外，可在型号中附加可选代号：ⓐ字母"U"，附加在第 3 部分之后，表示在规定的试验温度下，冲击吸收能量（kV_2）应不小于 47J；ⓑ无镀铜代号"N"，附加在第 5 部分之后，表示无镀铜焊丝。如：

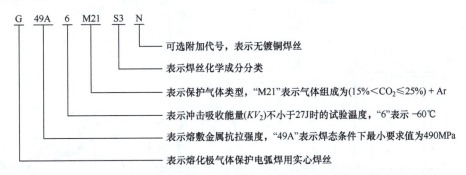

目前熔化极气体保护焊常用的焊丝型号为 G49A4M21S6。它具有较好的工艺性能和较高的力学性能，适用于焊接重要的低碳钢和普通低合金钢结构，能获得满意的焊缝质量。焊丝直径一般在 0.5～5mm 范围内。

4.1.4 熔化极气体保护焊设备

1. 气体保护焊设备的分类

1）气体保护焊设备的分类常以其操作方法来分。可分为半自动焊设备和自动焊设备。焊接设备送丝是自动的，焊接的前进方向是需人操作的称为半自动焊设备。焊接设备送丝和焊接的前进方向都是由机械设备完成的称为自动焊设备，如图 4-2 所示。

2）按焊接电源来分，可分为晶闸管整流器和逆变弧焊电源。其电源外特性通常为平特性。

3）按所用电极来分，可分为熔化极气体保护焊和非熔化极气体保护焊。

4）按所用气体来分，可分为氧化性气体保护焊和惰性气体保护焊。

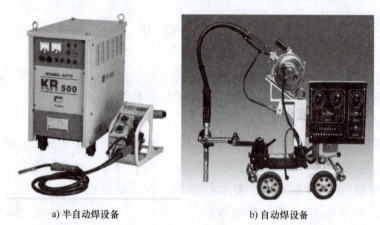

a) 半自动焊设备   b) 自动焊设备

图 4-2　气体保护焊机

2. 气体保护焊设备的组成

一台完整的气体保护焊设备主要由焊接电源、送丝系统、焊枪、控制系统及供气系统等部分组成。半自动焊设备组成如图 4-3 所示。

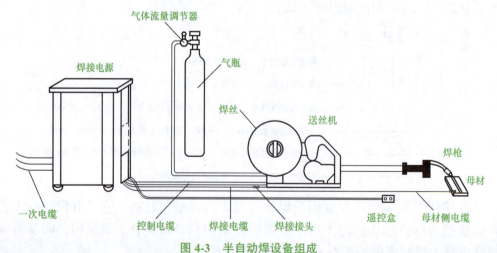

图 4-3　半自动焊设备组成

（1）焊接电源　熔化极气体保护焊使用交流电源焊接时电弧不稳定，飞溅多，成形不良，因此只能使用直流电源，并要求焊接电源具有平硬的外特性，这是因为熔化极气体保护焊的电流密度大，加之保护气体对电弧有较强的冷却作用，所以电弧静特性曲线是上升的。在等速送丝的条件下，平硬特性电源的电弧自动调节灵敏度最高。

（2）送丝系统　送丝系统由送丝机（包括电动机、减速器、矫直轮和送丝轮）、送丝软管、焊丝盘等组成，其送丝方式有拉丝式、推丝式和推拉式三种，如图4-4所示。

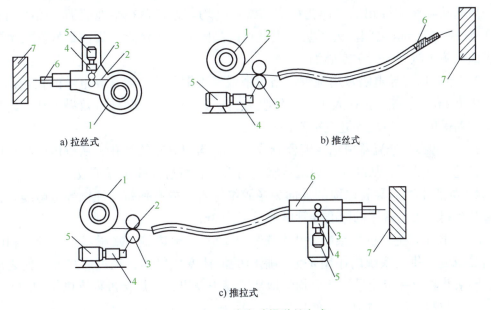

a) 拉丝式　　　　　　　　　　　b) 推丝式

c) 推拉式

图4-4　CO$_2$半自动焊送丝方式

1—焊丝盘　2—焊丝　3—送丝滚轮　4—减速器　5—电动机　6—焊枪　7—焊件

1）拉丝式。如图4-4a所示，拉丝式的焊丝盘、送丝机构与焊枪连在一起，没有软管，送丝阻力大大减少，送丝较稳定；操作活动范围较大；但焊枪结构复杂，重量增加，焊工的劳动强度大。适用于直径为$\phi0.5 \sim \phi0.8mm$焊丝的焊接。

2）推丝式。如图4-4b所示，推丝式的焊丝盘、送丝机构和焊枪是分开的，焊丝由送丝机构推送，通过送丝软管进入焊枪，所以焊枪结构简单、轻便，但焊丝通过软管时阻力较大，软管不能过长或扭曲，否则，焊丝不能顺利送出，影响送丝稳定。一般送丝软管长度为3m。适用于直径为$\phi0.8mm$以上的细焊丝焊接。

3）推拉式。如图4-4c所示，是以上两种送丝方式的结合，送丝时以推为主，焊枪上的送丝机构起到将焊丝拉直的作用，使软管中的送丝阻力大大减少，从而软管长度可以增加，送丝稳定，增加了送丝距离和操作灵活性。

（3）焊枪　焊枪是进行气体保护焊焊接时直接施焊的工具。焊枪的作用是导电、导丝和导气，且是焊工直接操作的工具，所以焊枪应坚固轻便，并能适应各种位置的焊接。

焊枪按操作方式可分为半自动焊枪和自动焊枪；按焊丝输送的方式，可分为推丝式和拉丝式焊枪；按结构可分为鹅颈式焊枪和手枪式焊枪，按冷却方式又可分为空冷式和内循环水冷式焊枪。

目前生产上用得最广泛的是鹅颈式焊枪。焊枪上的喷嘴和导电嘴是焊枪的主要零件，直接影响焊接工艺性能。

1）喷嘴。喷嘴一般为圆柱形，内孔形状和直径的大小将直接影响气体的保护效果，要求从喷嘴中喷出的气体为截头圆锥体，均匀地覆盖在熔池表面。喷嘴内孔直径在 $\phi 12 \sim \phi 25mm$ 之间。为了防止飞溅物的黏附并易于清除，焊前最好在喷嘴的内外表面涂防飞溅剂（膏）或硅油。

2）导电嘴。导电嘴常用纯铜、铬青铜或磷青铜制造。通常导电嘴的孔径比焊丝直径大 0.2mm 左右。孔径太小，送丝阻力大；孔径太大，则导电效果不佳，送出的焊丝摆动得厉害，造成焊缝宽窄不一。

3）分流器。分流器用绝缘陶瓷制成，上有均匀分布的小孔，从枪体中喷出的保护气经过分流器后，从喷嘴中呈层流状均匀喷出，可有效改善保护效果。

4）导管电缆。导管电缆的外面为橡胶绝缘管，内有弹簧、纯铜导电电缆、保护气管及控制线等。常用的标准导管电缆长度为 3m。

（4）供气系统　供气系统是由气瓶、干燥器、预热器、减压器、流量计和电磁气阀等组成。供气系统的作用是把钢瓶内的液体变成气体，经过适当处理使之质量符合要求并具有一定流量，然后均匀地从喷嘴中喷出，对焊接过程提供保护。

（5）控制系统　控制系统的作用是对供气、送丝和供电等部分实现控制。

3. 气体保护焊机型号

按照 GB/T 10249—2010 的规定，气体保护焊机的型号中各位置符号表示的含义见表 4-1。

目前常用国产气体保护半自动焊机的型号为 NBC 系列，如 NBC-300 型、NBC-500 型。用得最多的是合资企业生产的 KR 系列，如 YD—350KR 型、YD—500KR 型。KR_II 系列焊接电源主要技术参数见表 4-2。

表 4-1　气体保护焊机型号的含义

所在位置	表示方法	表示含义
1	N	MIG/MAG 焊机
2	Z	自动焊焊机
	B	半自动焊用焊机
	D	点焊用焊机
	U	堆焊用焊机
3	M	脉冲电源
	C	CO_2 气体保护焊

（续）

所在位置	表示方法	表示含义
4	1	全位置焊车式
	2	横臂式
	3	机床式
	4	旋转焊头式
	5	台式
	6	焊接机器人
	7	变位式

表4-2　KR‖系列焊接电源主要技术参数

产品序列号	YD—200KR‖HGE	YD—350KR‖HGE	YD—500KR‖HGE
额定输入电压、相数	AC380V，3相		
输入电源频率	50～60Hz兼用（由P板控制转换）		
额定输入容量	7.6kV·A　6.5kW	18.1kV·A　16.2kW	31.9kV·A　28.1kW
额定空载电压	37V	52V	66V
输出范围	50A/16.5V～200A/25V	60A/17V～380A/33V	60A/17V～550A/41.5V
额定输出	200A/24V	350A/31.5V	500A/39V
额定负载持续率（周期10min）	60%	50%	60%
焊丝直径	低碳钢实心焊丝：ϕ0.8mm，ϕ1.0mm，ϕ1.2mm　药心焊丝：ϕ1.2mm		低碳钢实心焊丝：ϕ1.2mm，ϕ1.4mm，ϕ1.6mm　药心焊丝：ϕ1.2mm，ϕ1.4mm，ϕ1.6mm

4.1.5　熔化极气体保护焊的工艺参数

合理地选择焊接参数是获得优良焊接质量和提高焊接生产率的重要条件。各种工艺参数的选择是以生产率的要求，被焊材料、接缝位置、形状以及现有设备情况为基础的，同时还要考虑到焊工的技术熟练程度。

1.焊丝直径

焊丝直径越粗，允许使用的焊接电流就越大，通常根据焊件的厚度、施焊位置及生产效率来选择。焊接薄板或中、厚板的立、横、仰焊时，多采用直径为ϕ1.6mm以下的焊丝。焊丝直径的选择见表4-3。

表4-3　焊丝直径的选择

焊丝直径/mm	焊件厚度/mm	施焊位置	熔滴过渡形式
0.8	1～3	各种位置	短路过渡
1.0	1.5～6	各种位置	短路过渡
1.2	2～12	各种位置	短路过渡
	中厚	平焊、平角焊	细颗粒过渡
1.6	6～25	各种位置	短路过渡
	中厚	平焊、平角焊	细颗粒过渡
2.0	中厚	平焊、平角焊	细颗粒过渡

2. 焊接电流

焊接电流的大小应根据焊件厚度、焊丝直径、焊接位置及熔滴过渡形式来确定。通常焊丝直径 d=0.8~1.6mm 短路过渡时，焊接电流 I 在 50~230A 内选择。滴状过渡时，焊接电流 I 在 250~500A 内选择。焊接电流与其他焊接条件的关系见表 4-4。

表 4-4　焊接电流与其他焊接条件的关系

焊丝直径 /mm	焊件厚度 /mm	施焊位置	焊接电流 /A	熔滴过渡形式
0.5~0.8	1~2.5	各种位置	50~160	短路过渡
	2.5~4	平焊	150~250	粗滴过渡
1.0~1.2	2~8	各种位置	90~180	短路过渡
	2~12	平焊	220~300	粗滴过渡
≥1.6	3~16	立、横、仰焊	100~180	短路过渡
	>16	平焊	350~500	粗滴过渡

焊接电流对熔深、焊丝熔化速度及工作效率影响最大。当焊接电流逐渐增大时，熔深显著增加，熔宽和余高略有增加。由于熔深的大小不同，熔敷金属对母材的稀释率也不同，因而熔敷金属的性质也随之不同。在大电流单层焊的情况下，母材稀释率大，熔敷金属容易受到母材成分的影响。在小电流多层焊的情况下，熔深小，母材稀释率小，对熔敷金属性质的影响也就小。

3. 电弧电压

电弧电压是重要的焊接参数之一。电弧电压一般根据焊丝直径、焊接电流和熔滴过渡形式来选择。送丝速度不变时，调节电源外特性，此时焊接电流几乎不变，弧长将发生变化，电弧电压也会变化。为保证焊缝成形良好，电弧电压必须与焊接电流配合适当。因此，焊接时应根据选择的焊接电流来调节电弧电压，使之与焊接电流配合适当。

4. 焊接速度

焊接速度也是重要的焊接参数之一，它和焊接电流、电弧电压一样是焊接热输入的三大要素，它对熔深和焊道形状影响最大。对焊缝区的力学性能以及是否产生裂纹、气孔等也有一定影响。

5. 焊丝伸出长度

焊丝伸出长度是指从导电嘴端部到焊件的距离。保持焊丝伸出长度不变是保证焊接过程稳定的基本条件之一。因为 CO_2 气体保护焊采用的电流密度较高，伸出长度越大，焊丝的预热作用越强，反之亦然。

预热作用的大小与焊丝的电阻率、焊接电流和焊丝直径有关。对于不同直径、不同材料的焊丝，允许使用的焊丝伸出长度也不同，可以参考表 4-5 进行选择。

焊丝伸出长度小时，电阻预热作用小，电弧功率大，熔深大，飞溅小；焊丝伸出长度大时，电阻对焊丝的预热作用强，电弧功率小，熔深浅，飞溅多。

表 4-5　焊丝伸出长度的允许值

焊丝直径 /mm	H08Mn2Si	H06Cr19Ni9Ti
0.8	6 ~ 12	5 ~ 9
1.0	7 ~ 13	6 ~ 11
1.2	8 ~ 15	7 ~ 12

6. CO_2 气体的流量

CO_2 气体的流量，应根据焊接电流、电弧电压、焊接速度、焊接位置等来选取，流量过大或过小都会影响保护效果。通常，细丝 CO_2 焊时气体流量为 8 ~ 15L/min；粗丝 CO_2 焊时气体流量为 15 ~ 25L/min。

7. 电源极性

1）CO_2 气体保护焊通常采用直流反接（反极性），即焊件接阴极，焊丝接阳极。焊接过程稳定，飞溅小，熔深大。

2）直流正接时（正极性），即焊件接阳极，焊丝接阴极，在焊接电流相同时，焊丝熔化速度快（其熔化速度是反极性的 1.6 倍），熔深较浅，堆高大，稀释率较小，但飞溅较大。根据这些特点，直流正接主要用于堆焊、铸铁补焊及大电流高速 CO_2 气体保护焊。

8. 回路电感

短路过渡需要在焊接回路中有合适的电感值，用以调节短路电流的增长速度，使焊接过程中飞溅最小。通常细丝 CO_2 气体保护焊，焊丝的熔化速度快，熔滴过渡周期短，需要较大的焊接电流增长速度；而粗丝 CO_2 气体保护焊，则需要较小的焊接电流增长速度。此外，通过调节焊接回路电感，还可以调节电弧燃烧时间，进而控制母材的熔深。增大电感则过渡频率降低，燃烧时间增长，熔深增大。

9. 焊枪倾角

1）当焊枪倾角小于 10° 时，不论是前倾还是后倾，对焊接过程及焊缝成形都没有明显的影响；但倾角过大（如前倾角大于 25°）时，将增加熔宽并减小熔深，还会增加飞溅。

2）当焊枪与焊件成后倾角时，焊缝窄，余高大，熔深较大，焊缝成形不好；当焊枪与焊件成前倾角时，焊缝宽，余高小，熔深较浅，焊缝成形好。

4.1.6　熔化极气体保护焊过程中的熔滴过渡

电弧焊时，在焊丝端部形成的向熔池过渡的液态金属滴称为熔滴。熔滴通过电弧空间向熔池转移的过程称为熔滴过渡。焊丝金属熔滴过渡的形式，不仅决定了焊接过程的工艺特性与应用范围，而且对电弧的稳定性、焊接冶金特性、飞溅大小以及焊缝成形尺寸和质量都有重大影响。电弧焊时，熔滴过渡的形式有短路过渡、滴状过渡和喷射过渡三种。

熔化极电弧焊中，焊丝除作为电极外，其端部在电弧热作用下，熔化后形成熔滴，并以不同的形式脱离焊丝过渡到熔池。熔化极气体保护焊熔滴过渡的特点和形式，取决于焊接参数和有关条件。根据过渡的外观现象（如过渡形态、熔滴尺寸、过渡频率等），熔化极气体保护焊熔滴过渡主要有两种形式：短路过渡和滴状过渡。

1. 短路过渡

（1）短路过渡的过程　短路过渡是在采用细焊丝、小电流和低电弧电压焊接时形成的。因弧长很短，焊丝端部熔化的熔滴尚未长得很大或脱落之前，熔滴表面就和熔池相接触形成液桥，使电弧熄灭（短路），熔滴金属在各种力的作用下，液桥开始缩颈并过渡到熔池后，又会出现弧隙并使电弧复燃。这样周期性的短路—燃弧交替过程，称为短路过渡过程。

短路过渡过程包括燃弧、弧熄短路、液桥缩颈和脱落、电弧复燃四个阶段。在这四个阶段中，有两个极限状态：一个是短路状态，这时弧长等于零，电压等于零，短路电流逐渐增大到一定值；二是电弧复燃瞬间，焊接电流约等于最大短路电流，电弧电压恢复到正常状态，焊接电流下降。熔化极气体保护焊短路过渡的焊接电流、电弧电压波形变化和熔滴过渡情况如图 4-5 所示。

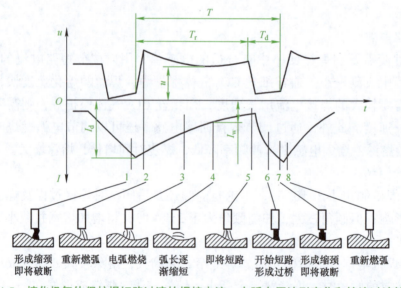

形成缩颈　重新燃弧　电弧燃烧　弧长逐　即将短路　开始短路　形成缩颈　重新燃弧
即将破断　　　　　　　　　　渐缩短　　　　　　形成过桥　即将破断

图 4-5　熔化极气体保护焊短路过渡的焊接电流、电弧电压波形变化和熔滴过渡情况

T——一个短路过渡周期的时间　T_r—电弧燃烧时间　T_d—短路时间
u—电弧电压　I_d—短路最大电流　I_w—稳定的焊接电流

（2）短路过渡的稳定性　熔化极气体保护焊短路过渡过程的稳定性，取决于焊接电源的动特性和焊接参数。短路过渡时要求所选用的焊接电源应具有良好的动特性。

短路过渡对焊接电源动特性的要求是：短路电流增长速度要合适，要有足够大的短路电流峰值以及足够高的焊接电压恢复速度。此三点要求已成为评定焊接电源动特性是否能适应和满足短路过渡焊接需要的指标。目前供短路焊接用的焊接电源

对短路电流峰值和焊接电压恢复速度的要求通常都能满足，因此对电源动特性的调节，通常是指调节短路电流增长速度。不同直径的焊丝焊接时，所要求的短路电流增长速度是不一样的。因此，在焊接时，为了使电弧和焊接过程稳定，就要合理地选定和调节短路电流增长速度。其方法是：

1）选用合适的电源外特性。短路过渡焊接时，选用平硬特性的焊接电源比选用陡降特性焊接电源可获得较大的短路电流增长速度和短路电流峰值。

2）选择合适的焊接电流和电弧电压，也是维持短路过渡过程稳定的重要条件。

3）调节焊接回路中的电感值。在短路过渡焊接时，焊接回路中常串联有一个可调电感，通过调节合适的电感值，来调节短路电流增长速度，同时限制了短路电流峰值，一般可根据不同的焊丝直径选择合适的电感值，以保证短路过渡焊接的稳定。

（3）短路过渡的特点　由于短路频率很高，电弧燃烧非常稳定，飞溅小，焊缝成形良好，使用的焊接电流较小，焊接热输入低，适用于焊接薄板及全位置焊缝的焊接。

2. 滴状过渡

（1）滴状过渡的过程　采用中等规范以上的焊接电流、电弧电压焊接时会出现滴状过渡。滴状过渡有两种形式：

1）有短路的滴状过渡。当焊接电流和电弧电压略高于短路过渡时，由于电弧长度增大，焊丝熔化加快，而电磁收缩力不够大，以致熔滴体积不断增大，并在熔滴自身的重力作用下，向熔池过渡，同时伴随着一定的短路过渡。此时过渡频率低，每秒只有几滴到二十几滴。

2）无短路的滴状过渡。当进一步增大焊接电流和电弧电压时，由于电磁收缩力的加强，阻止了熔滴自由长大，促使熔滴加快过渡，同时不再发生短路过渡现象。因熔滴体积减小，熔滴过渡频率略有增加。滴状过渡时电弧比较集中，而且总是在熔滴下方产生，熔滴较大且不规则，并形成偏离焊丝轴线方向的过渡。滴状过渡过程稳定性较差，焊缝成形较粗糙，飞溅较大。

（2）滴状过渡的稳定性　影响滴状过渡稳定性的主要因素是焊接电流和电弧电压。焊接电流对滴状过渡过程的稳定性有显著的影响。当焊接电流增大（电弧电压也相应增大）时，熔滴呈现小颗粒过渡形式，焊接过程稳定性得到改善，同时，非轴线方向的熔滴过渡大为减少，也使飞溅减少。因此，滴状过渡时，通常应选用较大的焊接电流，匹配较高的电弧电压，既可获得较大的焊缝熔深，提高焊接生产率，还可改善滴状过渡的稳定性。

（3）滴状过渡的特点　粗丝 CO_2 焊时，由于焊丝端部熔滴体积较小，一滴接一滴连续不断地过渡到熔池而不发生短路现象，电弧连续燃烧，其特征是大电流、高电压、焊速快，主要用于中厚板焊接。滴状过渡时，应选用缓降特性的焊接电源。

3. 喷射过渡

当焊接规范达到一定数值时才会出现喷射过渡，在细焊丝、小规范时是不可能出现射流过渡的。射流过渡（喷射过渡）熔滴过渡快，喷滴细小而过渡频率高，此时焊缝熔深大，成形美观，飞溅小，生产效率高，焊接时有独特的"嘶嘶"声，主要用于厚板的焊接。

4.2 熔化极气体保护焊的基本操作

进行熔化极气体保护焊时，焊工操作技术的熟练程度，直接影响着焊接质量和焊接生产效率。因工件厚度、产品结构类型以及施焊位置等条件的不同或焊工操作习惯的不同，操作技术也不可能完全相同，但其基本的操作技能是一致的。

4.2.1 半自动焊焊枪的操作要领

（1）焊枪开关的操作程序　开始焊接时：按焊枪开关，开始送气、送丝和供电，然后引弧、焊接。焊接结束时：关上焊枪开关，随后停丝、停电和停气。

（2）喷嘴与焊件间的距离　喷嘴与焊件间的距离要适当，过大时保护不良，电弧不稳。喷嘴高度与生成气孔的倾向见表4-6。

表4-6　喷嘴高度与生成气孔的倾向

喷嘴高度/mm	气体流量/（L/min）	外部气孔	焊缝内部气孔
10		无	无
20		无	无
30	20	微量	少量
40		少量	较多
50		较多	很多

从表4-6中可以看出喷嘴高度超过30mm时，焊缝中会产生气孔。喷嘴高度过小时喷嘴易黏附飞溅，也难以观察焊缝。所以对于不同焊接电流，应保持合适的喷嘴高度，见表4-7。

表4-7　喷嘴高度与焊接电流、气体流量的关系

焊丝直径/mm	焊接电流/A	喷嘴高度/mm	气体流量/（L/min）
0.8	60 70	8～10	10
1.0	70 90 100	8～10 10～12 10～15	10
1.2	100 200 300	10～15 15 20～25	15～20 20 20
1.6	300 350 400	20 20 20～25	20 20 20～25

（3）焊枪角度和指向位置　半自动熔化极气体保护焊时，常用左焊法，其特点是易观察焊接方向，熔池在电弧吹力作用下，熔化金属被吹向前方，使电弧不能直接作用到母材上，熔深较浅，焊道平坦且变宽，飞溅较大，但保护效果好。右焊法时，熔池被电弧吹力吹向后方，因此电弧能直接作用到母材上，熔深较大，焊道变得窄而高，飞溅略小，焊枪角度见表4-8。

表4-8　焊枪角度

	左焊法	右焊法
焊枪角度	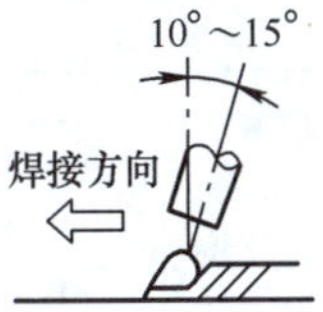 10°～15°　焊接方向	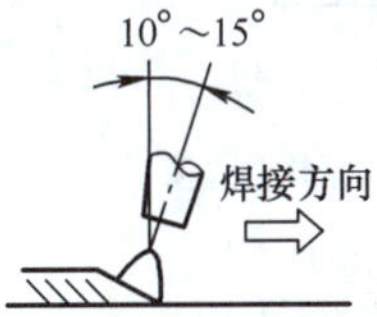 10°～15°　焊接方向
焊缝断面形状	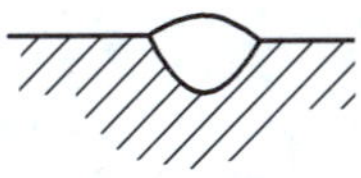	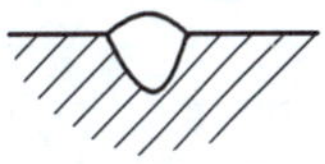

各种焊接接头应用左焊法和右焊法焊接的特点比较，见表4-9。

表4-9　各种焊接接头应用左焊法和右焊法焊接的特点比较

接头形式	左焊法	右焊法
薄板焊接（板厚0.8～4.5mm） 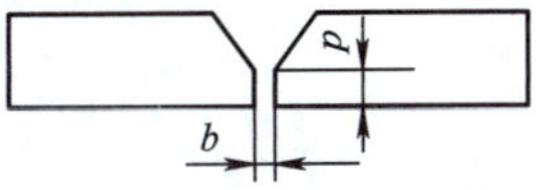	可得到稳定的背面成形；焊缝余高小，变宽；b大时，焊枪做摆动能容易看到焊接线	易烧穿，不易得到稳定的背面成形；焊缝高而窄；b大时不易焊接
中厚板的背面成形焊接 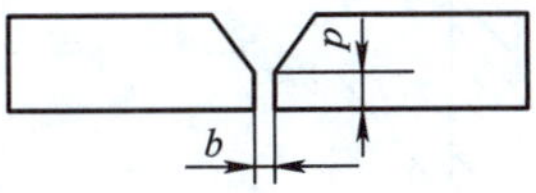	可以得到稳定的背面成形；b大时，焊枪做摆动，根部能焊好	易烧穿，不易得到稳定的背面成形；b大时马上烧穿
平角焊缝焊接焊脚高度8mm以下 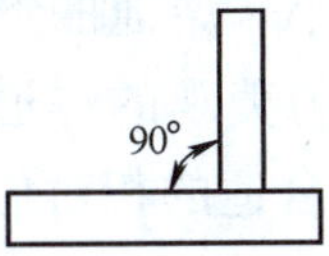	因容易看到焊接线能正确地瞄准焊缝；周围易敷着细小的飞溅	不易看到焊接线，但能看到余高；余高易呈圆弧状；飞溅较小；根部熔深大

（续）

接头形式	左焊法	右焊法
船形焊 焊脚尺寸达10mm以上 **V形坡口对接焊**	焊缝余高呈凹形；因熔化金属向焊枪前流动，焊趾部易形成咬边；根部熔深浅（易发生未焊透）；摆动焊枪易生成咬边，焊脚高度大时难焊	余高平滑；不易发生咬边；根部熔深大；焊缝宽度、余高容易控制
水平横向焊接 I形坡口 V形坡口	容易看清焊接线；在 b 较大时，也能防止焊件烧穿，焊缝整齐	电弧熔深大，易烧穿；焊道成形不良，窄而高，飞溅少；焊缝的熔宽及余高不易控制；易产生焊瘤
高速焊接 （平焊、立焊和横焊等）	可利用焊枪角度来防止飞溅	容易产生咬边；易产生沟状连续咬边；焊缝窄而高

焊接平角焊缝时，焊枪的指向位置特别重要。用 250A 以下的小电流焊接时，焊脚尺寸约为 5mm 以下，可按图 4-6a 所示操作，焊枪与垂直板夹角呈 40°～50°，并指向尖角处。当焊接电流大于 250A 时，焊脚尺寸约为 5mm 以上，如图 4-6b 所示，这时焊枪与垂直板角度减至 35°～45°，焊枪的指向位置在水平板上距尖角 1～2mm 处为宜。焊枪指向垂直板时，焊缝将出现图 4-7 所示的形状，在垂直板处产生咬边而水平板上形成焊瘤。

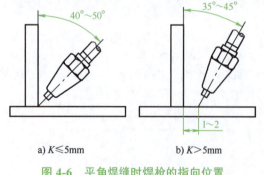

a) K≤5mm   b) K>5mm

图 4-6　平角焊缝时焊枪的指向位置

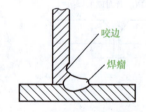

图 4-7　平角缝时的咬边和焊瘤

（4）焊枪的移动　焊接过程中，焊工可根据焊接电流的大小、熔池的形状、焊件的熔合情况、装配间隙等，调整焊枪前移速度。为了焊出均匀美观的焊道，焊枪移动时应该严格保持如图 4-8 所示的焊枪角度，保持焊枪与焊件合适的相对位置。同时还要注意焊枪移动速度均匀，焊枪应对准坡口的中心线，保持横向摆动摆辐一致。焊枪的摆动形式及应用范围见表 4-10。

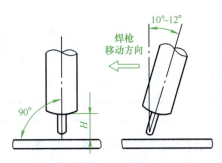

图 4-8　焊枪移动时的角度和位置

表 4-10　焊枪的摆动形式及应用范围

摆动形式	用　途
①	薄板及中厚板打底焊道
②	坡口小及中厚板打底焊道
③	焊厚板第二层以后的横向摆动
④	角焊或多层焊时的第一层
⑤	坡口大时
⑥	焊薄板根部有间隙、坡口有垫板或施工物时

项目 4

　　为了减少热输入，减少热影响区，减少变形，通常不希望采用焊枪大的横向摆动来获得宽焊缝，提倡采用多层、多道细焊道来焊接厚板。当坡口小时，如焊接打底焊缝时，可采用锯齿形较小的横向摆动，如图 4-9 所示。当坡口大时，可采用月牙形的横向摆动，如图 4-10 所示。

两侧停留0.5s左右

图 4-9　锯齿形的横向摆动

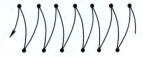

两侧停留0.5s左右

图 4-10　月牙形的横向摆动

4.2.2　熔化极气体保护焊的基本操作技术

　　（1）引弧　引弧时，焊工应首先将焊枪喷嘴与焊件保持正常焊接时的距离，且焊丝端头距焊件表面 2～4mm。随后按焊枪开关，待送气、供电和送丝后，焊丝将与焊件接触短路引弧，结果必然是同时产生一个反作用力，将焊枪推离焊件。这时如果焊工不能保持住喷嘴到焊件间的距离，容易产生缺陷，如图 4-11 所示。因此，要求焊工在引弧时应握紧焊枪和保持喷嘴距焊件的距离，正确引弧操作如图 4-12 所示。

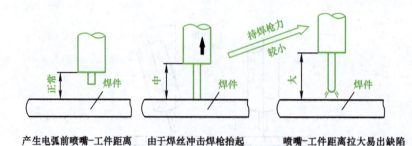

产生电弧前喷嘴-工件距离　　由于焊丝冲击焊枪抬起　　喷嘴-工件距离拉大易出缺陷

图 4-11　引弧操作不适当的情况

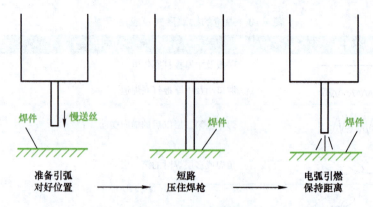

准备引弧　　　　短路　　　　　电弧引燃
对好位置　　　　压住焊枪　　　　保持距离

图 4-12　正确的引弧过程

（2）**焊接**　焊接过程中的关键是保持焊枪合适的倾角和喷嘴高度，沿焊接方向尽可能地均匀移动，当坡口较宽时，为保证两侧熔合好，焊枪还要做横向摆动。

焊工应能够根据焊接过程，判断焊接参数是否合适。像焊条电弧焊一样，焊工主要依靠在焊接过程中看到的熔池的大小和形状、电弧的稳定性、飞溅的大小以及焊缝成形的好坏来调整焊接参数。不同熔滴过渡形态的焊接参数及应用范围见表 4-11。

表 4-11　不同熔滴过渡形态的焊接参数及应用范围

焊丝直径 /mm	短路过渡		滴状过渡		喷射过渡	
	焊接电流 /A	电弧电压 /V	焊接电流 /A	电弧电压 /V	焊接电流 /A	电弧电压 /V
0.8	50～130	14～18	110～150	18～22	140～180	23～28
1.0	70～160	16～19	130～200	18～24	180～250	24～30
1.2	120～200	17～20	170～250	19～26	220～320	25～32
1.6	150～200	18～21	200～300	22～28	260～390	26～34
应用范围	薄板、打底焊、仰焊、全位置焊		中厚板的水平位置，也可用于下降位置中间层焊缝		中厚板（填充层和角焊缝）的水平位置和船形位置	

采用短路过渡方式进行焊接时，若焊接参数合适，则焊接过程中电弧稳定，可观察到周期性的短路过程，可听到均匀的、周期性的"啪啪"声，此种情况表示熔池电弧平稳、飞溅较小，焊缝成形好。如果电弧电压过高，熔滴短路过渡频率降低，电弧功率增大，容易烧穿，甚至熄弧。若电弧电压太低，可能在熔滴很小时就引起

短路，焊丝未熔化部分插入熔池后产生固体短路，在短路电流作用下，这段焊丝突然爆断，使气体突然膨胀，从而冲击熔池，产生严重的飞溅，破坏焊接过程。喷射过渡熔滴较细，过渡频率较高，飞溅小，电弧较平稳，但 CO_2 气体保护焊时没有喷射过渡，只有 MAG 焊有喷射过渡。操作过程中应根据坡口两侧的熔合情况掌握焊枪的摆动幅度和焊接速度，防止出现咬边和未熔合。

（3）收弧　焊接结束前必须收弧，若收弧不当容易产生弧坑，并出现弧坑裂纹（火口裂纹）、气孔等缺陷。操作时可以采用以下方法进行收弧：

1）电焊机带有收弧控制电路，则收弧时焊枪在收弧处停止前进，同时接通此回路，焊接电流与电弧电压自动变小，待熔池填满后断电。

2）若电焊机没有收弧控制电路或因焊接电流小没有使用收弧控制电路时，在收弧处焊枪停止前进，并在熔池未凝固时，反复断弧、引弧几次，直到弧坑填满为止。操作时动作要快，熔池已凝固再引弧，则可能产生未熔合及气孔等缺陷。

不论采用哪种方法收弧，操作时需特别注意，收弧时焊枪除停止前进外，不能抬高喷嘴，即使弧坑已填满，电弧已熄灭，也要让焊枪在弧坑处停留几秒钟才能移开，因为灭弧后，一段时间滞后停气可以保证熔池凝固时能得到可靠的保护，如图 4-13 所示，若收弧时抬高焊枪，则容易因保护不良引起缺陷。

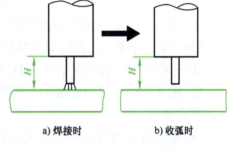

a）焊接时　　　　b）收弧时

图 4-13　收弧时的正确操作

H—焊枪喷嘴至焊件距离

（4）焊道接头　为保证焊道接头质量，在多层多道焊时，接头应尽量错开。建议对不同的焊道采用不同的接头处理方法。

1）对单面焊双面成形的打底焊道接头的处理按下述步骤操作：

①将待焊接头处用角向磨光机打磨成斜面，如图 4-14 所示。

②在斜面顶部引弧，引燃电弧后，将电弧移至斜面底部，转一圈返回引弧处后再继续向左焊接，如图 4-15 所示。

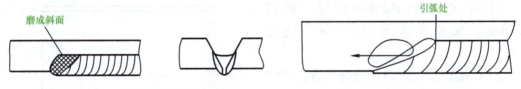

磨成斜面

引弧处

图 4-14　接头处的准备　　　　**图 4-15　接头处的引弧操作**

注意：这个操作很重要，引燃电弧后向斜面底部移动时，要注意观察熔孔，若未形成熔孔则接头处背面焊不透；若熔孔太小，则接头处背面产生缩颈；若熔孔太大，则背面焊缝太宽或焊漏。

2）对其他焊道接头的处理方法。

① 直线焊接时，在前段焊缝弧坑的前方 10 ~ 20mm 处引弧，然后将电弧引向弧坑，到达弧坑中心时，待熔化金属与原焊缝相连后，再将电弧引向前方，进行正常焊接，如图 4-16a 所示。

② 摆动焊接时，先在弧坑前方 10 ~ 20mm 处引弧，然后以直线方式将电弧引向接头弧坑处，从接头弧坑中心开始摆动，在向前移动的同时逐渐加大摆幅，转入正常焊接，如图 4-16b 所示。

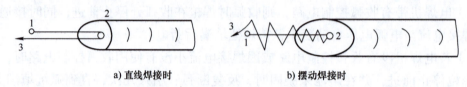

a）直线焊接时　　　　　　　　b）摆动焊接时

图 4-16　其他焊道接头的处理方法

3）相对接头的接法。在环缝的焊接过程中，不可避免地要遇到封闭接头，该接头一般称为相对接头。此接头的接法如下：

① 先将封闭接头处用磨光机打磨成斜面。

② 连续施焊至斜面底部时，根据斜面形状，掌握好焊枪的摆动幅度和焊接速度，保证熔合良好。

③ 收弧时要填满弧坑，收弧弧长要短，熔池凝固后方能移开焊枪，以免产生弧坑裂纹和气孔。

4.3　熔化极气体保护焊技能训练

技能训练 1　低碳钢或低合金钢平角焊熔化极气体保护焊

1. 焊前准备

1）试件材料：Q235B 钢板，规格 300mm × 100mm × 6mm，2 件，T 形接头平角焊，接头示意图如图 4-17 所示。

2）焊接材料：ER50-6 焊丝，直径 ϕ1.2mm；保护气体为 CO_2 气体，纯度 ≥ 99.5%。

3）焊接要求：焊后两钢板垂直，焊脚尺寸 K=6mm。

4）焊接设备：KR$_{II}$—350 型气体保护焊机，直流反接。

5）辅助工具：角向打磨机、木锤、

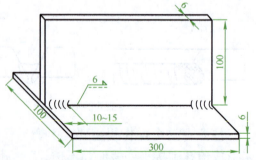

图 4-17　T 形接头试件及定位焊

300mm 钢直尺。

2. 装配定位焊

1）清除坡口面及坡口正反面两侧各 20mm 范围内的油污、锈蚀、水分及其他污物，直至露出金属光泽。

2）装配间隙为 0～2mm，两块钢板应相互垂直。

3）在试件两端正面坡口内进行定位焊，焊缝长度为 10～15mm，如图 4-17 所示。然后将焊缝接头打磨成斜坡。

3. 焊接参数

焊接参数见表 4-12。

表 4-12　T 形接头平角焊工艺参数

焊接层次	焊条直径 /mm	焊接电流 /A	电弧电压 /V	焊丝伸出长度 /mm	气体流量 /（L/min）	焊接速度 /（cm/min）
1	1.2	220～250	25～27	12～15	15～20	35～45

4. 操作要点及注意事项

1）采用左向焊法，一层一道。焊枪角度如图 4-18 所示。

2）在试板的右端引弧，从右向左焊接。

3）焊枪指向距离根部 1～2mm 处。由于采用较大的焊接电流，焊接速度可稍快，同时要适当地做横向摆动（焊接小坡口试件时做锯齿形横向摆动，焊接较大坡口时，做月牙形横向搬动）。

4）焊接过程中，如果焊枪对准的位置不正确，引弧电压过低或焊速过慢都会使熔滴下淌，造成焊缝的下垂，如图 4-19a 所示；如果引弧电压过高或焊速过快、焊枪朝向垂直板，致使母材温度过高，则会引起焊缝的咬边，产生焊瘤，如图 4-19b 所示。

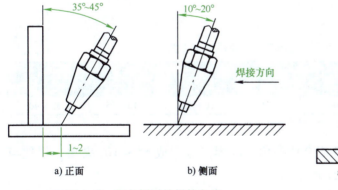

图 4-18　平角焊时的焊枪角度

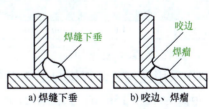

图 4-19　平角焊缝的缺陷

5. 焊缝质量检验

（1）**外观检验**　焊缝表面不得有裂纹、未熔合、夹渣、气孔等缺陷；焊缝的正面宽窄度在 0.5mm 以内；焊缝的凹度或凸度应 ≤ 1.0mm；焊脚应对称，其高宽差

≤ 2mm。

（2）内部检验 焊缝内部进行宏观金相检验，熔深符合工艺要求。

技能训练 2 低碳钢或低合金钢平对接焊熔化极气体保护焊

1. 焊前准备

1）试件材料：Q235B 钢板，规格 300mm × 100mm × 3mm，2 件，I 形坡口对接，接头示意图如图 4-20 所示。

2）焊接材料：ER50-6 焊丝，直径为 ϕ1.0mm；保护气体为 CO_2 气体，纯度 ≥ 99.5%。

3）焊接要求：单面焊双面成形。

4）焊接设备：KR_{II}—350 型气体保护焊机，直流反接。

5）辅助工具：角向打磨机、木锤、300mm 钢直尺。

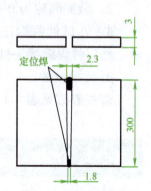

图 4-20 薄板 I 形坡口对接平焊试件

2. 装配定位焊

1）清除坡口面及坡口正反面两侧各 20mm 范围内的油污、锈蚀、水分及其他污物，直至露出金属光泽。为便于清除飞溅物和防止堵塞喷嘴，可在焊件表面涂一层飞溅防粘剂，在喷嘴上涂一层喷嘴防堵剂，也可在喷嘴上涂一些硅油。

2）装配间隙为始端间隙为 1.8mm，终端间隙为 2.3mm，如图 4-20 示；错边量 ≤ 0.3mm。

3）在试件两端的坡口内进行定位焊，焊缝长度为 5 ～ 10mm，如图 4-20 所示；然后将焊缝接头打磨成斜坡。

4）预置反变形量 1° ～ 2°。

3. 焊接参数

焊接参数见表 4-13。

表 4-13 薄板 I 型坡口对接平焊工艺参数

焊接层次	焊条直径 /mm	焊接电流 /A	电弧电压 /V	焊丝伸出长度 /mm	气体流量 /（L/min）	焊接速度 /（cm/min）
1	1.0	90 ～ 110	18 ～ 20	10 ～ 12	10 ～ 15	30 ～ 40

4. 操作要点及注意事项

1）采用左焊法，焊枪与工件成 90° 夹角，与焊接方向成 5° ～ 10° 夹角，焊丝与试件距离为 10 ～ 15mm，如图 4-21 所示。

2）运条方式可采用直线往复形或长圆圈形或月牙形，如图 4-22 所示。焊接过程中，要始终保持电弧的长度，并使之深入间隙之中，使两侧的坡口都能有一定的熔化深度。在焊接中熔池的前方要形成一个小熔孔，并始终保留。正面的焊缝要饱满，不塌陷，然后以稳定的速度进行焊接。

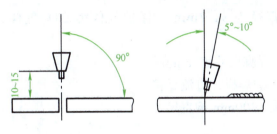

图 4-21　Ⅰ形坡口对接平焊时焊枪的位置

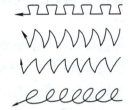

图 4-22　薄板平焊时的运条方法

3）当正面焊缝金属发生下塌，则为烧穿的先兆，这时应将电弧快速移向已焊部分，使熔池能有瞬间冷却的机会，然后再快速移向熔池，反复这样的动作多次，直至熔池不下陷为止。

4）在薄板对接焊中，烧穿现象时而发生，在间隙不能改变时，可适当加快焊接速度或减小焊接电流。

5）坡口间隙小时会产生未焊透，这时应增大焊接电流或适当减慢焊接速度来保证焊缝的熔透性。有时，正面焊缝较好而背面焊缝一侧熔合不好或未熔合，这种情况是因操作中焊枪角度不当所致。如焊枪与焊缝两侧未能保持垂直，使电弧偏向一侧加热，或电弧中心偏移至工件的一侧时，都会发生上述的未熔合和一侧熔化不好的现象。

5. 焊缝质量检验

（1）外观检验　焊缝表面不得有裂纹、未熔合、夹渣、气孔等缺陷；焊缝的正面宽窄度在 0.5mm 以内；焊缝的凹度或凸度应 ≤ 1.0mm；弧坑不允许有缩孔和裂纹存在。

（2）内部检验　焊缝内部进行射线探伤和宏观金相检验，熔深符合工艺要求。

技能训练 3　低碳钢或低合金钢搭接平角焊熔化极气体保护焊

1. 焊前准备

1）试件材料：Q235B 钢板，规格 300mm × 100mm × 6mm，2 件，搭接接头平角焊，接头示意图如图 4-23 所示。

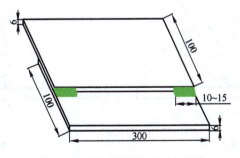

图 4-23　搭接接头试件及定位焊

2）焊接材料：ER50-6 焊丝，直径为 $\phi 1.2mm$ ；保护气体为 CO_2 气体，纯度 ≥ 99.5%。

3）焊接要求：焊后两钢板垂直，焊脚尺寸 K=6mm。

4）焊接设备：KR_{II}—350 型气体保护焊机，直流反接。

5）辅助工具：角向打磨机、木锤、300mm 钢直尺。

2. 装配定位焊

1）清除坡口面及坡口正反面两侧各 20mm 范围内的油污、锈蚀、水分及其他污物，直至露出金属光泽。

2）装配间隙为 0 ~ 1mm，一块钢板平铺在另一块钢板上。

3）在试件两端正面坡口内进行定位焊，焊缝长度为 10 ~ 15mm，如图 4-23 所示。然后将焊缝接头打磨成斜坡。

4）将试件固定在焊接支架上，呈水平位置，高度由焊工根据自身需要而定。

3. 焊接参数

焊接参数见表 4-14。

表 4-14　搭接接头平角焊工艺参数

焊接层次	焊条直径 /mm	焊接电流 /A	电弧电压 /V	焊丝伸出长度 /mm	气体流量 / (L/min)	焊接速度 / (cm/min)
1	1.2	200 ~ 230	23 ~ 25	12 ~ 15	15 ~ 20	35 ~ 45

4. 操作要点及注意事项

1）采用左向焊法，一层一道。焊枪角度如图 4-24 所示。

2）调好焊接参数后，在试板的右端引弧，从右向左焊接。

3）焊枪指向距离根部 1 ~ 2mm 处。由于采用较大的焊接电流，焊接速度可稍快。

4）焊接过程中，如果焊枪对准的位置不正确，引弧电压过低或焊速过慢都会使熔滴下淌，造成焊缝的下垂，如图 4-25a 所示；如果引弧电压过高或焊速过快、焊枪朝向垂直板，致使母材温度过高，则会引起焊缝的咬边，产生焊瘤，如图 4-25b 所示。

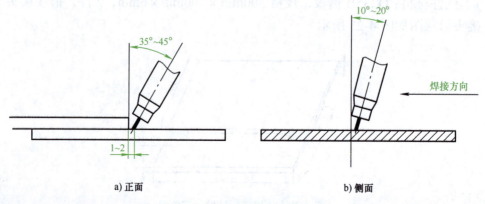

a) 正面　　　　　　　　　b) 侧面

图 4-24　平角焊时的焊枪角度

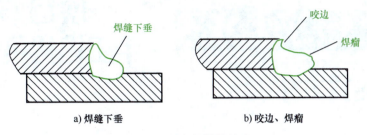

a) 焊缝下垂　　　　　　　　b) 咬边、焊瘤

图 4-25　平角焊缝的缺陷

5. 焊缝质量检验

（1）外观检验　焊缝表面不得有裂纹、未熔合、夹渣、气孔等缺陷；焊缝的正面宽窄度在 0.5mm 以内；焊缝的凹度或凸度应 ≤ 1.0mm。

（2）内部检验　焊缝内部进行射线探伤和宏观金相检验，熔深符合工艺要求。

项目
4

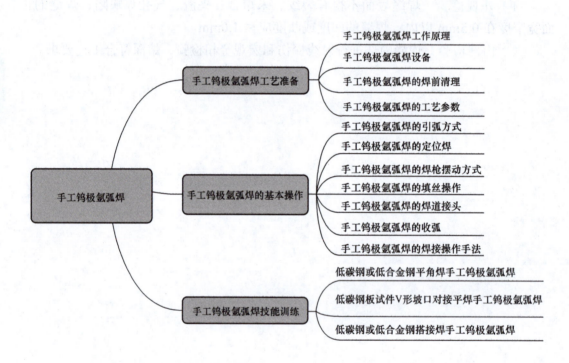

手工钨极氩弧焊工艺准备
├─ 手工钨极氩弧焊工作原理
├─ 手工钨极氩弧焊设备
├─ 手工钨极氩弧焊的焊前清理
└─ 手工钨极氩弧焊的工艺参数

手工钨极氩弧焊的基本操作
├─ 手工钨极氩弧焊的引弧方式
├─ 手工钨极氩弧焊的定位焊
├─ 手工钨极氩弧焊的焊枪摆动方式
├─ 手工钨极氩弧焊的填丝操作
├─ 手工钨极氩弧焊的焊道接头
├─ 手工钨极氩弧焊的收弧
└─ 手工钨极氩弧焊的焊接操作手法

手工钨极氩弧焊技能训练
├─ 低碳钢或低合金钢平角焊手工钨极氩弧焊
├─ 低碳钢板试件V形坡口对接平焊手工钨极氩弧焊
└─ 低碳钢或低合金钢搭接焊手工钨极氩弧焊

5.1　手工钨极氩弧焊工艺准备

5.1.1　手工钨极氩弧焊工作原理

　　手工钨极氩弧焊就是以氩气作为保护气体，钨极作为不熔化极，借助钨电极与焊件之间产生的电弧，加热熔化母材（同时添加的焊丝也被熔化）实现焊接的方法，如图 5-1 所示。氩气用于保护焊缝金属和钨电极熔池，在电弧加热区域不被空气氧化。

　　手工钨极氩弧焊最常用的惰性保护气体是氩

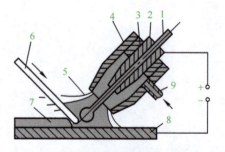

图 5-1　钨极氩弧焊工作原理图

1—钨极　2—导电嘴　3—绝缘套　4—喷嘴
5—氩气流　6—焊丝　7—焊缝　8—焊件
9—进气管

气，其比空气密度大 25%，在平焊时有利于对焊接电弧进行保护，降低了保护气体的消耗。氩气是一种化学性质非常不活泼的气体，即使在高温下也不和金属发生化学反应，从而没有了合金元素氧化烧损及由此带来的一系列问题。氩气也不溶于液态的金属，因而不会引起气孔。氩是一种单原子气体，以原子状态存在，在高温下没有分子分解或原子吸热的现象。氩气的比热容和热传导能力小，即自身热量吸收少，向外传热也少，电弧中的热量不易散失，使焊接电弧燃烧稳定，热量集中，有利于焊接的进行。氩气的缺点是电离势较高，当电弧空间充满氩气时，电弧的引燃较为困难，但电弧一旦引燃后就非常稳定。

钨极氩弧焊时，氩气保护效果在焊接过程中，会受到多种工艺因素的影响。同时也要防止外界环境因素干扰和破坏氩气的保护效果，否则难以获得满意的焊接质量。气体保护效果的好坏，常采用焊点试验法，通过测定氩气有效保护区大小的方法来评定。

例如，用交流手工钨极氩弧焊在铝板上进行点焊试验，电弧引燃后焊枪固定不动，待燃烧 5 ~ 10s 后断开电源，铝板上将会留下一个熔化焊点。在焊点周围因受到"阴极破碎"作用，使铝板表面的一层氧化膜被消除了，出现有金属光泽的灰白色区域。这个去除氧化膜的部分即是氩气有效保护区。有效保护区的直径越大，说明气体保护效果越好。

此外，评定气体保护效果是否良好，还可用直接观察焊缝表面的色泽来评定。如不锈钢材料焊接，若焊缝金属表面呈现银白、金黄色时，则气体保护效果良好，而看到焊缝金属表面显出灰、黑色时，说明气体保护效果不好。

5.1.2　手工钨极氩弧焊设备

1. 手工钨极氩弧焊机的分类

手工钨极氩弧焊机可分为直流手工钨极氩弧焊机（WS 系列）、交流手工钨极氩弧焊机（WSJ 系列）、交直流手工钨极氩弧焊机（WSE 系列）及手工钨极脉冲氩弧焊机（WSM 系列）。

2. 钨极氩弧焊设备的组成

手工钨极氩弧焊设备主要由主电路系统、焊枪、供气和供水系统以及控制系统等部分组成。自动氩弧焊机设备则在手工电焊机设备的基础上，再增加焊接小车（或转动设备）和焊丝送给机构等组成。

（1）主电路系统　主电路系统主要包括焊接电源、高频振荡器、脉冲稳弧器和消除直流分量装置，交流与直流的主电路系统部分不相同。

钨极氩弧焊可以采用直流、交流或交、直流两用电源。无论是直流还是交流电源都应具有陡降外特性或垂直下降外特性，以保证在弧长发生变化时，减小焊接电流的波动。交流焊机电源常用动圈漏磁式变压器；直流焊机可用直流弧焊发电机或磁放大器式硅整流电源；交、直流两用焊机常采用饱和电抗器或单相整流电源。

（2）焊枪 手操作钨极氩弧焊的焊枪必须结实、重量轻且完全绝缘，必须有手把供持压且供输送保护气体至电弧区，且具有筒夹，夹头或用其他方式能稳固的压紧钨电极棒且导引焊接电流至电极棒上。焊枪组合一般包括各种不同的缆线、软管和连接焊枪至电源、气体和水的配合件。水冷式手操作焊枪保护气体通过的整个系统必须气密，软管中间接头处漏泄会使保护气体大量损失，且熔池无法得到充分的保护，需小心地维护以确保气密的气体系统。

钨极氩弧焊的焊枪有不同的尺寸和种类，重量30～500g，焊枪尺寸不同是依能使用的最大焊接电流而定，而且可配用不同尺寸的电极棒和不同种类和尺寸的喷嘴，电极棒与手把的角度也随着不同的焊枪而变化，最常见的角度是约120°，特殊情况下需要使用90°的直角焊枪，甚至可自行调整角度的焊枪，有些焊枪在其手把中装置辅助开关和气体阀。

钨极氩弧焊的焊枪主要分为气冷式和水冷式。 气冷式焊枪通常是重量轻的，体积小且结实，且比水冷式焊枪便宜，一般用于小电流（＜150A）的焊接，如图5-2所示；水冷式焊枪是被设计用于持续的大电流焊接，比气冷式焊枪较重且较贵，一般用于大电流（≥150A）的焊接，如图5-3所示。常用手工钨极氩弧焊焊枪型号及技术参数见表5-1。

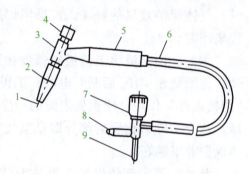

图5-2 气冷式焊枪

1—钨极 2—陶瓷喷嘴 3—枪体 4—短帽
5—手把 6—电缆 7—气体开关手轮
8—通气接头 9—通电接头

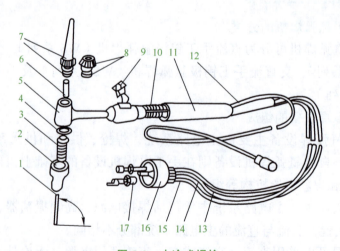

图5-3 水冷式焊枪

1—钨极 2—陶瓷喷嘴 3—导流件 4、8—密封圈 5—枪体 6—钨极夹头 7—盖帽 9—船形开关
10—扎线 11—手把 12—插圈 13—进气皮管 14—出水皮管 15—水冷缆管 16—活动接头 17—水电接头

表 5-1　常用手工钨极氩弧焊焊枪型号及技术参数

型号	冷却方式	出气角度 / (°)	额定焊接电流 /A	适用钨极尺寸 /mm		开关形式	毛重 /kg
				长度	直径		
QS-0/150	循环水冷却	0	150	90	1.6 ~ 2.5	按钮	0.14
QS-65/200		65	200	90	1.6 ~ 2.5	按钮	0.11
QS-85/250		85	250	160	2.0 ~ 4.0	船形开关	0.26
QS-65/300		65	300	160	3.0 ~ 5.0	按钮	0.26
QS-75/300		75	350	150	3.0 ~ 5.0	推键	0.30
QS-75/400		75	400	150	3.0 ~ 5.0	推键	0.40
QS-65/75	气冷却	65	75	40	1.0 ~ 1.6	微动开关	0.09
QS-85/100		85	100	160	1.6 ~ 2.0	船形开关	0.2
QS-90/150		0 ~ 90	150	70	1.6 ~ 2.3	按钮	0.15
QS-85/150		85	150	110	1.6	按钮	0.2
QS-85/200		85	200	150	1.6	船形开关	0.26

（3）控制系统　钨极氩弧焊机的控制系统在小功率电焊机中和焊接电源装在同一箱子里，称为一体式结构。大功率电焊机中，控制系统与焊接电源则是分立的，为一单独的控制箱，如 NSA-500-1 型交流手工钨极氩弧焊机便是这种结构。

控制系统由引弧器、稳弧器、行车（或转动）速度控制器、程序控制器、电磁气阀和水压开关等构成。同时对控制系统提出以下要求：

1）提前 1 ~ 4s 提前送气和滞后停气，以保护钨极和引弧、熄弧处的焊缝。

2）自动控制引弧器、稳弧器的起动和停止。

3）手工或自动接通和切断焊接电源。

4）焊接电流能自动衰减。

（4）供气系统　供气系统是由氩气瓶、氩气流量调节器及电磁气阀组成。

1）氩气瓶。外表涂灰色，并用绿漆标以"氩气"字样。氩气瓶最大压力为 15MPa，容积为 40L。

2）电磁气阀。是开闭气路的装置，由延时继电器控制，可起到提前供气和滞后停气的作用。

3）氩气流量调节器。起降压和稳压的作用及调节氩气流量。

（5）水冷系统　用来冷却焊接电缆、焊枪和钨极。如果焊接电流小于 100A，可以不用水冷却。使用的焊接电流超过 100A 时，必须通水冷却，并以水压开关控制，保证冷却水接通并有一定压力后才能起动电焊机。

3. 手工钨极氩弧焊设备的基本要求

1）钨极氩弧焊的焊接电源必须具有陡降的外特性。

2）焊前提前 1.5 ~ 4s 送保护气，以驱赶、排净管内及焊接区的空气。

3）焊后延迟 5 ~ 15s 停保护气，以保证尚未冷却的熔池和钨极能在保护气氛下冷却。

4）有自动接通和切断保护气及高频引弧和稳弧电路。

5）有焊接电源及冷却水通断等控制电路。

6）具有焊接结束前收弧电流自动衰减时间可调节功能，以消除收弧弧坑，防止收弧缺陷。

4. 手工钨极氩弧焊的型号及技术参数

钨极氩弧焊机型号根据 GB/T 10249—2010《电焊机型号编制办法》编制，焊机型号由汉语拼音字母及阿拉伯数字组成，如图 5-4 所示，型号中 3 各项用汉语拼音字母表示；2、4 各项用阿拉伯数字表示；3、4 项如不用时，可空缺。产品符号代码的编排秩序如图 5-5 所示，产品符号代码中 1、2、3 各项用汉语拼音字母表示；4 各项用阿拉伯数字表示；3、4 项如不用时，可直接用 1、2 项表示，部分电弧焊机的符号代码见表 5-2。

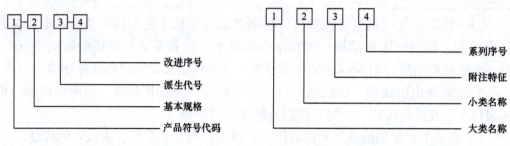

图 5-4 焊机型号的编排秩序　　　图 5-5 产品符号代码的编排秩序

（1）钨极氩弧焊机附加特征、代表字母及系列序号、名称。

表 5-2 钨极氩弧焊机的符号代码

第一字母		第二字母		第三字母		第四字母	
代表字母	大类名称	代表字母	小类名称	代表字母	附注特征	数字序号	系列序号
		Z	自动焊	省略	直流	省略	焊车式
		S	手工焊	J	交流	1	全位置焊车式
		D	点焊	E	交直流	2	横臂式
		Q	其他	M	脉冲	3	机床式
W	TIG焊机					4	旋转焊头式
						5	台式
						6	焊接机器人式
						7	变位式
						8	真空充气式

（2）手工钨极氩弧焊机型号及其技术参数　见表 5-3。

表 5-3　手工钨极氩弧焊机型号及其技术参数

技术参数 / 规格型号	直流钨极氩弧焊机型号	交直流钨极氩弧焊机型号	
	NSA4—300	AEP—300	WES—315
输入电源 /（V/Hz）	380/50	380/50/60	380/50
额度焊接电流 /A	300	300	315
电流调节范围 /A	20～300	AC:20～300 DC:5～300	AC:20～315 DC:5～315
额定工作电压 /V	30	35	22.6
额定负载持续率（％）	60	40	35
钨极直径 /mm	1～5	1～4	1～4
空载电压 /V	70	AC:78 DC:100	AC:78 DC:100
额定输入容量 /kV·A	23	24	25

5.1.3　手工钨极氩弧焊的焊前清理

钨极氩弧焊时，必须对被焊材料的接缝附近及焊丝进行焊前清理，除掉金属表面的氧化膜和油污等杂质，以确保焊缝的质量。焊前清理的方法有：机械清理、化学清理和化学 - 机械清理等方法。

（1）机械清理法　机械清理法比较简便，而且效果较好，适用于大尺寸、焊接周期长的焊件。通常使用直径细小的不锈钢丝刷等工具进行打磨，也可用刮刀铲去表面氧化膜，使焊接部位露出金属光泽，然后再用消除油污的有机溶剂，对焊件接缝附近进行清洁处理。

（2）化学清理法　对于填充焊丝及小尺寸焊件，多采用化学清理法。这种方法与机械清理法相比，具有清理效率高、质量稳定均匀、保持时间长等特点。化学清理法所用的化学溶液和工序过程，应按被焊材料和焊接要求而定。

（3）化学 - 机械清理法　清理时先用化学清理法，焊前再对焊接部位进行机械清理。这种联合清理的方法，适用于质量要求更高的焊件。

5.1.4　手工钨极氩弧焊的工艺参数

手工钨极氩弧焊工艺参数主要有焊接电源种类和极性、钨极直径、焊接电流、电弧电压、氩气流量、焊接速度、喷嘴直径及喷嘴至焊件的距离和钨极伸出长度等。

1. 焊接电源的种类和极性

钨极氩弧焊可以使用直流和交流电源两种，采用哪种电源要根据被焊材料来选择，对于直流电源还存在极性的选择问题。不同材料与电源和极性的选择见表 5-4。

表 5-4　不同材料与电源和极性的选择

电源种类与极性	被焊金属材料
直流正极性	碳钢、低合金高强钢、耐热钢、不锈钢、铜、钛及其合金
直流反极性	适用各种金属的熔化极氩弧焊，钨极氩弧焊很少采用
交流电源	铝、镁及其合金

（1）直流正极性　钨极氩弧焊采用直流正接时（即钨极为负极、焊件为正极），由于电弧在焊件阳极区产生的热量大于钨极阴极区，致使焊件的熔深增加，焊接生产率高，焊件的收缩和变形都小，而且钨极不易过热与烧损。所以对于同一焊接电流可以采用直径较小的钨棒，使钨极的许用电流增大。同时电流密度也增大，使电子发射能力增强，电弧燃烧稳定性要比直流反接时好。除焊接铝、镁及其合金外，一般均采用直流正极性接法进行焊接。

（2）直流反极性　钨极氩弧焊采用直流反接时（即钨极为正极、焊件为负极），由于电弧阳极温度高于阴极温度，使接正极的钨棒容易过热而烧损，为不使钨极熔化，需限制钨极的许用电流，同时焊件上产生的热量不多，因而焊缝有效厚度浅而宽，焊接生产率低。所以直流反接的热作用对焊接过程不利，钨极氩弧焊时，除了焊接铝、镁及其合金薄板外，很少采用直流反接。然而，直流反接有一种去除氧化膜的作用，一般称为"阴极破碎"作用。这种作用在交流电反极性半周波中也同样存在，它是焊接铝、镁及其合金的有利因素。在焊接铝、镁及其合金时，由于金属的化学性质活泼，极易氧化，形成熔点很高的氧化膜（如 Al_2O_3，熔点为 2050℃，而铝的熔点为 657℃），焊接时氧化膜覆盖在熔池表面，阻碍基本金属和填充金属的良好熔合，无法使焊缝很好成形。因此，必须把被焊金属表面的氧化膜去除才能进行焊接。

当用直流反接焊接时，电弧空间的氩气电离后形成大量的正离子，由钨极的阳极区飞向焊件的阴极区，撞击金属熔池表面，可将这层致密难熔的氧化膜击碎，以去除铝、镁等金属表面的氧化膜，使焊接过程顺利进行，并得到表面光亮、成形良好的高质量焊缝，这就是在反接极性时电弧所产生的"阴极破碎"作用。而在直流正接焊接时，因为焊件的阳极区只受到能量很小的电子撞击，没有去除氧化膜的条件，所以不可能有"阴极破碎"作用。直流反接时虽能将被焊金属表面的氧化膜去除，但钨极的许用电流小，同时焊件本身散热很快，温度难以升高，影响电子发射的能力，使电弧燃烧不稳定。因此，铝、镁及其合金应尽可能使用交流电来焊接。

（3）交流电极性　由于交流电极性是不断变化的，这样在交流正极性的半周波中（钨极为阴极），钨极可以得到冷却，以减小烧损，而在交流负极性的半周波中（焊件为阴极）有"阴极破碎"作用，可以清除熔池表面的氧化膜，使两者都能兼顾，焊接过程可顺利进行。实践证明，用交流焊接铝、镁等金属是完全可行的。但

是，采用交流焊接电源时，需要采取引弧、稳弧的措施和消除所产生的直流分量。电弧电压波形与电源空载电压波形相差很大，虽对电弧供电的空载电压是正弦波，但电弧电压波形不是正弦波，而是随着电弧空间和电极表面温度发生变化。

在交流电的正半波时，钨极为负极，由于钨极的熔点高，热导率低，且断面尺寸小，可使电极端加热到很高的温度，同时热量损失少，这样钨极容易维持高温，电子发射能力强。因此，电弧电流较大，电弧电压较低，对引燃电压的要求不高。而在交流电的负半波时，焊件为负极，由于焊件的熔点低，导热性能好，断面尺寸又大，以致金属熔池表面不能加热到很高的温度，电弧在焊件上产生的热量较少，使电子发射能力减弱。所以电弧电流较小，电弧电压及再引燃电压都较高。也就是说负半波时，电弧重新引燃困难，电弧稳定性很差。

2. 焊接电流

钨极氩弧焊的焊接电流通常是根据工件的材质、厚度和接头的空间位置来选择的，焊接电流增加时，熔深增大，焊缝的宽度和余高稍有增加，但增加较小，焊接电流过大或过小都会使焊缝成形不良或产生焊接缺陷。

3. 电弧电压

钨极氩弧焊的电弧电压主要是由弧长决定的，弧长增加，电弧电压增高，焊缝宽度增加，熔深减小，电弧太长、电弧电压过高时，容易引起未焊透或咬边，而且保护效果不好。但电弧也不能太短，电弧电压也不能过低，电弧太短，焊丝给送丝时容易碰到钨极引起短路，使钨极烧损，还容易夹钨，故通常使弧长约等于钨极直径。

4. 保护气体流量

随着焊接速度和弧长的增加，气体流量也应增加。当喷嘴直径、钨极伸出长度增加时，气体流量也应相应增加。若气流量过小，保护气流软弱无力，保护效果不好，易产生气孔和焊缝被氧化等缺陷；若气流量过大，容易产生紊流，保护效果也不好，还会影响电弧的稳定燃烧。

可按下式计算氩气的流量：$Q=(0.8\sim1.2)D$

式中　Q——氩气流量，L/min；

　　　D——喷嘴直径，mm。

5. 焊接速度

焊接速度增加时，熔深和熔宽减小，焊接速度过快时，容易产生未熔合及未焊透，焊接速度过慢时焊缝很宽，而且还可能产生焊漏、烧穿等缺陷。手工钨极氩弧焊时，通常是根据熔池的大小、形状和两侧熔合情况随时调整焊接速度。

6. 钨极伸出长度

为防止电弧热烧坏喷嘴，钨极端部应伸出喷嘴以外。钨极端头至喷嘴端面的距离叫钨极伸出长度，钨极伸出长度越小，喷嘴与工件的距离越近，保护效果越好，但距离过小会妨碍观察熔池。通常焊对接缝时，钨极伸出长度为 4～6mm 时效果较好；焊角焊缝时，钨极伸出长度为 6～8mm 时效果较好。

7. 喷嘴与焊件的距离

喷嘴与焊件的距离是指喷嘴端面和焊件间的距离，距离越小，保护效果越好。所以，喷嘴与焊件间的距离应该尽可能地缩小，但过小将不便于观察熔池和焊接操作，因此通常取喷嘴至焊件间的距离为 8～15mm。

8. 喷嘴直径

喷嘴直径（内径）增大，相应增加保护气体流量，此时保护区范围大，保护效果好。但喷嘴过大时，不仅使氩气的消耗增加，而且不便于观察焊接电弧及焊接操作。因此，通常使用的喷嘴直径一般取 8～20mm 为宜。

9. 钨极种类和直径

钨极作为氩弧焊的电极，对它的基本要求是：发射电子能力要强；耐高温不易熔化烧损；有较大的许用电流。钨具有很高的熔点（3410℃）和沸点（5900℃），强度大（850～1100MPa），热导率小和高温发挥性小等特点；因此适合作为非熔化电极。目前国内所使用的钨极有：钍钨电极、铈钨电极、镧钨电极、锆钨电极、钇钨电极。钨电极种类和特点见表 5-5。

表 5-5　钨电极种类和特点

钨电极种类	特点
钍钨电极	钍钨电极是国外最常用的钨电极。引弧容易，电弧燃烧稳定。但具有微量放射性，广泛应用于直流电焊接。通常用于碳钢、不锈钢、镍合金和钛金属的直流焊接
铈钨电极	铈钨电极是目前国内普遍采用的一种。电子发射能力较钍钨高，是理想的取代钍钨的非放射性材料。适用于直流电或交流电焊接，尤其在小电流下对有轨管道、细小精密零件的焊接效果最佳
镧钨电极	镧钨电极对于中、大电流的直流电和交流电都适用。镧钨最接近钍钨的导电性能，不需改变任何的焊接参数就能方便快捷地替代钍钨，可发挥最大综合使用效果
锆钨电极	锆钨电极主要用于交流电焊接，在需要防止电极污染焊缝金属的特殊条件下使用。在高负载电流下，表现依然良好。适用于镁、铝及其合金的交流焊接
钇钨电极	钇钨电极在焊接时，弧束细长，压缩程度大，在中、大电流时其熔深最大。可以进行塑性加工制成厚 1mm 的薄板和各种规格的棒材和线材。主要用于军工和航空航天工业

钨极的直径与焊接电流承载能力有较大的关系，焊接工件时，可根据焊接电流选择合适的钨电极直径，见表 5-6。

表 5-6　不同直径钨极许用电流

钨极	电流 /A				
	正接（电极 −）		反接（电极 +）	交流 /A	
直径 /mm	纯钨	钍钨、铈钨	纯钨、钍钨、铈钨	纯钨	钍钨、铈钨
1.6	40～130	60～150	10～20	45～90	60～125
2.0	75～180	100～200	15～25	65～125	85～160
2.5	130～220	160～240	17～30	80～140	120～210
3.2	160～300	220～320	20～35	150～190	150～250
4.0	270～440	340～460	35～50	180～260	240～350

10. 钨极端部形状

钨极端部形状是一个重要工艺参数。根据所用焊接电流种类，选用不同的端部形状。尖端角度 α 的大小会影响钨极的许用电流、引弧及稳弧性能。钨极不同尖端尺寸推荐的电流范围见表 5-7。小电流焊接时，选用小直径钨极和小的圆锥角，可使电弧容易引燃和稳定；在大电流焊接时，增大圆锥角可避免尖端过热熔化，减少损耗，并防止电弧往上扩展而影响阴极斑点的稳定性。

钨极尖端角度对焊缝熔深和熔宽也有一定影响。减小圆锥角，焊缝熔深减小，熔宽增大，反之则熔深增大，熔宽减小。

表 5-7 钨极尖端形状和电流范围（直流正接）

钨极直径 /mm	尖端直径 /mm	尖端角度 /（°）	电流 /A	
			恒定电流	脉冲电流
1.0	0.125	12	2 ~ 15	2 ~ 25
1.0	0.25	20	5 ~ 30	5 ~ 60
1.6	0.5	25	8 ~ 50	8 ~ 100
1.6	0.8	30	10 ~ 70	10 ~ 140
2.4	0.8	35	12 ~ 90	12 ~ 180
2.4	1.1	45	15 ~ 150	15 ~ 250
3.2	1.1	60	20 ~ 200	20 ~ 300
3.2	1.5	90	25 ~ 250	25 ~ 350

5.2 手工钨极氩弧焊的基本操作

手工钨极氩弧焊是一种需要焊工用双手同时操作的焊接方法。操作时，焊工双手需要通过互相协调配合才能焊出符合质量要求的焊缝。它的操作难度比焊条电弧焊和熔化极气体保护焊要大。其基本操作技能由引弧、焊枪的摆动、填丝、焊缝接头和收弧等组成。

5.2.1 手工钨极氩弧焊的引弧方式

手工钨极氩弧焊的引弧方式有两种。一种是依靠引弧器实现引弧，即非接触引弧；另一种是通过短路方式实现引弧，即接触短路引弧。

1. 非接触引弧

焊接时，钨极与焊件距离 3mm 左右，利用高频振荡器产生的高频高压击穿钨极与焊件之间的间隙而引燃电弧；或者利用在钨极与焊件之间所加的高压脉冲，使两极间的气体介质电离而引燃电弧。

2. 接触短路引弧

焊接前，钨极在引弧板上轻轻接触一下并随即抬起 2mm 左右即可引燃电弧。使用普通氩弧焊机，只要将钨极对准待焊部位（保持 3 ~ 5mm），起动焊枪手柄上的按钮，这时高频振荡器即刻发生高频电流引起放电火花引燃电弧。其缺点是：接触引弧时，会产生很大的短路电流，很容易烧损钨极端头，降低焊件质量。

5.2.2 手工钨极氩弧焊的定位焊

装配定位焊接采用与正式焊接相同的焊丝和工艺。用手工氩弧焊在坡口内进行定位焊时，以熔化根部钝边为宜，原则上不应填充焊丝。直径 $\phi60mm$ 以下管子，可定位点固 1 处；直径 $\phi76 \sim \phi159mm$ 管子，定位点固 2 ~ 3 处；$\phi159mm$ 以上，定位点固 4 处。一般定位焊缝长 10 ~ 15mm，余高 2 ~ 3mm，装配间隙 1.5 ~ 2.5 mm；也可采用定位板。定位焊缝应保证质量，如有缺陷应清除后重新定位焊，装配定位焊的坡口应尽量对准并平齐，定位焊两端应加工成斜坡形，以利接头。

5.2.3 手工钨极氩弧焊的焊枪摆动方式

手工钨极氩弧焊的焊枪运行基本动作包括：焊枪钨极与焊件之间保持一定间隙；焊枪钨极沿焊缝轴线方向纵向移动和横向移动。在焊接生产实践中，焊工可以根据金属材料、焊接接头形式、焊接位置、装配间隙、焊丝直径及焊接参数等因素的不同，合理地选择不同的焊枪摆动方式。手工钨极氩弧焊的焊枪摆动方式及适用范围见表 5-8。

表 5-8 焊枪摆动方式及适用范围

摆动方式及图意示	特点	适用范围
直线形	焊接时，钨极应保持合适的高度，焊枪不做横向摆动，沿焊接方向匀速直线移动	适用于薄板的 I 形坡口对接、T 形接头的角接；多层多道焊缝的打底层焊接
直线往返	焊接时，焊枪停留合适时间，待电弧熔透坡口根部再填充熔滴，然后再沿着焊接方向做断断续续的直线移动	适用于 3 ~ 6mm 厚度材料的焊接
锯齿形	焊接时，焊枪钨极沿焊接方向做锯齿形连续摆动，摆动到焊缝两侧时，应做稍停顿，停顿时间应根据实际情况而定，防止焊缝出现咬边缺陷	适用于全位置的对接接头和立焊的 T 形接头
月牙形	焊接时，喷嘴后倾轻触在坡口内，利用手腕的大幅度摆动，使喷嘴在坡口内从右坡口面侧旋滚到左坡口面，再由左坡口面侧旋滚到右坡口面，如此循环往复的向前移动，利用电弧加热熔化焊丝及坡口钝边来完成焊接	适用于壁厚较大的全位置对接接头和 T 形接头

5.2.4 手工钨极氩弧焊的填丝操作

手工钨极氩弧焊时，对熔池添加液态熔滴是通过操作不带电的焊丝来进行的，焊丝与钨极始终应保持适当距离，避免碰撞情况发生。焊接时，应根据具体情况对熔池添加或不添加熔滴，这对于控制熔透程度、掌握熔池大小、防止烧穿等带来很大便利，所以易于实现全位置焊接。

1. 填丝的基本操作技术

（1）连续填丝　焊接时，左手小指和无名指夹住焊丝并控制送丝方向，大拇指和食指有节奏地将焊丝送入熔池区，如图5-6所示。连续填丝时手臂动作不大，待焊丝快使用完时才向前移动。连续填丝对氩气保护层的扰动较小，焊接质量较好，但比较难掌握，多用于填充量较大的焊接。

（2）断续填丝　断续填丝又称点滴送丝。焊接时，左手大拇指、食指和中指捏紧焊丝，小指和无名指夹住焊丝并控制送丝方向，依靠手臂和手腕的上、下反复动作把焊丝端部的熔滴一滴一滴地送入熔池中。在操作过程中，为防止空气侵入熔池，送丝的动作要轻，并且焊丝端部始终处于保护层内，不得扰乱氩气保护层，全位置焊时多用此法，如图5-7所示。

图 5-6　连续填丝操作　　　　　　图 5-7　断续填丝操作

（3）特殊填丝法　焊前选择直径大于坡口根部间隙的焊丝弯成弧形，并将焊丝贴紧坡口根部间隙，焊接时，焊丝和坡口钝边同时熔化形成打底层焊缝。此方法可避免焊丝妨碍焊工对熔池的观察，适用于困难位置的焊接。

2. 填丝操作要点

1）填丝时，焊丝与焊件表面成15°～20°夹角，焊丝准确地送达熔池前沿，形成的熔滴被熔池"吸入"后，迅速撤回，如此反复进行。

2）填丝时，仔细观察焊接区的金属是否达到熔化状态，当金属熔化后才能对熔池添加熔滴，以避免熔合缺陷产生。

3）填丝时，填丝要均匀，快慢适当。过快，焊缝熔敷金属加厚；过慢，产生下凹或咬边缺陷。

4）坡口根部间隙大于焊丝直径时，焊丝应与焊接电弧同步做横向摆动。无论是采用连续填丝或断续填丝，送丝速度与焊接速度应一致。

5）填丝时，不要把焊丝直接置于电弧下面，把焊丝抬得过高会导致熔滴向熔池"滴渡"状况发生。这样会出现成形不良的焊缝。填丝位置的正确与否如图5-8所示。

6）填丝时，如发生焊丝与钨极相碰，发生短路，就会造成焊缝被污染和夹钨。此时应立即停止焊接，用硬质合金旋转锉或砂轮修磨掉被污染的焊缝金属，直至修磨出金属光泽。被污染的钨极应重新修磨后方可继续焊接。

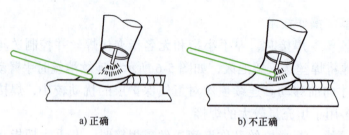

a) 正确   b) 不正确

图 5-8　填丝位置示意图

7）回撤焊丝时，不要让焊丝端头暴露在氩气保护区之外，以避免热态的焊丝端头被氧化。如将被氧化的焊丝端头送入熔池，会造成氧化物夹渣或产生气孔缺陷。

5.2.5　手工钨极氩弧焊的焊道接头

手工钨极氩弧焊过程中，当更换焊丝或暂停焊接时，需要接头。进行接头前，应先检查接头熄弧处弧坑质量。如果无氧化物等缺陷，则可直接进行接头焊接。如果有缺陷，则必须将缺陷修磨掉，并将其前端打磨成斜面，然后在弧坑右侧 15～20mm 处引弧，缓慢向左移动，待弧坑处开始熔化形成熔池和熔孔后，继续填丝焊接。

5.2.6　手工钨极氩弧焊的收弧

收弧也称熄弧，是焊接终止的必须手法。收弧很重要，应高度重视，若收弧不当，易引起弧坑裂纹、缩孔等缺陷，常用收弧方法有：

1. 焊接电流衰减法

利用衰减装置，逐渐减小焊接电流，从而使熔池逐渐缩小，以至母材不能熔化，达到收弧处无缩孔之目的，普通的钨极氩弧焊焊机都带有衰减装置。

2. 增加焊速法

在焊接终止时，焊枪前移速度逐渐加快，焊丝的给送量逐渐减少，直到母材不熔化时为止。基本要点是逐渐减少热量输入，重叠焊缝 20～30mm。此法最适合于环缝，无弧坑无缩孔。

3. 多次熄弧法

终止时焊速减慢，焊枪后倾角加大，拉长电弧，使电弧热主要集中在焊丝上，而焊丝的给送量增大，填满弧坑，并使焊缝增高，熄弧后马上再引燃电弧，重复两三次，便于熔池在凝固时能继续得到焊丝补给，使收弧处逐步冷却。但多次熄弧后收弧处往往较高，需将收弧处增高的焊缝修平。

4. 应用引出板法

平板对接时常用引出板，焊后将引出板去掉修平。

实际操作证明：有衰减装置用电流衰减法收弧最好，无衰减装置用增加焊速法收弧最好，可避免弧坑和缩孔，熄弧后不能马上把焊枪移走，应停留在收弧处 2～5min，用滞后气保护高温下的收弧部位不被氧化。

5.2.7 手工钨极氩弧焊的焊接操作手法

手工钨极氩弧焊的焊接操作手法有左焊法、右焊法两种，如图 5-9 所示。

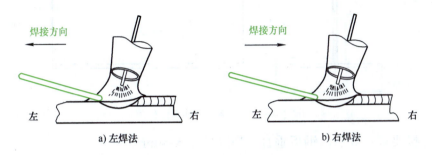

a) 左焊法　　　　　　　b) 右焊法

图 5-9　焊接操作手法

1. 左焊法

左焊法应用比较普遍，焊接过程中，焊枪从右向左移动，焊接电弧指向未焊接部分，焊丝位于电弧的前面，以点滴法加入熔池。

（1）优点　焊接过程中，焊工视野不受阻碍，便于观察和控制熔池的情况；由于焊接电弧指向未焊部位，起到预热的作用，有利于焊接壁厚较薄的焊件，特别适用于打底焊；焊接操作方便简单，对初学者较容易掌握。

（2）缺点　焊接多层多道焊、大焊件时，热量利用低，影响焊接熔敷效率。

2. 右焊法

（1）优点　焊接过程中，焊枪从左向右移动，焊接电弧指向已焊完的部分，使熔池冷却缓慢，有利于改善焊缝组织性能，减少气孔、夹渣缺陷的产生；同时，由于电弧指向已焊的金属，有效地提高热利用率，在相同的焊接热输入时，右焊法比左焊法熔深大。因此，特别适用于焊接厚度大、熔点较高的焊件。

（2）缺点　由于焊丝在熔池的后方，焊工观察熔池方向不如左焊法清楚，控制焊缝熔池温度比较困难，焊接过程中操作比较难以掌握。此焊接方法，无法在管道上进行焊接应用，特别是小直径管焊接尤为明显。

5.3　手工钨极氩弧焊技能训练

技能训练 1　低碳钢或低合金钢平角焊手工钨极氩弧焊

1. 焊前准备

1）试件材料：Q235B 钢板，规格 300mm×150mm×6mm，2 件，T 形接头平角焊，接头示意图如图 5-10 所示。

2）焊接材料：焊丝 ER50-6，直径为 $\phi2.5$mm；铈钨极直径为 $\phi2.5$mm；保护气体为 99.9%Ar。

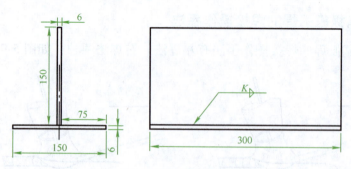

图 5-10　T 形接头试件及定位焊

3）焊接要求：焊后两钢板垂直，焊脚尺寸 $K=4$mm。

4）焊接设备：WS—300 型手工钨极氩弧焊机，直流正接。

5）辅助工具：角向打磨机、直磨机、木锤、直角尺、300mm 钢直尺。

2. 装配定位焊

1）清除坡口面及坡口正反面两侧各 20mm 范围内的油污、锈蚀、水分及其他污物，直至露出金属光泽。

2）装配间隙为 0 ~ 1mm，两块钢板应相互垂直。

3）采用手工钨极氩弧焊在试件两端正面坡口内进行定位焊，定位焊长度为 10 ~ 15mm，如图 5-11 所示。采用风动直磨机将焊缝接头预先打磨成缓坡状，并将试件固定在焊接支架上。

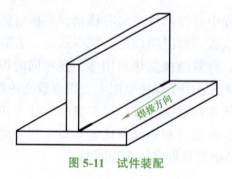

图 5-11　试件装配

3. 焊接参数

焊接参数见表 5-9。

表 5-9　T 形接头平角焊工艺参数

焊道分布	焊接层次	焊条直径 /mm	焊接电流 /A	焊枪与焊接方向夹角 / (°)	气体流量 / (L/min)
	打底层 1	2.5	70 ~ 80	70 ~ 75	8 ~ 10
	盖面层 2	2.5	80 ~ 90	65 ~ 70	8 ~ 10

4. 操作要点及注意事项

（1）起弧

1）在试板右端定位焊缝上进行引弧，起弧时，不需要进行填丝，电弧适当拉长3～4mm，在起焊处稍停留片刻，利用电弧使母材及定位焊缝得到充分预热，当定位焊缝形成熔池后即可进行填丝焊接。

2）为保证起头的保护效果，引弧前先按送气按钮对准引弧处放气8～10s。

3）起弧时要注意控制电弧长度，弧长过长，气体保护效果不好；弧长过短易产生夹钨，一般控制在2～3mm之间。

（2）填丝 TIG焊填丝的好坏直接影响焊缝质量，主要的填丝方法有：连续填丝法、断续填丝法、特殊填丝法等方式。由于该技能训练为全位置焊接，故采用断续填丝法进行焊接效果较好。

（3）打底层

1）焊枪与焊缝移动方向角度随着位置而变化，一般焊枪角度控制在75°～80°之间，与焊缝两侧试板夹角为45°，焊丝与焊缝的角度控制在15°左右，运条方式采用直线运条方法进行焊接，钨棒必须指向焊缝的中间根部位置，如图5-12所示。

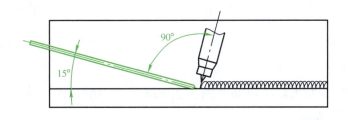

图5-12 打底焊焊枪、焊丝角度与运条方法

2）焊接时，电弧与母材的间距应保持在1～2mm之间，并将电弧保持在熔池前端1/2处，同时焊丝始终保持在熔池前端，随时根据焊接的需要将焊丝送进，并控制焊接移动速度的均匀性。

3）焊接接头时，为保证接头良好，应从焊缝收弧处前5～8mm开始引弧，不填丝运条至收弧处出现熔孔后，填丝熔入进行正常焊接。

（4）盖面层 焊缝的盖面层与打底焊的焊枪角度基本一致，一般采用月牙形的运条方法，电弧运条至坡口两侧边缘时应稍有停顿，将焊缝两侧熔合良好。

5. 焊缝质量检验

（1）外观检验 焊缝表面不得有裂纹、未熔合、夹渣、气孔等缺陷；焊缝的正面宽窄度在0.5mm以内；焊缝的凹度或凸度应≤1.0mm；焊脚应对称，其高宽差≤2mm。

（2）内部检验 焊缝内部进行射线检测和宏观金相检验，熔深符合工艺要求。

技能训练 2　低碳钢板试件 V 形坡口对接平焊手工钨极氩弧焊

1. 焊前准备

1）试件材料：Q235B 钢板，规格 200mm × 100mm × 6mm，2 件，V 形坡口，坡口角度 60° ± 5°，接头示意图如图 5-13 所示。

2）焊接材料：焊丝 ER50-6 焊丝，直径为 ϕ2.5mm；铈钨极直径为 ϕ2.5mm，为使电弧稳定，将其尖角磨成如图 5-14 所示的尖锥形；保护气体为 99.9%Ar。

3）焊接要求：单面焊双面成形。

4）焊接设备：WS—300 型手工钨极氩弧焊机，直流正接。

5）辅助工具：角向打磨机、直磨机、木锤、直角尺、300mm 钢直尺。

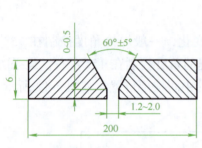

图 5-13　接头示意图

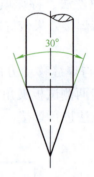

图 5-14　铈钨极的形状

2. 装配定位焊

1）清除坡口面及坡口正反面两侧各 20mm 范围内的油污、锈蚀、水分及其他污物，直至露出金属光泽。

2）修磨钝边 0 ~ 0.5mm，无毛刺；装配间隙为 1.2 ~ 2.0mm，错边量 ≤ 0.6mm。

3）采用手工钨极氩弧焊在试件两端正面坡口内进行定位焊，定位焊长度为 10 ~ 15mm。采用风动直磨机将焊缝接头预先打磨成缓坡状。

4）预制反变形量为 2°。

3. 焊接参数

焊接参数见表 5-10。

表 5-10　V 形坡口对接焊工艺参数

焊道分布	焊接层次	焊接电流/A	电弧电压/V	氩气流量/(L/min)	焊丝直径/mm	钨极直径/mm	钨极伸出长度/mm	喷嘴直径/mm	喷嘴至工件距离/mm
	打底焊（1）	80 ~ 100							
	填充焊（2）	90 ~ 100	10 ~ 14	8 ~ 10	2.5	2.5	4 ~ 6	8 ~ 12	≤ 12
	盖面焊（3）	100 ~ 110							

4. 操作要点及注意事项

（1）打底层焊接　采用左向焊法，故将试件装配间隙大端放在左侧。

1）引弧。在试件右端定位焊缝上引弧。引弧时采用较长的电弧（弧长大约为 4 ~ 7mm），在坡口处预热 4 ~ 5s。当定位焊缝左端形成熔池并出现熔孔后开始送丝。焊接打底层时，采用较小的焊枪角度和较小的焊接电流。焊丝、焊枪与焊件的角度如图 5-15 所示。焊丝移动要平稳、速度一致。焊接时，要密切注意焊接熔池的变化，随时调节有关工艺参数，保证背面焊缝成

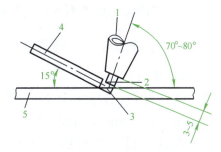

图 5-15　焊丝、焊枪与焊件的角度
1—喷嘴　2—钨极　3—熔池　4—焊丝　5—焊件

形良好。当熔池增大、焊缝变宽且不出现下凹时，说明熔池温度过高，应减小焊枪与焊件夹角，加快焊接速度；当熔池减小时，说明熔池温度过低，应增加焊枪与焊件夹角，减慢焊接速度。

2）接头。当更换焊丝或暂停焊接时需要接头。这时松开焊枪上按钮（使用接触引弧焊枪时，立即将电弧移至坡口边缘上快速灭弧），停止送丝，借助于电流衰减熄弧，但焊枪仍需对准熔池进行保护，待其完全冷却后方能移开焊枪。若焊枪无电流衰减功能，应在松开按钮后稍抬高焊枪，等电弧熄灭、熔池完全冷却后移开焊枪。进行接头前，应先检查接头熄弧处弧坑质量，如果无氧化物等缺陷，则可直接进行接头焊接。如果有缺陷，则必须把缺陷修磨掉，并将其前端打磨成斜面，然后在弧坑右侧 15 ~ 20mm 处引弧，缓慢向左移动，待弧坑处开始熔化形成熔池和熔孔后，继续填丝焊接。

3）收弧。当焊至试件末端时，应减小焊枪与试件夹角，使热量集中在焊丝上，加大焊丝熔化量以填满弧坑。切断控制开关后，焊接电流将逐渐减小，熔池也随之减小，将焊丝抽离电弧（但不离开氩气保护区）。停弧后，氩气延时约 10s 关闭，从而防止熔池金属在高温下氧化。

（2）填充层焊接　填充层焊接，其操作与打底层相同。焊接时焊枪可做锯齿形横向摆动，其幅度应稍大，并在坡口两侧停留，保证坡口两侧熔合好，焊道均匀。从试件右端开始焊接，注意熔池两侧情况，保证焊缝表面平整且稍下凹。填充层的焊道焊完后应比试件表面低 1.0 ~ 1.5mm，以免坡口边缘熔化导致盖面层产生咬边或焊偏现象，焊完后将焊道表面清理干净。

（3）盖面层焊接　盖面层焊接，其操作与填充层基本相同，但要加大焊枪的摆动幅度，保证熔池两侧超过坡口边缘 0.5 ~ 1mm，并按焊缝余高决定填丝速度与焊枪移动速度，尽可能保持焊缝均匀，熄弧时必须填满弧坑。

5. 焊缝质量检验

（1）外观检验　焊缝表面不得有裂纹、未熔合、夹渣、气孔等缺陷；焊缝的正

面宽窄度在 0.5mm 以内；焊缝的凹度或凸度应 ≤ 1.0mm；焊缝背面焊透、成形美观，无未焊透、夹渣等缺陷。

（2）内部检验　焊缝内部进行射线探伤和宏观金相检验熔深符合工艺要求。

技能训练 3　低碳钢或低合金钢搭接焊手工钨极氩弧焊

1. 焊前准备

1）试件材料：Q235B 钢板，规格 300mm×150mm×3mm，1 件；Q235B 钢板，规格 300mm×100mm×3mm，1 件；搭接接头，接头示意图如图 5-16 所示。

2）焊接材料：焊丝 ER50-6 焊丝，直径为 ϕ2.5mm；铈钨极直径为 ϕ2.5mm；保护气体为 99.9%Ar。

3）焊接要求：焊后两钢板垂直，焊脚尺寸 Z=3mm。

4）焊接设备：WS—300 型手工钨极氩弧焊机，直流正接。

5）辅助工具：角向打磨机、直磨机、木锤、直角尺、300mm 钢直尺。

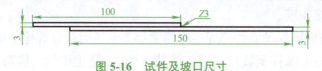

图 5-16　试件及坡口尺寸

2. 装配定位焊

1）清除坡口面及坡口正反面两侧各 20mm 范围内的油污、锈蚀、水分及其他污物，直至露出金属光泽。

2）用平锉修磨试件坡口去除毛刺；装配间隙为 0～1mm。

3）将 100mm 宽的试板搭接在 150mm 宽的板上，采用手工钨极氩弧焊在试件两端正面坡口内进行定位焊，定位焊长度为 15～20mm，如图 5-17 所示。定位焊完成后采用风动直磨机将焊缝接头预先打磨成缓坡状，并将试件固定在焊接支架上。

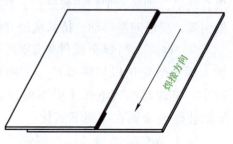

图 5-17　试件装配

3. 焊接参数

焊接参数见表 5-11。

表 5-11　搭接焊工艺参数

焊道分布	焊接层次	焊条直径 /mm	焊接电流 /A	焊枪与焊接方向夹角 /（°）	气体流量 /（L/min）
	1	2.5	70～80	70～75	8～10

4. 操作要点及注意事项

（1）起弧

1）在试板右端定位焊缝上进行引弧，起弧时，不需要进行填丝，电弧适当拉长 3～4mm，在起焊处稍停留片刻，利用电弧使母材及定位焊得到充分预热，当定位焊形成熔池后即可进行填丝焊接。

2）为保证起头的保护效果，引弧前先按送气按钮对准引弧处放气 8～10s。

3）起弧时要注意控制电弧长度，弧长过长，气体保护效果不好；弧长过短易产生夹钨，一般控制在 2～3mm 之间。

（2）焊接过程

1）焊枪与焊接方向的角度控制在 75°～80° 之间，焊枪与底板的夹角为 45°，焊丝与底板的角度控制在 15° 左右，运条方式采用直线运条方法进行焊接，钨棒必须指向焊缝的中间根部位置，焊枪与焊丝角度如图 5-18 所示。

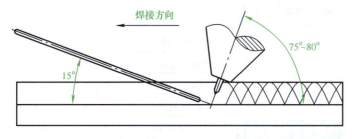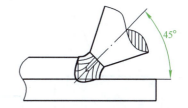

图 5-18　焊枪与焊丝角度

2）焊接时，电弧与母材的间距应保持在 1~2mm 之间，并将电弧保持在熔池前端 1/2 处，同时焊丝始终保持在熔池前端，随时根据焊接的需要将焊丝送进，并控制焊接移动速度的均匀性，还应注意搭接板坡口要全部被熔池盖满，否则容易造成咬边缺陷。

3）焊缝接头时，为保证接头良好，应从焊缝收弧处前 5~8mm 开始引弧，不填丝运条至收弧处后，再填丝熔入进行正常焊接。

5. 焊缝质量检验

（1）外观检验　焊缝表面不得有裂纹、未熔合、夹渣、气孔等缺陷；焊缝的正面宽窄度在 0.5mm 以内；焊缝的凹度或凸度应小于 1.0mm。

（2）内部检验　焊缝内部进行宏观金相检验，熔深符合工艺要求。

Chapter 6

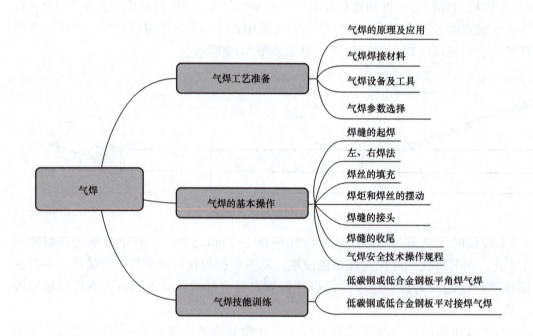

```
                              气焊的原理及应用
                              气焊焊接材料
                  气焊工艺准备
                              气焊设备及工具
                              气焊参数选择

                              焊缝的起焊
                              左、右焊法
                              焊丝的填充
        气　焊        气焊的基本操作    焊炬和焊丝的摆动
                              焊缝的接头
                              焊缝的收尾
                              气焊安全技术操作规程

                              低碳钢或低合金钢板平角焊气焊
                  气焊技能训练
                              低碳钢或低合金钢板平对接焊气焊
```

6.1 气焊工艺准备

6.1.1 气焊的原理及应用

　　气焊是指利用可燃气体和助燃气体通过焊炬按一定的比例混合，获得所要求的火焰性质的火焰作为热源，将焊件的焊接金属加热到熔化状态形成熔池，不断熔化焊丝并向熔池中填充，被熔化的金属和填充金属冷却后形成焊缝，使其形成牢固的焊接接头。目前应用最普遍的是氧乙炔焊和氧丙烷焊。气焊过程如图 6-1 所示。

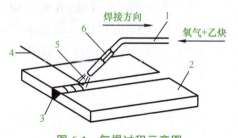

图 6-1　气焊过程示意图

1—混合气管　2—焊件　3—焊缝　4—焊丝
5—气焊火焰　6—焊嘴

气焊具有使用的设备简单、操作方便、质量可靠、成本低、适应性强等优点，但由于火焰温度低、加热分散、热影响区宽，焊件变形大且过热严重，因此，气焊接头质量不如焊条电弧焊容易保证。目前，在工业生产中，气焊主要用于焊接薄钢板、小直径薄壁管、铸铁、非铁金属、低熔点金属及硬质合金等。

6.1.2 气焊焊接材料

1. 气体

气焊是利用可燃气体与助燃气体混合燃烧产生的气体火焰作为热源，进行金属材料的焊接的一种加工工艺方法。可燃气体有乙炔、液化石油气等，助燃气体是氧。

（1）氧气

1）在常温和标准大气压下，氧气是一种无色、无味、无毒的气体，氧气的分子式为 O_2，氧气的密度是 $1.429kg/m^3$，比空气略重（空气为 $1.293kg/m^3$）。

2）氧气本身不能燃烧，但能帮助其他可燃物质燃烧。氧气的化学性质极为活泼，它几乎能与自然界一切元素（除惰性气体外）相化合，这种化合作用被为氧化反应，剧烈的氧化反应称为燃烧。氧气的化合能力是随着压力的加大和温度的升高而增加。因此当工业中常用的高压氧气，如果与油脂等易燃物质相接触时，就会发生剧烈的氧化反应而使易燃物自行燃烧，甚至发生爆炸。因此在使用氧气时，切不可使氧气瓶瓶阀、氧气减压器、焊炬、割炬、氧气皮管等沾染上油脂。

3）气焊与气割用的工业用氧气按纯度一般分为两级，一级纯度氧气含量不低于99.2%，二级纯度氧气含量不低于98.5%。一般情况下，由氧气厂和氧气站供应的氧气可以满足气焊与气割的要求。对于质量要求较高的气焊应采用一级纯度的氧。气割时，氧气纯度不应低于98.5%。

（2）乙炔

1）在常温和标准大气压下，乙炔是一种无色而带有特殊臭味的碳氢化合物，其分子式为 C_2H_2。乙炔的密度是 $1.179kg/m^3$，比空气轻。乙炔是可燃性气体，它与空气混合时所产生的火焰温度为 2350℃，而与氧气混合燃烧时所产生的火焰温度为3000~3300℃，因此足以迅速熔化金属进行焊接。

2）乙炔是一种具有爆炸性的危险气体，当压力在 0.15MPa 时，如果气体温度达到 580~600℃，乙炔就会自行爆炸。压力越高，乙炔自行爆炸所需的温度就越低；温度越高，则乙炔自行爆炸的压力就越低。

3）乙炔与空气或氧气混合而成的气体也具有爆炸性，乙炔的含量（按体积计算）在 2.2%~81% 时与空气形成的混合气体，以及乙炔的含量（按体积计算）在2.8%~93% 时与氧气形成的混合气体，只要遇到火星就会立刻爆炸。

4）乙炔与铜或银长期接触后会生成一种爆炸性的化合物，即乙炔铜（Cu_2C_2）和乙炔银（Ag_2C_2），当它们受到剧烈震动或者加热到 110~120℃就会引起爆炸。所以凡是与乙炔接触的器具设备禁止用银或纯铜制造，只准用含铜量不超过70%的铜合金制造。乙炔和氯、次氯酸盐等化合会发生燃烧和爆炸，所以乙炔燃烧时，绝对禁止用四氯化碳来灭火。乙炔爆炸时会产生高热，特别是产生高压气浪，其破坏力很强，因此使用乙炔时必须要注意安全。乙炔能大量溶解于丙酮溶液中，利用这个特性，可将乙炔装入盛有丙酮和多孔性物质的乙炔瓶内储存、运输和使用。

（3）液化石油气　液化石油气是油田开发或炼油厂裂化石油的副产品，其主要成分是丙烷（C_3H_8），大约占50%～80%，其余是丁烷（C_4H_{10}）、丙烯（C_3H_6）等碳氢化合物。在常温和标准大气压下，液化石油气是一种略带臭味的无色气体，液化石油气的密度为1.8～2.5kg/m³，比空气重。如果加上0.8～1.5MPa的压力，就变成液态，便于装入瓶中储存和运输，液化石油气由此而得名。

液化石油气与乙炔一样，也能与空气或氧气构成具有爆炸性的混合气体，但具有爆炸危险的混合比值范围比乙炔小得多。它在空气中爆炸范围为3.5%～16.3%（体积分数），同时由于燃点比乙炔高（500℃左右，乙炔为305℃），因此，使用时比乙炔安全得多。目前，国内外已把液化石油气作为一种新的可燃气体来逐渐代替乙炔，广泛地应用于钢材的气割和低熔点的非铁金属焊接中，如黄铜焊接、铝及铝合金焊接和铅的焊接等。

（4）其他可燃气体　随着工业的发展，人们在探索各种各样的乙炔代用气体，目前作为乙炔代用气体的液化石油气（主要是丙烷）用量最大。此外还有丙烯、天然气、焦炉煤气、氢气以及丙炔、丙烷与丙烯的混合气体、乙炔与丙烯的混合气体、乙炔与丙烷的混合气体、乙炔与乙烯的混合气体等。还有以丙烷、丙烯、液化石油气为原料，再辅以一定比例的添加剂的气体。另外汽油经雾化后也可作为可燃气体。根据使用效果、成本、气源情况等综合分析，液化石油气（主要是丙烷）是比较理想的代用气体。

2. 焊丝

气焊用的焊丝起填充金属的作用，焊接时与熔化的母材一起组成焊缝金属。因此，焊缝金属的质量在很大程度上取决于焊丝的化学成分和质量。

1）气焊丝的要求。

① 焊丝的熔点等于或略低于被焊金属的熔点。

② 焊丝所焊焊缝应具有良好的力学性能，焊缝内部质量好，无裂纹、气孔、夹渣等缺陷。

③ 焊丝的化学成分应基本上与焊件相符，无有害杂质，以保证焊缝有足够的力学性能。

④ 焊丝熔化时应平稳，不应有强烈的飞溅或蒸发。

⑤ 焊丝表面应洁净、无油脂、油漆和锈蚀等污物。

2）常用的气焊丝及选用。常用的气焊丝有碳素结构钢焊丝、合金结构钢焊丝、

不锈钢焊丝、铜及铜合金焊丝、铝及铝合金焊丝和铸铁气焊丝等。

在气焊过程中，气焊丝的正确选用十分重要，应根据工件的化学成分、力学性能选用相应成分或性能的焊丝，有时也可用被焊板材上切下的条料做焊丝。

① 碳素结构钢焊丝。一般低碳钢焊件采用的焊丝有 H08A；重要的低碳钢焊件用 H08Mn 和 H08MnA；中强度焊件用 H15A；强度较高的焊件用 H15Mn。焊接强度等级为 300～350MPa 的普通碳素钢时，一般采用 H08A、H08Mn 和 H08MnA 等焊丝。

② 焊接优质碳素钢和低合金结构钢。一般采用碳素结构钢焊丝或合金结构钢焊丝，如 H08Mn、H08MnA、H10Mn2 以及 H10Mn2MoA 等。

③ 铸铁用焊丝。铸铁焊丝分为灰铸铁焊丝和合金铸铁焊丝，其型号、化学成分可参见相关国家标准。

3. 熔剂

1）为了防止金属的氧化以及消除已经形成的氧化物和其他杂质，在焊接非铁金属材料时，必须采用气焊熔剂。气焊熔剂是气焊时的助熔剂。气焊熔剂熔化反应后，能与熔池内的金属氧化物或非金属夹杂物相互作用生成熔渣，覆盖在熔池表面，使熔池与空气隔离，因而能有效防止熔池金属的继续氧化，改善焊缝的质量。

对气焊熔剂的要求是：

① 气焊熔剂应具有很强的反应能力，能迅速溶解某些氧化物或与某些高熔点化合物作用后生成新的低熔点和易挥发的化合物。

② 气焊熔剂熔化后黏度要小，流动性要好，产生的熔渣熔点要低，密度要小，熔化后容易浮于熔池表面。

③ 气焊熔剂能减少熔化金属的表面张力，使熔化的填充金属与焊件更容易熔合。

④ 气焊熔剂不应对焊件有腐蚀等副作用，生成的焊渣要容易清除。气焊熔剂可以在焊前直接撒在焊件坡口上或者蘸在气焊丝上加入熔池。焊接非铁金属（如铜及铜合金、铝及铝合金）、铸铁、耐热钢及不锈钢等材料时，通常必须使用气焊熔剂。

2）常用气焊熔剂及选用。

① 常用的气焊熔剂有不锈钢及耐热钢气焊熔剂、铸铁气焊熔剂、铜气焊熔剂、铝气焊熔剂。

② 气焊时，熔剂的选择要根据焊件的成分及其性质而定，其次应根据母材金属在气焊过程中所产生的氧化物的种类来选用，所选用的熔剂应能中和或溶解这些氧化物。

气焊熔剂按所起的作用不同可分为化学作用气焊熔剂和物理溶解气焊熔剂两大类，常用气焊熔剂的种类、用途和性能见表 6-1。

表 6-1　常用气焊熔剂的种类、用途和性能

牌号	名称	适用材料	熔点基本性能
CJ101	不锈钢及耐热钢气焊熔剂	不锈钢及耐热钢	熔点为 900℃，有良好的湿润作用，能防止熔化金属被氧化，焊后焊渣易清除
CJ201	铸铁气焊熔剂	铸铁	熔点约为 650℃，呈碱性反应，富有潮解性，能有效地去除铸铁在气焊时产生的硅酸盐和氧化物，有加速金属熔化的功能
CJ301	铜气焊熔剂	铜及铜合金	熔点约为 650℃，呈酸性反应，能有效地溶解氧化铜和氧化亚铜
CJ401	铝气焊熔剂	铝及铝合金	熔点为 650℃，呈碱性反应，能有效地破坏氧化膜，因具有潮解性，在空气中能引起铝的腐蚀，焊后必须把焊渣清理干净

6.1.3　气焊设备及工具

气焊设备主要有：氧气瓶、乙炔瓶或液化石油气瓶、减压器、焊炬等，其组成如图 6-2 所示。

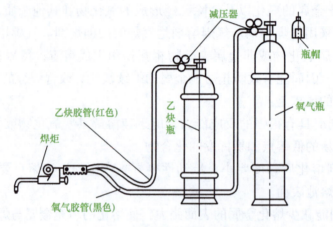

图 6-2　气焊设备结构示意图

1. 气瓶

（1）氧气瓶

1）氧气瓶是储存和运输氧气用的一种高压容器。它是由瓶体、瓶帽、瓶阀和瓶箍等组成，瓶阀的一侧装有安全膜，当压力超过规定值时安全膜片即自行爆破，从而保护了气瓶的安全。氧气瓶底部挤压成凹面形状的目的是为使氧气瓶能平稳竖立地放置。瓶帽的作用是搬运时防止氧气瓶阀意外的碰撞。

2）氧气瓶的外表涂天蓝色，瓶体上用黑漆标注"氧气"字样，如图 6-3a 所示。常用的气瓶容积为 40L，气瓶内氧气压力为 15MPa。

3）氧气瓶的试验压力一般应为工作压力的 1.5 倍，即 15MPa×1.5 = 22.5MPa。

（2）乙炔瓶

1）乙炔瓶是一种储存和运输乙炔用的压力容器。它主要由瓶体、瓶阀、瓶帽及多孔而轻质的固态填料（如活性炭、木屑、浮石及硅藻土等合成物，目前已广泛应

用硅酸钙，由它吸收丙酮，丙酮用来溶解乙炔）等组成。常用的溶解乙炔瓶的容积为 40L，可溶解 6～7kg 乙炔。瓶口装有乙炔瓶阀，但阀体旁侧没有侧接头，因此必须使用带有夹环的乙炔减压器。

2）乙炔瓶外表涂白色，并用红漆标注"乙炔"字样，如图 6-3b 所示。溶解乙炔瓶的最高工作压力为 1.55MPa，设计压力为 3MPa，一般试验的压力为设计压力的 2 倍，即试验压力应为 6MPa。使用中的乙炔瓶，不再进行水压试验，只做气压试验。气压试验的压力为 3.5MPa，所用气体为纯度不低于 97% 的干燥氮气。

a) 氧气瓶　　　　　　　b) 乙炔瓶

图 6-3　气瓶示意图

2. 减压器

减压器又称压力调节器，它是把储存在气瓶内的高压气体的压力减到所需要的工作压力，并保持稳定供气的装置。减压器有氧气用、乙炔气用等种类，不能相互混用。

（1）减压器的作用

1）减压作用。将气瓶内的高压气体的压力减压到工作时所需的压力。如氧气瓶内的氧气压力最高达 15MPa，乙炔瓶内的乙炔压力最高达 1.5MPa，而气焊气割工作中所需的气体压力一般都是比较低的，氧气的工作压力一般要求为 0.1～0.4MPa，乙炔的工作压力则更低，最高也不会超过 0.15MPa，因此在气焊气割工作中必须使用减压器，把气瓶内气体压力降低后才能输送到焊炬或割炬内使用。

2）稳压作用。气瓶内气体的压力是随着气体的消耗而逐渐下降的，这就是说在气焊气割工作过程中气瓶内的气体压力是时刻变化的。但是在气焊气割工作过程中，要求气体的工作压力必须自始至终保持稳定状态，因此要求减压器能自动调节以保证气体压力的稳定。

（2）减压器的分类　减压器按气体种类不同可分为氧气减压器、乙炔减压器和液化石油气减压器。按构造不同可分为单级式和双级式两类。按工作原理不同可分为正作用式和反作用式两类。按用途不同可分为集中式和岗位式两类。

目前国产的减压器主要是单级反作用式和双级混合式（第一级为正作用式，第二级为反作用式）两类。常用的是单级反作用式氧气减压器。常用减压器的主要技术数据，见表6-2。

表6-2　减压器的主要技术数据

型号	进气最高压力 /MPa	工作压力调节 范围 /MPa	公称流量 /（L/min）	出气口孔径 /mm	安全阀泄气压力 /MPa	进口连接螺纹
QD-1 单级氧气减压器	15	0.1～2.5	1333	6	2.9～3.9	G5/8
QD-2A 单级氧气减压器	15	0.1～1.0	667	5	1.15～1.6	G5/8
QD-50 双级氧气减压器	15	0.5～2.5	667	9	0～1.6	G1
QD-20 单级乙炔减压器	1.6	0.01～0.15	150	4	0.18～0.24	夹环连接
QWS-25/0.6 单级丙烷减压器	2.5	0.01～0.06	100	5	0.07～0.12	G5/8

（3）常用减压器

1）氧气减压器。氧气减压器主要起高压氧气瓶减压和稳定输送氧气的作用。其进气口最大压力为15MPa，工作压力调节范围为0.1～2.5MPa。减压器主要由本体、罩壳、调压螺钉、调压弹簧、弹性薄膜装置、减压活门与活门座、安全阀、进、出气口接头及高压表、低压表等部分组成。减压器进气接头处螺纹尺寸为G5/8，接头的内孔直径为ϕ5.5mm，出气接头的内孔直径为ϕ6mm，其最大流量为80m³/h。减压器本体上装有0～25MPa的高压氧气表和0～4MPa的低压氧气表，分别指示高压气室的压力和低压气室的压力（即工作压力），其构造及工作原理如图6-4所示。

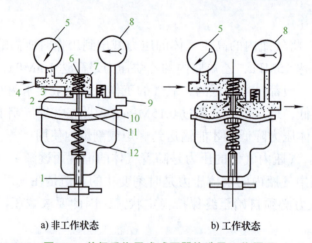

a）非工作状态　　　　　b）工作状态

图6-4　单级反作用式减压器构造及工作原理

1—调压螺钉　2—活门顶杆　3—减压活门　4—进气口　5—高压表　6—副弹簧
7—高压气室　8—低压表　9—出气口　10—低压气室　11—弹性薄膜　12—调压弹簧

2）乙炔减压器。乙炔减压器主要用于高压乙炔瓶减压和稳压输送乙炔气。减压器主要由本体、罩壳、调压螺钉、调压弹簧、弹性薄膜装置、减压活门与活门座、安全阀、进、出气口接头及高压表、低压表及回火保险器等部分组成，如图6-5所示。与氧气减压器不同的是乙炔减压器与乙炔瓶的连接是用特殊的夹环，并借紧固

图6-5　乙炔减压器的外形

螺钉加以固定，而且在出口处还装有回火保险器，以防止回火时燃烧火焰倒袭。

3）单级丙烷减压器。单级丙烷减压器主要用于液化石油气（丙烷）瓶的减压和稳压输送液化石油气。液化石油气减压器外壳一般涂成灰色，结构如图6-6所示。

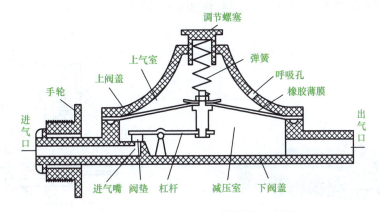

图6-6　液化石油气减压器结构示意图

4）减压器常见故障及排除。常见故障及排除方法见表6-3。

表6-3　减压器常见故障及排除方法

故障特征	可能产生原因	排除方法
减压器连接部分漏气	螺钉配合松动、垫圈损坏	拧紧螺钉 更换垫圈
安全阀漏气	活门填料与弹簧产生变形	调整弹簧或更换活门填料
减压器罩壳漏气	弹性薄膜装置中薄膜损坏	更换薄膜
调节螺钉已旋松，但压力表有缓慢上升的自流现象	减压器活门或活门座上有污物 减压器活门或活门座有损坏 副弹簧损坏	去除污物 更换减压器活门 更换副弹簧
减压器使用时压力下降过大	减压器活门密封不良或有堵塞	去除污物或更换密封填料
工作过程中，发现供气不足或压力表指针有较大摆动	减压活门产生冻结 氧气瓶阀开启不足	用热水或蒸汽加热解冻 加大瓶阀开启程度
高、低压力表指针不回到零值	压力表损坏	修理或更换

项目
6

135

3. 回火器

回火保险器是在气焊、气割过程中一旦发生回火时，能自动切断气源，有效地堵截回火向气流方向回烧，防止乙炔发生器（溶解乙炔气瓶）爆炸的安全装置，如图 6-7 所示。

回火保险器也叫回火防止器，是装在燃气管路上防止火焰向气瓶回烧的安全保险装置。其作用是在气焊、气割过程中发生回火时，能有效地截住回火火焰，阻止火焰逆向燃烧到气瓶引起爆炸事故的发生。

常用的中压干式回火保险器的构造如图 6-8 所示。中压干式回火保险器能够有效地阻止回火，其具有体积小，质量小，不需要加水，不受气候条件限制的特点，但要求乙炔气体清洁和干燥。重点要求每月对回火保险器内的烟灰和污迹进行检查清理，保证气流畅通、工作可靠。同时，要求每一套焊炬或割炬，都必须安装独立、合格的干式回火保险器，禁止多套同时使用。

图 6-7　回火保险器示意图

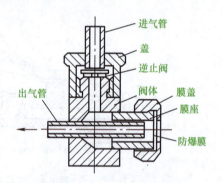

图 6-8　中压干式回火保险器的构造

4. 焊炬

（1）焊炬的作用及分类　焊炬是气焊时用于控制气体混合比、流量及火焰并进行焊接的工具，又称焊枪，是气焊的主要工具。它的作用是将可燃气体和氧气按一定比例均匀地混合，并以一定的速度从焊嘴喷出燃烧而生成具有一定能量、成分和形状的稳定的焊接火焰。

焊炬按可燃气体与氧气的混合方式不同可分为射吸式焊炬（也称低压焊炬，又分为换嘴式和换管式）和等压式焊炬（燃烧气体的压力和氧气压力是相等的，优点是不易发生回火。不能用于低压乙炔，目前很少采用）两类。按火焰的数目分为单焰和多焰。

目前国内使用的焊炬均为射吸式。在这种焊炬中，乙炔的流动主要靠氧气的射吸作用，所以不论使用低压乙炔或中压乙炔和溶解乙炔瓶装的乙炔，都能使焊炬正常工作。国产射吸式焊炬的主要技术数据见表 6-4。

表 6-4　国产射吸式焊炬的主要技术参数

焊炬型号	焊嘴号码	焊嘴孔径 /mm	焊接厚度 /mm	氧气压力 /MPa	乙炔压力 /MPa	氧气消耗量 /（m³/h）	乙炔消耗量 /（m³/h）
H01-6	1	0.9	1 ~ 2	0.2	0.001 ~ 0.1	0.15	0.17
	2	1.0	2 ~ 3	0.25		0.20	0.24
	3	1.1	3 ~ 4	0.3		0.24	0.28
	4	1.2	4 ~ 5	0.35		0.28	0.33
	5	1.3	5 ~ 6	0.4		0.37	0.43
H01-12	1	1.4	6 ~ 7	0.4	0.001 ~ 0.1	0.37	0.43
	2	1.6	7 ~ 8	0.45		0.49	0.58
	3	1.8	8 ~ 9	0.5		0.65	0.78
	4	2.0	9 ~ 10	0.6		0.86	1.05
	5	2.2	10 ~ 12	0.7		1.10	1.21
H01-20	1	2.4	10 ~ 12	0.6		1.25	1.5
	2	2.6	12 ~ 14	0.65		1.45	1.7
	3	2.8	14 ~ 16	0.7		1.65	2.0
	4	3.0	16 ~ 18	0.75		1.95	2.3
	5	3.2	18 ~ 20	0.8		2.25	2.6

注：气体消耗量为参考数据。

（2）射吸式焊炬的构造及原理

1）射吸式焊炬的构造。射吸式焊炬主要由主体、乙炔调节阀、氧气调节阀、喷嘴、射吸管、混合气管、焊嘴、手柄、乙炔管接头、氧气管接头等部分组成，如图 6-9 所示。

项目
6

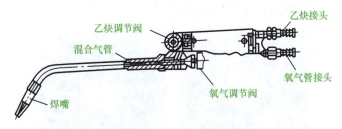

图 6-9　射吸式焊炬的构造原理

2）射吸式焊炬的工作原理。焊炬工作时，打开氧气调节阀，氧气即从喷嘴快速喷出，并在喷嘴外围造成负压（吸力）；再打开乙炔调节阀，乙炔气即聚集在喷嘴的外围。由于氧射流负压的作用，聚集在喷嘴外围的乙炔气很快被氧气吸出，并按一定的比例与氧气混合，经过射吸管、混合气管从焊嘴喷出。

射吸式焊炬的特点是利用喷嘴的射吸作用，使高压氧气与压力较低的乙炔均匀地按一定比例（体积比约为 1:1）混合，并以相当高的流速喷出，所以不论是低压或中压乙炔都能保证焊炬的正常工作。射吸式焊炬应符合 JB/T 6969—1993《射吸式焊炬》的要求。由于射吸式焊炬的通用性强，因此应用较广泛。

（3）焊炬型号的表示方法　焊炬型号是由汉语拼音字母 H、表示结构形式和操作方式的序号及规格组成。如：H01-6 表示手工操作的可焊接最大厚度为 6mm 的射吸式焊炬。

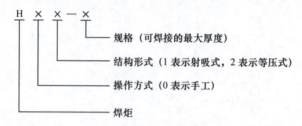

H × × - ×

规格（可焊接的最大厚度）

结构形式（1 表示射吸式，2 表示等压式）

操作方式（0 表示手工）

焊炬

国产射吸式焊炬的型号有 H01-6（1 ~ 6mm）、H01-12（6 ~ 12mm）、H01-20（10 ~ 20mm）三种，各配有 5 只不同孔径焊嘴以适应焊接不同厚度的需要。

5. 橡胶软管

气焊用的橡胶软管，必须符合 GB/T 2550—2016《气体焊接设备、焊接、切割和类似作业用橡胶软管》标准。目前，国产的橡胶软管是用优质橡胶夹麻织物或棉织纤维制成的。橡胶软管的作用是将氧气瓶和乙炔发生器或乙炔瓶中的气体输送到焊炬或割炬中。根据 GB 9448—1999《焊接与切割安全》标准规定：氧气橡胶管的颜色为黑色，乙炔橡胶管为红色，如图 6-10 所示。通常氧气橡胶管的内径为 ϕ8mm，乙炔橡胶管的内径为 ϕ10mm，氧气管与乙炔管强度不同，氧气橡胶管允许工作压力为 1.5MPa，试验压力为 3.0MPa；乙炔橡胶管为 0.5MPa。连接于焊炬或割炬的胶管长度不能短于 5m，但太长了会增加气体流动的阻力，一般在 10 ~ 15m 为宜。焊炬用橡胶管禁止沾染油污及漏气，并严禁互换使用。

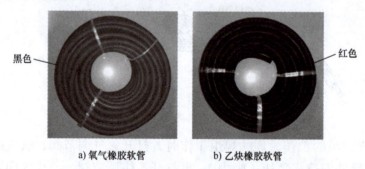

黑色

红色

a）氧气橡胶软管　　　　　　　b）乙炔橡胶软管

图 6-10　氧气、乙炔橡胶管示意图

6. 辅助工具

（1）护目镜　气焊时使用护目镜，主要是保护焊工的眼睛不受火焰亮光的刺激，以便在焊接过程中能够仔细地观察熔池金属，又可防止飞溅金属微粒溅入眼睛内。护目镜的镜片颜色和深浅，根据焊工的需要和被焊材料性质进行选用。颜色太深太浅都会妨碍对熔池的观察，影响工作效率，一般宜用 3 ~ 7 号的黄绿色镜片，如图 6-11 所示。

（2）点火枪　使用手枪式点火枪点火最为安全方便。当用火柴点火时，必须把划着了的火柴从焊嘴的后面送到焊嘴或割嘴上，以免手被烧伤，如图 6-12 所示。

图 6-11　护目镜示意图

图 6-12　点火枪

（3）其他工具　清理焊缝、切口的工具有钢丝刷、锤子、锉刀。连接和启闭气体通路的工具有钢丝钳、钢丝、皮管夹头、扳手等。清理焊嘴和割嘴用的通针，每个气焊（割）工都应备有粗细不等的钢质通针一组，以便清除堵塞焊嘴或割嘴的脏物。

6.1.4　气焊参数选择

1. 焊丝直径

气焊时，焊丝的型号、牌号选择应根据焊件材料的力学性能或化学成分，选择相应性能或成分的焊丝。高质量的焊丝，在焊接过程中没有沸腾、喷射现象。焊丝直径的选用主要根据焊件的厚度、焊接接头的坡口形式以及焊缝的空间位置等因素来选择。焊件的厚度越厚，所选择的焊丝越粗。焊件厚度与焊丝直径关系见表 6-5。

表 6-5　焊件厚度与焊丝直径关系

焊件厚度 /mm	1.0 ~ 2.0	≥ 2.0 ~ 3.0	≥ 3.0 ~ 5.0	≥ 5.0 ~ 10.0	≥ 10.0 ~ 15.0
焊丝直径 /mm	1.0 ~ 2.0	≥ 2.0 ~ 3.0	≥ 3.0 ~ 4.0	≥ 3.0 ~ 5.0	≥ 4.0 ~ 6.0

在火焰能率确定的情况下，焊丝的粗细决定了焊丝的熔化速度。如果焊丝过细，则焊接时焊件尚未熔化，而焊丝已很快熔化下滴，容易造成未熔合、焊波高低不平、焊缝宽窄不一等缺陷；如果焊丝过粗，则熔化焊丝所需要的加热时间增长，同时增大了对焊件加热的范围，造成热影响区组织过热，使焊接接头质量降低，同时导致焊缝产生未焊透等缺陷。

在多层焊时，第一、二层应选用较细的焊丝，以后各层可采用较粗的焊丝。一般平焊应比其他焊接位置选用粗一号的焊丝，右焊法比左焊法选用的焊丝要适当粗一些。

2. 气体火焰种类

（1）氧乙炔焰　乙炔与氧气混合燃烧所产生的火焰称为氧乙炔焰。它具有很高的温度，加热集中，因此是目前气焊中主要采用的火焰。氧乙炔焰的外形、构造及火焰的温度分布和氧气与乙炔的混合比大小有关。根据氧与乙炔混合比的大小不同，氧乙炔焰可分为三种不同性质的火焰，即中性焰、碳化焰和氧化焰。

1）中性焰。中性焰是氧与乙炔混合比为1.0～1.2时燃烧所形成的火焰，如图6-13所示。它燃烧后的气体中既无过剩的氧气又无过剩的乙炔。中性焰由焰芯、内焰和外焰三部分组成。

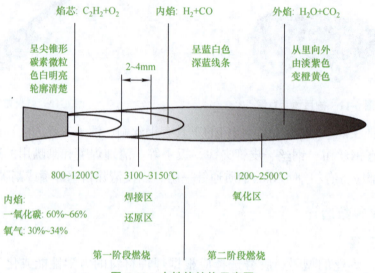

图6-13　中性焰结构示意图

焰芯是火焰中靠近焊炬（或割炬）喷嘴孔的呈尖锥状而发亮的部分，中性焰的焰芯呈光亮蓝白色圆锥形，轮廓清楚，温度为800～1200℃左右。

焰芯之外为内焰，内焰的颜色较暗，呈蓝白色，有深蓝色线条。内焰处在焰芯前2～4mm部位，燃烧最激烈，温度最高，可达到3100～3150℃。一般就利用这个温度区域进行焊接，故称为焊接区。内焰中的气体对许多金属的氧化物具有还原作用，所以焊接区又称还原区。

内焰的外面是外焰，它和内焰没有明显的界线，只能从颜色上略加区别。外焰的颜色从里向外由淡紫色变为橙黄色。外焰温度为1200～2500℃。由于CO_2和H_2O在高温时很容易分解，所以具有氧化性。

中性焰适用于焊接一般低碳钢和要求焊接过程对熔化金属不渗碳的金属材料，如不锈钢、纯铜、铝及铝合金等。由于中性焰的焰芯和外焰温度较低，而内焰温度最高，且具有还原性，可以改善焊缝的力学性能，所以采用中性焰焊接大多数金属及其合金时，均利用内焰。

2）碳化焰。碳化焰是氧与乙炔的混合比小于1.0时得到的火焰。它燃烧后的气体中尚有过剩的乙炔。火焰中含有游离碳，具有较强的还原作用，也有一定的渗碳作用。碳化焰可明显地分为焰芯、内焰和外焰三部分，如图6-14所示。碳化焰的整个火焰比中性焰长而柔软，乙炔的供给量越多，火焰越长，越柔软，挺直度也越差。当乙炔过剩量很大时，由于缺乏使乙炔充分燃烧所必需的氧气，所以火焰开始冒黑烟。

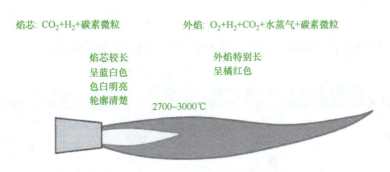

焰芯: CO_2+H_2+碳素微粒　　　　外焰: $O_2+H_2+CO_2$+水蒸气+碳素微粒

焰芯较长　　　　　　外焰特别长
呈蓝白色　　　　　　呈橘红色
色白明亮
轮廓清楚

2700~3000℃

图 6-14　碳化焰结构示意图

　　碳化焰的焰芯呈蓝白色，内焰呈淡白色。碳化焰的最高温度为 2700 ~ 3000℃。由于碳化焰对焊缝金属具有渗碳作用，所以不能用来焊接低碳钢及低合金钢。只适用含碳较高的高碳钢、铸铁、硬质合金及高速钢的焊接。

　　3）氧化焰。氧化焰是氧与乙炔的混合比大于 1.2 时得到的火焰，它燃烧后的气体中有部分过剩的氧气，在尖形焰芯外面形成了一个有氧化性的富氧区。其火焰构造和形状如图 6-15 所示。氧化焰的焰芯呈淡紫蓝色，轮廓也不太明显。由于氧化焰在燃烧过程中氧的浓度极大，氧化反应进行得非常激烈，所以焰芯和外焰都缩短了，内焰和外焰层次不清，氧化焰没有碳素微粒层，外焰呈蓝色，火焰挺直，燃烧时发生急剧的"嘶嘶"噪声。氧化焰的大小决定于氧的压力和火焰中氧的比例。氧的比例越大，则整个火焰越短，噪声也越大。

焰芯:　　　　　　　外焰:

焰芯缩短　　　　　外焰缩短挺直　　　　氧气比例越大
淡紫蓝色　　　　　呈蓝色　　　　　　　整个火焰越短
轮廓不明显　　　　有噪声　　　　　　　噪声也就越大

3100~3400℃

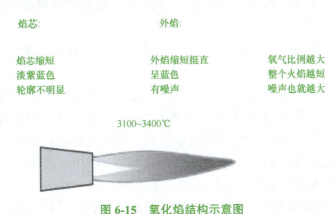

图 6-15　氧化焰结构示意图

　　氧化焰的最高温度可达 3100 ~ 3400℃。整个火焰具有氧化性。所以，这种火焰很少采用。但焊接黄铜和锡青铜时，采用含硅焊丝，利用轻微氧化焰的氧化性，生成硅的氧化物薄膜，覆盖在熔池表面，则可阻止锌、锡的蒸发。

　　（2）氧液化石油气火焰　与氧乙炔火焰基本一样，也分为氧化焰、碳化焰和中性焰三种。其内焰不像氧乙炔焰那样明亮，外焰则显得比氧乙炔焰清晰且较长，火焰的温度比氧乙炔火焰略低，温度可达 2800 ~ 2850℃。

项目 6

3. 火焰能率

（1）火焰的性质（成分）　气焊火焰的性质对焊接质量影响很大，应根据焊件材料的种类及其性能合理选择。常见金属材料气焊火焰的选用见表 6-6。

表 6-6　常见金属材料气焊火焰的选用

材料种类	火焰种类	材料种类	火焰种类
低、中碳钢	中性焰	铝镍钢	中性焰或乙炔稍多的中性焰
低合金钢	中性焰	锰钢	氧化焰
纯铜	中性焰	镀锌铁板	氧化焰
铝及铝合金	中性焰或轻微碳化焰	高速钢	碳化焰
铅、锡	中性焰	硬质合金	碳化焰
青铜	中性焰或轻微氧化焰	高碳钢	碳化焰
不锈钢	中性焰或轻微碳化焰	铸铁	碳化焰
黄铜	氧化焰	镍	碳化焰或中性焰

（2）火焰的能率　气焊火焰能率主要是根据每小时可燃气体（乙炔）的消耗量（L/h）来确定的，其物理意义是：单位时间内可燃气体所提供的能量（热能）。气体消耗量又取决于焊嘴的大小，焊嘴号码越大，火焰能率越大。

1）选择原则。火焰能率的选用，主要从以下三个方面来考虑：

① 焊接不同的焊件时，要选用不同的火焰能率。如焊接较厚的焊件、熔点较高的金属、导热性较好的如铜、铝及其合金时，就要选用较大的火焰能率，才能保证焊件焊透；反之，焊接薄板时，为防止焊件被烧穿或焊缝组织过热，火焰能率应适当减小。

② 不同的焊接位置，要选用不同的火焰能率。如平焊时就要比其他焊接位置选用稍大的火焰能率。

③ 从生产率考虑，在保证质量的前提下，应尽量选用较大的火焰能率。

2）调节方法。火焰能率的大小，主要取决于氧乙炔混合气体的流量。

① 流量的粗调靠更换焊炬型号及焊嘴号码，所以气体消耗量取决于焊嘴的大小。一般以焊炬型号及焊嘴号码大小来表示气焊火焰能率大小。焊炬型号及焊嘴大小决定了对焊件加热的能量大小和加热的范围大小。

② 流量的细调则靠调节气体调节阀。所以焊嘴号码的选择，要根据母材的厚度、熔点和导热性能等因素来决定。

3）乙炔消耗量的计算方法。

① 焊接低碳钢和低合金钢，乙炔的消耗量可按下列经验公式计算：

$$V = (100 \sim 200)\delta$$

式中　V——火焰能率（L/h）；

　　　δ——钢板厚度（mm）。

焊接黄铜、青铜、铸铁及铝合金，也可采用上述公式选用火焰能率。

② 焊接纯铜时，由于纯铜的导热性和熔点高，乙炔的消耗量可按下列经验公式计算：

$$V = (150 \sim 200)\delta$$

计算出乙炔的消耗量后，即可选择适当的焊炬型号和焊嘴号码（如 H01-6 焊炬的 $1^{\#} \sim 5^{\#}$ 焊嘴，乙炔的消耗量分别为 170 L/h、240 L/h、280 L/h、330 L/h、430L/h）。

4. 焊炬的倾斜角度

焊炬倾角是指焊炬中心线与焊件平面之间的夹角。焊炬倾角的大小主要是根据焊嘴的大小、焊件厚度、母材的熔点和导热性及焊缝空间位置等因素综合决定。焊炬倾角大，热量散失少，焊件得到的热量多，升温快；反之，热量散失多，焊件得到的热量少，升温慢。因此，在焊接厚度大、熔点较高或导热性较好的焊件时，应采用较大的焊炬倾角；反之，焊炬倾角可选择得小一些。焊接低碳钢时，焊炬倾角与焊件厚度的关系如图 6-16 所示。

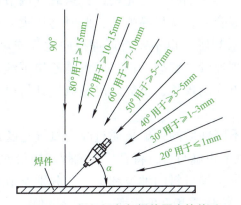

图 6-16　焊炬倾角与焊件厚度的关系

在气焊过程中，焊丝与焊件表面的倾角一般为 30°～40°，与焊炬中心线的角度为 90°～100°，如图 6-17 所示。随着焊缝的不断焊接，焊丝与焊炬、焊件的角度也随之进行变化，如图 6-18 所示。

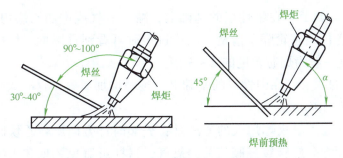

图 6-17　焊炬与焊丝的角度及位置

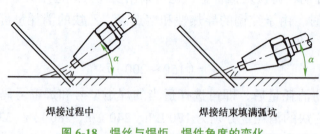

焊接过程中　　　　　　　　　焊接结束填满弧坑

图6-18　焊丝与焊炬、焊件角度的变化

6.2　气焊的基本操作

6.2.1　焊缝的起焊

1. 气焊火焰的点燃、调节和熄灭

（1）火焰的点燃　点燃火焰时，应先稍许开启氧气调节阀，然后再开乙炔调节阀，两种气体在焊炬内混合后，从焊嘴喷出，此时将焊嘴靠近火源即可点燃。点火时，拿火源的手不要正对焊嘴，也不要将焊嘴指向他人或可燃物，以防发生事故。刚开始点火时，可能出现连续"放炮"声，原因是乙炔不纯，需放出不纯的乙炔重新点火。有时出现不易点火的现象，多数情况是氧气开得过大所致，这时应将氧气调节阀关小。

（2）火焰的调节　不同性质的火焰是通过改变氧气与乙炔气的混合比值而获取的，焊接火焰的选用和调节正确与否，将直接影响焊接质量的好坏。刚点燃的火焰一般为碳化焰，这时应根据所焊材料的种类和厚度，分别调节氧气调节阀和乙炔调节阀，直至获得所需要的火焰性质和火焰能率。

1）中性焰的调节。点燃后的火焰多为碳化焰，如要调成中性焰，应逐渐开大氧气调节阀，此时，火焰变短，火焰的颜色由橘红色变为蓝白色，焰芯、内焰及外焰的轮廓都变得特别清楚时，即为中性焰。焊接过程中，要注意随时观察、调节，始终保持中性焰。

2）碳化焰的调节。在中性焰的基础上，减少氧气或增加乙炔均可得到碳化焰。可以看到火焰变长焰芯轮廓不清楚。乙炔过多时可看到冒黑烟。焊接时所用的碳化焰，其内焰长度一般为焰芯长度的2～3倍。

3）氧化焰的调节。在中性焰的基础上，逐渐增加氧气，这时火焰缩短，并听到有"嗖、嗖"的响声。

（3）火焰的熄灭　火焰熄灭的方法是：先顺时针方向旋转乙炔阀门，直至关闭乙炔，再顺时针方向旋转氧气阀门关闭氧气，这样可避免黑烟和火焰倒袭。关闭阀门时，不漏气即可，不要关得太紧，以使磨损太快，降低焊炬寿命。

2. 持焊炬的方法

焊接时，一般习惯右手拿焊炬（左手拿焊丝），大拇指位于乙炔开关处，食指位于氧气开关处，便于随时调节气体流量。其他三指握住焊炬柄，以便使焊嘴摆动，调节输入到熔池中的热量和变更焊接的位置，改变焊嘴与工件的夹角。

3. 起焊点的熔化

在起焊点处，由于刚开始加热，工件温度低，焊炬倾角应大些，这样有利于对工件进行预热。同时，在起点处应使火焰往复移动，保证焊接处加热均匀。如果两焊件厚度不同，火焰应稍微偏向厚板，使焊缝两侧温度保持平衡，熔化一致，避免熔池离开焊缝的正中间，偏向温度高的一边。当起点处形成白亮而清晰的熔池时，即可加入焊丝并向前移动焊炬进行焊接。在施焊时应正确掌握火焰的喷射方向，使得焊缝两侧的温度始终保持一致，以免熔池不在焊缝正中而偏向温度较高的一侧，凝固后使焊缝成形歪斜。焊接火焰内层焰芯的尖端要距离熔池表面 3～5mm，自始至终保持熔池的大小、形状不变。

起焊点的选择，一般在平焊对接接头的焊缝时，从对缝一端 30mm 处施焊，目的是使焊缝处于板内，传热面积大，当母材金属熔化时，周围温度已升高，从而在冷凝时不易出现裂纹。管子焊接时起焊点应在两定位焊点中间。

6.2.2 左、右焊法

气焊操作时，按照焊炬移动方向和焊炬与焊丝前后位置的不同，可分为左向焊法和右向焊法两种，如图 6-19 所示。

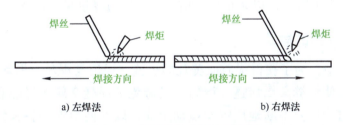

a) 左焊法　　　　　　　　　b) 右焊法

图 6-19　左焊法和右焊法示意图

1. 左焊法

焊接过程中，焊丝与焊嘴由焊缝的右端向左端移动，焊接火焰指向未焊部分，焊丝位于火焰的前方，称为左焊法。左向焊法时，焊炬火焰背着焊缝而指向未焊部分，并且焊炬火焰是跟着焊丝走，焊工能够很清楚地看到熔池的上部凝固边缘，并可以获得高度和宽度较均匀的焊缝。

由于焊接火焰指向未焊部分，故对金属起着预热的作用，因此焊接薄板时生产效率较高。这种焊接方法操作方便，容易掌握，应用也最普遍。但焊缝易氧化，冷却较快，热量利用率低。左焊法适用于焊接 3mm 以下的薄板和熔点低的金属。

2. 右焊法

焊接过程中，焊丝与焊嘴由焊缝的左端向右端施焊，焊接火焰指向已焊部分，填充焊丝位于火焰的后方，称为右焊法。右向焊法时，焊接火焰指向焊缝，始终笼罩着焊缝金属，使周围空气与熔池隔离及熔池缓慢冷却。有利于防止焊缝金属的氧化，减少气孔、夹渣的可能性，同时有效地改善了焊缝的组织。由于焰芯距熔池较近以及火焰受坡口和焊缝的阻挡，使火焰的热量较为集中，火焰能率的利用率也较高，熔深度大，生产率高。但该方法对焊件没有预热作用，不易掌握，一般较少采用，适合于焊接厚度较大，熔点较高的焊件。

6.2.3　焊丝的填充

为获得整齐美观的焊缝，在整个焊接过程中，应使熔池的形状和大小保持一致。焊接过程中，焊工在观察熔池形成的同时要将焊丝末端置于外层火焰下进行预热。当焊接处出现清晰的熔池后，将焊丝熔滴送入熔池，并立即将焊丝抬起，让火焰向前移动，形成新的熔池，然后再继续向熔池送入焊丝熔滴，如此循环，即可形成焊缝。

如果焊炬功率大，火焰能率大，焊件温度高，焊丝熔化速度快时，焊丝应经常保持在焰芯前端，使熔化的焊丝熔滴连续进入熔池。若焊炬功率小，火焰能率小，焊丝熔化速度慢，焊丝送进的速度应相应减小。非铁金属焊接过程中使用熔剂时，焊工还应用焊丝不断地搅拌熔池，以便将熔池的氧化物和非金属夹杂物排出。

当焊接薄板或焊缝间隙大时，应将火焰焰芯直接指在焊丝上，使焊丝承受部分热量；同时焊炬上下跳动，以防止熔池前面或焊缝边缘过早地熔化。

6.2.4　焊炬和焊丝的摆动

在焊接过程中，为了获得优质而美观的焊缝，焊炬与焊丝应做均匀协调的摆动。通过摆动，既能使焊缝金属熔透、熔匀，又避免了焊缝金属的过热和过烧。在焊接某些非铁金属时，还要不断地用焊丝搅动熔池，以促使熔池中各种氧化物及有害气体的排出。

焊炬（嘴）摆动有四种基本动作：

1）沿焊缝的纵向移动，以不断地熔化焊件和焊丝形成焊缝。

2）焊丝在垂直焊缝的方向送进，并且焊丝做上下移动，调节熔池的热量和焊丝的填充量。同样，在焊接时，焊嘴在沿焊缝纵向移动、横向摆动的同时，还要做上下跳动，以调节熔池的温度；焊丝除做前进运动、上下移动外，当使用熔剂时也应做横向摆动，以搅拌熔池。在正常气焊时，焊丝与焊件表面的倾斜角度一般为 $30° \sim 40°$，焊丝与焊嘴中心线夹角为 $90° \sim 100°$。焊嘴和焊丝的协调运动，使焊缝金属熔透、均匀，又能够避免焊缝出现烧穿或过热等缺陷，从而获得优质、美观的焊缝。

3）焊嘴沿焊缝做横向摆动，充分加热焊件，使液体金属搅拌均匀，得到致密性好的焊缝。在一般情况下，板厚增加、横向摆动幅度应增大。

4）焊炬画圆圈前移。在焊接过程中，焊丝随焊炬也做前进运动，但主要是做上下跳动。在使用熔剂时还要做横向摆动，搅拌熔池。即焊丝末端在高温区和低温区之间做往复跳动，但必须均匀协调，不然就会造成焊缝高低不平、宽窄不一等现象。

焊炬与焊丝的摆动方法与摆动幅度，同焊件的厚度、性质、空间位置及焊缝尺寸有关。平焊时，焊炬与焊丝常见的几种摆动方法如图 6-20 所示。其中 6-20a、b、c 适用于各种材料的较厚大工件的焊接及堆焊，图 6-20d 适用于各种薄件的焊接。

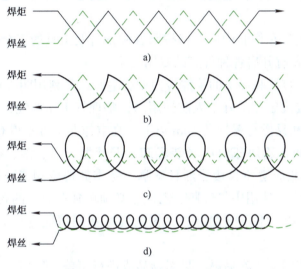

图 6-20　焊炬和焊丝的摆动方法

6.2.5　焊缝的接头

在施焊过程中，由于各种原因中断焊接后，再进行起焊的操作叫做接头。接头时，用火焰将原熔池周围充分加热，待已冷却的熔池及附近的焊缝重熔形成新的熔池后即可加入焊丝。要特别注意新加入的焊丝熔滴与被熔化的原焊缝金属之间必须充分熔合。焊接重要焊件时，接头处必须与原焊缝重叠 8~10mm，以保证接头的强度和致密性。

6.2.6　焊缝的收尾

当一条焊缝焊至焊缝的终点，结束焊接的过程称为收尾。收尾时焊件温度较高，散热条件差，应减小焊炬的倾角，加快焊接速度，并多加一些焊丝，以防止熔池面积扩大，避免烧穿。收尾时，为了避免空气中的氧气和氮气侵入熔池，可用温度较低的外焰保护熔池，直至将熔池填满，火焰才可缓慢地离开熔池。气焊收尾时的要领是：倾角小、焊速增、加丝快，熔池满。

6.2.7　气焊安全技术操作规程

气焊的操作属于特种作业，即焊接对操作者本人以及他人和周围设施的安全有重大危害。为了加强特种作业人员的安全技术培训，实现安全生产，国家制定了《特种作业人员安全技术培训考核管理规定》，提出对从事焊接作业的人员必须进行安全教育和安全技术培训，考核合格，取得《特种作业操作证》后，才能上岗独立作业。

从以往的各种事故的原因看，多数事故是违章造成的。因此，认真遵守焊接作业安全操作规程，对避免和减少事故，起着关键性的重要作用。

1）所有独立从事气焊作业的人员必须经劳动安全部门或指定部门培训，经考试合格后持证上岗。

2）气焊作业人员在作业中应严格按照各种设备及工具的安全使用规程操作设备和使用工具，并应备有开启各种气瓶的专用扳手。

3）所有气路、容器和接头的检漏应使用肥皂水，严禁用明火检漏。

4）操作者应按规定穿戴好个人防护用品，整理好工作场地，注意作业点距离氧气瓶、乙炔发生器和易燃易爆物品 10m 以上，高空作业下方不得有易燃易爆物品。

5）使用氧气瓶、乙炔瓶时应轻装轻卸，严禁抛、滑、滚、碰。夏天露天作业时，氧气瓶、乙炔瓶应避免直接受烈日暴晒。冬季如遇瓶阀或减压阀冻结时应用热水加热，不准用火烤。使用中氧气瓶、乙炔瓶必须单独存放，两者之间距离在 5m 以上；都必须竖立放置，不可倾倒卧放，根据现场不同情况进行固定，确保氧气瓶、乙炔瓶不能歪倒。

6）施焊现场周围应清除易燃、易爆物品或进行覆盖、隔离。

7）对被焊物进行安全性确认，设备带压时不得进行焊接。盛装过可燃气体和有毒物质的容器，未经清洗不得进行焊接。对不明物质必须经专业人员检测，确认安全后再进行焊接。焊、割有易燃易爆物料的各种容器，应采取安全措施，并获得本企业和消防部门的动火证后才能进行作业。

8）高处作业时必须办理"高空作业证"。高空焊接时，地面应有专人看管，或采取其他安全措施。

9）乙炔瓶必须装设专用减压阀、回火保险器，开启时，操作者应站在瓶口的侧后方，动作要轻缓。乙炔气的使用压力不得超过 1.5MPa。检查乙炔设备、气管是否漏气时，必须用肥皂水涂于可疑或接头处试漏，严禁用火试漏。

10）回火保险器要经常换清水，保持水位正常。冬季若无可靠的防冻措施，工作后要及时放水。一旦冻结时，应用热水化冻，禁止用明火烘烤。

11）点火时严禁焊嘴对人，操作过程中如发生回火，应立即先关乙炔阀门，后关氧气阀门。

12）安装减压器前，应先开启氧气瓶阀，将接口吹净。安装时，压力表和氧气

接头螺母必须旋紧，开启时动作要缓慢，同时人员要避开压力表正面。

13）氧气瓶嘴处严禁沾上油污。气瓶禁止靠近火源，禁止露天暴晒，禁止将瓶内气体用尽，氧气瓶剩余压力至少要大于 0.1MPa。气瓶应轻搬轻放。

14）在大型容器内或狭窄和通风不良的地沟、坑道、检查井、管段等半封闭场所进行气焊作业时，焊炬与操作者应同时进同时出，严禁将焊炬放在容器内，以防调节阀和橡胶软管接头漏气，使容器内集聚大量的混合气体，一旦接触火种引起燃烧爆炸。

15）严禁在带有压力或带电的容器、罐、管道、设备上进行焊接作业。

16）露天作业时，遇有 6 级以上大风或下雨时应停止焊接作业。

17）焊接现场禁止将气体胶管与焊接电缆、钢绳绞在一起；当有生产、设备检修等平行交叉作业时，必须切断电源后设明确安全标志，并派专人看管；高空作业时，禁止将焊接胶管缠在身上作业。

18）工作完毕，应将氧气瓶、乙炔瓶的气阀关好；将减压阀的螺钉拧松；氧气胶管、乙炔胶管收回盘好；检查操作场地，确认无着火危险，方可离开。

6.3　气焊技能训练

技能训练 1　低碳钢或低合金钢板平角焊气焊

1. 焊前准备

1）试件材料：Q235B 钢板，规格 300mm × 50mm × 1.5mm，2 件，T 形接头，接头示意图如图 6-21 所示。

2）焊接材料：焊丝 H08A，直径为 ϕ2.5mm。

3）焊接要求：焊后两钢板垂直。

4）焊接设备：氧气瓶、减压器、乙炔瓶、焊炬（H01-6 型）、橡胶软管。

图 6-21　直边坡口

5）辅助工具：护目镜、点火枪、通针、钢丝刷、锤子、锉刀等。

2. 装配定位焊

1）清除坡口面及坡口正反面两侧各 20mm 范围内的油污、锈蚀、水分及其他污物，直至露出金属光泽。

2）装配间隙为 0.5mm，两块钢板应相互垂直。

3）在试件两端正面坡口内进行定位焊，定位焊长度为 5 ~ 8mm。

3. 焊接参数

焊接参数见表 6-7。

表 6-7　焊接参数

焊接层次	焊炬	焊嘴	焊嘴直径/mm	氧气压力/MPa	乙炔压力/MPa	火焰性质
1	H01-6	H02	1.0	0.2	0.03	中性

4. 操作要点及注意事项

平角焊接时，由于熔池金属的下滴，往往在立板处产生咬边和焊脚两边尺寸不等两种缺陷，如图 6-22 所示，操作时应注意以下几点：

1）起焊前预热，应先加热平板至暗红色再逐渐将火焰转向立板，待起焊处形成熔池后，方可加入焊丝施焊，以免造成根部焊不透的缺陷。

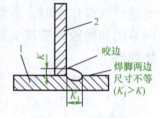

图 6-22　平角焊接
1—平板　2—立板

2）焊接过程中，焊炬与平板之间保持 45°～50° 夹角，与立板保持 20°～30° 夹角，焊丝与焊炬夹角约为 110°，焊丝与立板夹角为 15°～20°，如图 6-23 所示。焊接过程中焊丝应始终浸入熔池，以防火焰对熔化金属加热过度，避免熔池金属下滴。操作时，焊炬做螺旋式摆动前进，可使得焊脚尺寸相等。同时，应注意观察熔池，及时调节倾角和焊丝填充量，防止咬边。

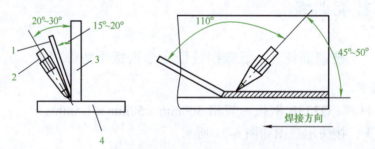

图 6-23　平角焊操作
1—焊丝　2—焊炬　3—立板　4—平板

3）接近收尾时，应减小焊炬与平面之间的夹角，提高焊接速度，并适当增加焊丝填充量。收尾时，适当提高焊炬，并不断填充焊丝，待熔池填满后，方可撤离焊炬。

5. 焊缝质量检验

焊缝表面不得有裂纹、未熔合、夹渣、气孔等缺陷。

技能训练 2　低碳钢或低合金钢板平对接焊气焊

1. 焊前准备

1）试件材料：Q235B 钢板，规格 300mm×50mm×1.5mm，2 件，I 形坡口，接头示意图如图 6-24 所示。

2）焊接材料：焊丝 H08A，直径为 ϕ2.5mm。

3）焊接要求：焊后两钢板垂直。

4）焊接设备：氧气瓶、减压器、乙炔瓶、焊炬（H01-6 型）、橡胶软管。

5）辅助工具：护目镜、点火枪、通针、钢丝刷、锤子、锉刀等。

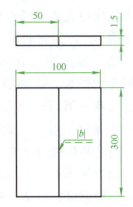

图 6-24　薄板对接平焊试件图

2. 装配定位焊

1）清除坡口面及坡口正反面两侧各 20mm 范围内的油污、锈蚀、水分及其他污物，直至露出金属光泽。

2）将准备好的两块试板水平整齐地放置在工作台上，预留根部间隙约 0.5mm。

3）定位焊缝的长度和间距视焊件的厚度和焊缝长度而定。焊件越薄，定位焊缝的长度和间距越小；反之则应加大。如果焊接薄件时，定位焊可由焊件中间开始向两头进行，定位焊缝长度约为 5～7mm，间距 50～100mm，如图 6-25a 所示。焊接厚件时，定位焊则由焊件两端开始向中间进行，定位焊缝长度约为 20～30mm，间距 200～300mm，如图 6-25b 所示。定位焊点不宜过长、过高或过宽，但要保证焊透。

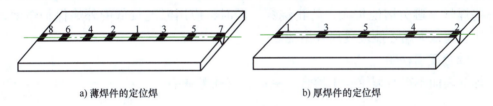

a) 薄焊件的定位焊　　　　　　　b) 厚焊件的定位焊

图 6-25　定位焊示意图

3. 焊接参数

焊接参数见表 6-8。

表 6-8　焊接参数

焊接层次	焊炬	焊嘴	焊嘴直径 /mm	氧气压力 /MPa	乙炔压力 /MPa	火焰性质
1	H01-6	H02	1.0	0.2	0.03	中性

4. 操作要点及注意事项

平焊时多采用左焊法，焊丝、焊炬与工件的相对位置如图 6-26 所示，火焰焰芯的末端与焊件表面保持 3～4mm 距离。焊接时如果焊丝在熔池边缘被粘住，不要用力拔，可自然脱离。

（1）起焊　采用中性焰、左焊法。首先将焊炬的倾斜角度放大些，然后对准焊件始端做往复运动，进行预热。在第一个熔池未形成前，仔细观察熔池的形成，并将焊丝端部置于火焰中进行预热。当焊件由红

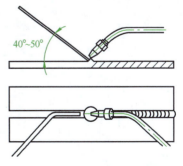

图 6-26　平焊操作示意图

色熔化成白亮而清晰的熔池时，便可熔化焊丝，将焊丝熔滴滴入熔池，随后立即将焊丝抬起，焊炬向前移动，形成新的熔池，如图 6-27 所示。

（2）焊接中　在焊接过程中，必须保证火焰为中性焰，否则易出现熔池不清晰、有气泡、火花飞溅或熔池沸腾现象。同时控制熔池的大小非常关键，一般可通过改变焊炬的倾斜角、高度和焊接速度来实现。若发现熔池过小，焊丝与焊件不能充分熔合，应增加焊炬倾斜角，减慢焊接速度，以增加热量；若发现熔池过大，且没有流动金属时，表明焊件被烧穿，此时应迅速提起焊炬或加快焊接速度，减小焊炬倾斜角，并多加焊丝，再继续施焊。

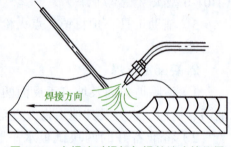

图 6-27　左焊法时焊炬与焊丝端头的位置

（3）接头　在焊接中途停顿后又继续施焊时，应用火焰将熔池重新加热熔化，形成新的熔池后再加焊丝。重新开始焊接时，每次续焊应与前一焊道重叠 5～10mm，重叠焊缝可不加焊丝或少加焊丝，以保证焊缝高度合适及均匀光滑过渡。

（4）收尾　当焊到焊件的终点时，要减小焊炬的倾斜角，增加焊接速度，并多加一些焊丝，避免熔池扩大，防止烧穿。同时，应用温度较低的外焰保护熔池，直至熔池填满，火焰才能缓慢离开熔池。

5. 焊缝质量检验

焊缝表面不得有裂纹、未熔合、夹渣、气孔等缺陷。

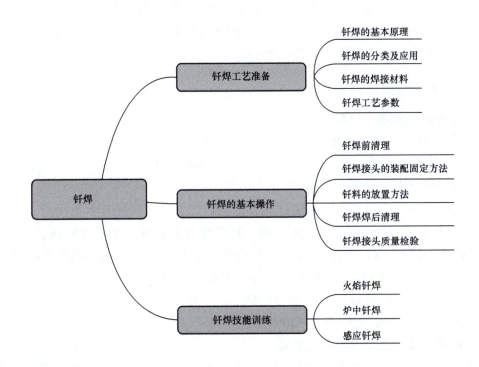

7.1 钎焊工艺准备

7.1.1 钎焊的基本原理

采用比母材金属熔点低的金属材料作钎料，将焊件和钎料加热到高于钎料熔点，低于母材熔化温度，利用液态钎料润湿母材，填充接头间隙并与母材相互扩散实现连接焊件的方法。钎焊过程中，钎料能够填充接头间隙的条件就是具备润湿作用和毛细作用。

1. 钎料的润湿作用

钎料润湿就是液相取代固相表面的气相与固相接触后相互黏附的现象。

2. 钎料的毛细作用

在钎焊过程中，液体钎料要沿着间隙去填满钎缝，由于间隙很小，类似毛细管，所以称为毛细流动。在钎焊过程中，只有液态钎料对母材具有很好的润湿能力时，熔化的钎料才能靠毛细作用在间隙中流动。毛细流动能力的大小，能决定钎料能否填满钎缝间隙。影响液体钎料毛细流动的因素很多，主要有钎料的润湿能力和接头间隙大小等，如钎料对母材润湿性好，接头有较小的间隙，都可以得到良好的钎料流动与填充性能。

3. 钎料与母材的相互作用

液态钎料在毛细填隙过程中与母材相互发生物理化学作用，它们可以分为两种：一种是固态母材向液态钎料的溶解；另一种是液态钎料向固态母材的扩散。这些相互作用对钎焊接头的性能影响很大。

7.1.2 钎焊的分类及应用

1. 按照钎料的熔点分类

按照美国焊接学会推荐的标准，钎焊分为两类：所使用钎料液相线温度在450℃以上的钎焊称为硬钎焊；在450℃以下的钎焊称为软钎焊。

2. 按照钎焊温度的高低分类

可将钎焊分为高温钎焊、中温钎焊和低温钎焊，但是这种分类不规范，高、中、低温的划分是相对于母材的熔点而言的，其温度分界标准也不十分明确，只是一种通常的说法。例如，对于铝合金来说，加热温度在500~630℃范围内称为高温钎焊，加热温度在300~500℃时称为中温钎焊，而加热温度低于300℃时称为低温钎焊。铜及其他金属合金的钎焊有时也有类似情况，但温度划分范围不尽相同。通常所说的高温钎焊，一般是指温度高于900℃的钎焊。

3. 按照热源种类和加热方式分类

可将钎焊分为烙铁钎焊、火焰钎焊、炉中钎焊、感应钎焊、电阻钎焊、电弧钎焊、浸渍钎焊、红外钎焊、激光钎焊、电子束钎焊、气相钎焊和超声波钎焊等。

4. 按照环境介质及去除母材表面氧化膜的方式分类

可将钎焊分为有钎剂钎焊、无钎剂钎焊、自钎剂钎焊、刮擦钎焊、气体保护钎焊和真空钎焊等。常用的钎焊方法分类、原理及应用见表7-1。

表7-1　常用的钎焊方法分类、原理及应用

钎焊方法	分类	原理	应用
火焰钎焊	氧乙炔焰	用可燃气体与氧气（或压缩空气）混合燃烧的火焰来进行加热的钎焊，火焰钎焊可分为火焰硬钎焊和火焰软钎焊	主要用于钢的高温钎焊或厚大件钎焊
	压缩空气雾化汽油火焰、氧液化石油气火焰、氧天然气火焰等		适用于铜以及低温钎料的硬钎焊，也可用于铝的火焰钎焊，薄壁小件的钎焊

（续）

钎焊方法	分类			原理	应用
炉中钎焊	空气炉中钎焊			把装配好的焊件放入一般工业电炉中加热至钎焊温度完成钎焊	多用于钎焊铝、铜、铁及其合金
保护气氛炉中钎焊	还原性气氛炉中钎焊			加有钎料的焊件在还原性气氛或惰性气氛的电炉中加热进行钎焊	适用于钎焊碳素钢、合金钢、硬质合金、高温合金等
	惰性气氛炉中钎焊				
真空炉钎焊	热壁型			使用真空钎焊容器，将装配好钎料的焊件放入容器内，容器放入非真空炉中加热到钎焊温度，然后容器在空气中冷却	钎焊含有 Cr、Ti、Al 等元素的合金钢、高温合金、钛合金、铝合金及难熔合金
	冷壁型			加热炉与钎焊室合为一体，炉壁制成水冷套，内置热反射屏，防止热向外辐射，可以提高热效率，炉盖密封，焊件钎焊后随炉冷却	
感应钎焊	高频（150～700kHz）			焊件钎焊处的加热是依靠在交变磁场中产生感应电流的电阻热来实现	广泛用于钎焊钢、铜及铜合金、高温合金等具有对称形状的焊件
	中频（1～10kHz）				
	工频（很少用）				
	盐浴浸渍钎焊	外热式		多为氯盐的混合物做盐浴，焊件加热和保护靠盐浴来实现。外热式由槽外部电阻丝加热；内热式靠电流通过盐浴产生的电阻热来加热。当钎焊铝及其合金时应使用钎剂做盐浴	适用于以铜基钎料和银基钎料钎焊钢、铜及其合金，合金钢及高温合金，还可钎焊铝及其合金
		内热式			
	熔化钎料中浸渍钎焊（金属浴）			将经过表面清洗并装配好的钎焊件进行钎剂处理，再放入熔化钎料中，利用钎料热量把钎焊处加热到钎焊温度，实现钎焊	主要用于以软钎料钎焊铜、铜合金及钢。对于钎缝多而复杂的产品如蜂窝式换热器、电动机电枢等，用此法优越、效率高
电阻钎焊	直接加热式			电极压紧两个零件的钎焊处，电流通过钎焊面形成回路，靠通电中钎焊面产生的电阻热加热到钎焊温度实现钎焊	主要用于钎焊刀具、电动机的定子线圈、导线端头以及各种电子元器件的触点等
	间接加热式			电流或只通过一个零件，或根本不通过焊件。前者钎料熔化和另一零件的加热是依靠通电加热的零件向它导热来实现。后者是电流通过并加热一个较大的石墨板或耐热合金板，焊件放置在此板上，全部依靠导热来实现，对焊件仍需压紧	

7.1.3 钎焊的焊接材料

1. 钎料

钎焊时用作形成钎缝的填充金属，称为钎料。根据钎料的熔点不同，钎料可以分成两大类：熔点低于 450℃的称为软钎料，这类钎料熔点低，强度也低；熔点高于 450℃的称为硬钎料，具有较高的强度，可以连接承受重载荷的零件，应用较广。

一般情况下，钎料的熔点至少应比钎焊金属的熔点低 40～60℃，两者熔点过于接近，会使钎焊过程不易控制，甚至导致钎焊金属晶粒长大、过烧以及局部熔化。钎料与母材的线胀系数应尽可能相接近，否则易引起较大的内应力和钎缝裂纹，甚至脱裂开来。根据母材金属的类别选择钎料见表7-2。

表7-2　根据母材金属的类别选择钎料

母材类别	铝及其合金	碳钢	铸铁	不锈钢	耐热合金	硬质合金	铜及其合金
铝及其合金	铝基钎料（HL401①）锡锌钎料（HL501①）锌铝钎料	—	—	—	—	—	—
碳钢	锡锌钎料 锌镉钎料 锌铝钎料	锡铝钎料（HL603）黄铜钎料（HL101①）银钎料（HL303）					铜磷钎料（HL201）黄铜钎料（HL103）银钎料（HL303）
铸铁	不推荐	黄铜钎料（HS221）银钎料 锡铝钎料	黄铜钎料（HS221）银钎料 锡铅钎料				黄铜钎料 锡铅钎料 银钎料
不锈钢	不推荐	锡铅钎料 黄铜钎料 银钎料	锡铅钎料 黄铜钎料 银钎料	黄铜钎料（HL101①）银钎料（HL312①）锡铅钎料（HL603）	—	—	锡铅钎料 黄铜钎料 银钎料
耐热合金	不推荐	黄铜钎料 银钎料	黄铜钎料 银钎料	黄铜钎料 银钎料	黄铜钎料 银钎料	黄铜钎料 银钎料（HL315①）	银钎料
铜及其合金	锡锌钎料 锌镉钎料 锌铝钎料	—	—	—	—	—	铜磷钎料（HL201）黄铜钎料（HL103）银钎料（HL303）锡铅钎料

① 表示此类钎料没有国标对应的牌号。

注：括号内为推荐的钎料牌号。

2. 钎剂

钎剂是钎焊时使用的熔剂，它的作用是清除钎料和焊件表面的氧化物，并保护焊件和液态钎料在钎焊过程中免于氧化，以改善液态钎料对焊件的润湿性。钎剂的熔点和最低活性温度应稍低于钎料的熔化温度（约低 $10 \sim 30 ℃$ ）。

钎剂也可分为软钎剂（指供 $450℃$ 以下钎焊用的钎剂）和硬钎剂（指供 $450℃$ 以

上钎焊用的钎剂）。黑色金属常用的硬钎剂主要是硼砂、硼酸及它们的混合物，还常加入某些碱金属或碱土金属的氟化物，如 QJ102、QJ103 等。

钎剂牌号的编制方法：QJ 表示钎剂；QJ 后面的第一位数字表示钎剂的用途类型，如 "1" 为铜基和银基钎料用钎剂，"2" 表示铝及铝合金钎料用钎剂；QJ 后面的第二、第三位数字表示同一类钎剂的不同牌号。

钎焊时，为保证接头强度，应尽可能选用对采用的母材不起有害作用的钎料和钎剂。碳钢和不锈钢材料常用钎剂见表 7-3。

表 7-3　碳钢和不锈钢材料常用钎剂

钎焊金属	钎剂
碳钢	硼砂或 ω（硼砂）60%+ω（硼酸）40% 或 QJ102 等
不锈钢	硼砂或 ω（硼砂）60%+ω（硼酸）40% 或 QJ102 等

7.1.4　钎焊工艺参数

1. 钎焊温度

随着钎焊温度的升高，钎料的润湿性提高。但钎焊温度太高，钎料对母材的溶蚀加重（溶蚀——母材表面被熔化的钎料过度熔解而形成的凹陷）、钎料流散现象加重及母材晶粒长大等。通常选择高于钎料液相线温度 25°~60°，以保证钎料能填满间隙。

2. 钎焊保温时间

钎焊保温时间可根据焊件大小及钎料与母材相互作用的剧烈程度而定，较大的焊件保温时间应长些，以保证加热均匀。钎料与母材作用强烈的，保温时间要短。

3. 钎焊间隙

钎焊间隙是指在钎焊前焊件钎焊面的装配间隙。间隙太小，妨碍钎料流入；间隙太大，破坏了毛细管作用。两者都使钎料不能填满间隙。因此，钎焊接头不同材料钎焊时所取的适合间隙见表 7-4。

表 7-4　不同材料钎焊间隙

母材种类	钎料种类	钎焊接头间隙/mm	母材种类	钎料种类	钎焊接头间隙/mm
碳钢	铜钎料	0.01~0.05	铜及铜合金	黄铜钎料	0.07~0.25
	黄铜钎料	0.05~0.20		银基钎料	0.05~0.25
	银基钎料	0.02~0.15		锡铅钎料	0.05~0.20
	锡铅钎料	0.05~0.20		铜磷钎料	0.05~0.25
不锈钢	铜钎料	0.02~0.07	铝及铝合金	铝基钎料	0.10~0.30
	镍基钎料	0.05~0.10		锡铅钎料	0.10~0.30
	银基钎料	0.07~0.25		—	—
	锡铅钎料	0.05~0.20		—	—

7.2 钎焊的基本操作

7.2.1 钎焊前清理

钎焊前必须仔细地清除焊件表面的油脂、氧化物等。因为液态钎料不能润湿未经清理的焊件表面，也无法填充接头间隙；有时，为了改善母材的钎焊性以及提高接头的耐蚀性，焊前还必须将焊件预先镀覆某种金属；为限制液态钎料随意流动，可在焊件非焊表面涂覆阻流剂。

1. 清除焊件表面油脂

清除焊件表面油脂的方法包括有机溶剂脱脂、碱液脱脂、电解液脱脂和超声波脱脂等。焊件经过脱脂后，应再用清水洗净，然后予以干燥。

常用的有机溶剂有乙醇、丙酮、汽油、四氯化碳、三氯乙烯、二氯乙烷和三氯乙烷等。小批量生产时可用有机溶剂脱脂，大批量生产时应用最广的是在有机溶剂的蒸汽中脱脂。此外，在热的碱溶液中清洗也可得到满意的效果。例如，钢制零件可在氢氧化钠溶液中脱脂，铜零件可在磷酸三钠或碳酸氢钠的溶液中清洗。对于形状复杂而数量很大的小零件，也可在专门的槽中用超声波脱脂。

2. 清除氧化物

清除氧化物可采用机械方法、化学方法、电化学方法和超声波方法进行。

（1）机械方法　机械方法清理时可采用锉刀、钢刷、砂纸、砂轮、喷砂等。其中锉刀和砂纸清理用于单件生产，清理时形成的沟槽还有利于钎料的润湿和铺展。批量生产时可用砂轮、钢刷、喷砂等方法。铝及铝合金、钛合金不宜用机械清理法。

（2）化学清理　化学清理是以酸和碱能够溶解某些氧化物为理论基础。常用的有硫酸、硝酸、盐酸、氢氟酸及它们混合物的水溶液和氢氧化钠水溶液等。此法生产效率高、去除效果好，使用于批量生产，但要防止表面的过侵蚀。常用材料表面氧化膜的化学浸蚀方法见表 7-5。

表 7-5　常用材料表面氧化膜的化学浸蚀方法

焊件材料	浸蚀溶液组分成分（质量分数，%）	化学清理方法
碳钢 低合金钢	1）10% H_2SO_4 或 10% HCl 的水溶液 2）6.5% H_2SO_4 或 8% HCl 的水溶液，再加 0.2% 的缓冲剂（碘化亚钠等）	1）在 40～60℃温度下浸蚀 10～20min 2）室温下酸洗 2～10min
不锈钢	1）16% H_2SO_4、15% HCl 和 5% HNO_3 的水溶液 2）10% HNO_3、6% H_2SO_4 和 50g/L HF 的水溶液 3）15% HNO_3 和 50g/L NaF 的水溶液	1）酸洗温度为 100℃，酸洗时间为 30s。酸洗后在 5% HNO_3 的水溶液中进行光泽处理，温度 100℃，时间 10s 2）酸洗温度 20℃，酸洗时间 10min。洗后在 60～70℃热水中洗涤 10min，并在热空气（60～70℃）中进行干燥 3）酸洗温度 20℃，酸洗时间 5～10min，酸洗后用热水洗涤，然后在 100～200℃温度下烘干

（续）

焊件材料	浸蚀溶液组分成分（质量分数，%）	化学清理方法
铜及铜合金	1）10% H_2SO_4 的水溶液 2）2.5% H_2SO_4 和 1%～3% Na_2SO_4 的水溶液 3）10% H_2SO_4 和 10% $FeSO_4$ 的水溶液	1）酸洗温度 18～40℃ 2）酸洗温度 20～75℃ 3）酸洗温度 50～60℃
铝及铝合金	1）10% NaOH 的水溶液 2）1% HNO_3 和 1% HF 的水溶液 3）20～35g/L NaOH 和 20～30g/L Na_2CO_3 的水溶液	1）温度 20～40℃，时间 2～4min 2）室温下酸洗 3）温度 40～55℃，时间 2min

3. 母材表面的镀覆金属

在母材表面镀覆金属，其目的主要是：改善一些材料的钎焊性，增加钎料对母材的润湿能力；防止母材与钎料相互作用从而对接头产生不良影响，如防止产生裂纹，减少界面产生脆性金属间化合物；作为钎料层，以简化装配过程和提高生产率。

4. 涂覆阻流剂

在零件的非焊表面上涂覆阻流剂的目的是限制液态钎料的随意流动，防止钎料的流失和形成无益的连接。阻流剂广泛用于真空或气体保护的钎焊。

7.2.2 钎焊接头的装配固定方法

1. 典型零件的钎焊接头定位方法（图 7-1）

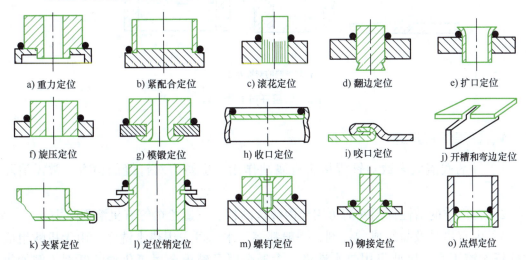

a) 重力定位   b) 紧配合定位   c) 滚花定位   d) 翻边定位   e) 扩口定位

f) 旋压定位   g) 模锻定位   h) 收口定位   i) 咬口定位   j) 开槽和弯边定位

k) 夹紧定位   l) 定位销定位   m) 螺钉定位   n) 铆接定位   o) 点焊定位

图 7-1 典型零件钎焊接头定位方法

2. 对于随炉加热的工装夹具，在选择时必须考虑以下因素：

1）必须在高温下保持足够的强度和刚性，并在炉内的保护气氛中不发生强烈的化学反应。

2）夹具材料的线胀系数应该与被钎焊的母材相近，在长期使用中不易发生变形及破坏。

3）结构设计上要充分考虑到重量轻，便于固定及拆卸，并对多品种批量生产具有通用性。

7.2.3　钎料的放置方法

放置钎料时，应尽量利用间隙的毛细作用、钎料的重力作用使钎料填满装配间隙。常用钎料放置方法如图 7-2 所示。

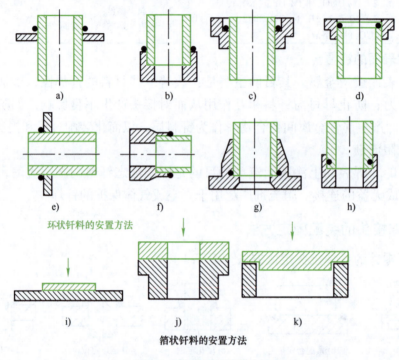

环状钎料的安置方法

箔状钎料的安置方法

图 7-2　常用钎料放置方法

7.2.4　钎焊焊后清理

1）钎剂残渣大多数对钎焊接头有腐蚀作用，也妨碍对钎缝的检查，常需清除干净。

2）含松香的活性钎剂残渣可用异丙醇、酒精、三氯乙烯等有机溶剂除去。

3）由有机酸及盐组成的钎剂，一般都溶于水，可采用热水洗涤。由无机酸组成的软钎剂溶于水，因此可用热水洗涤。含碱金属及碱土金属氯化物的钎剂（例如氯化锌），可用 2% 盐酸溶液洗涤。

4）硬钎焊用的硼砂和硼酸钎剂残渣基本上不溶于水，很难去除，一般用喷砂去除。比较好的方法是将已钎焊的工件在热态下放入水中，使钎剂残渣开裂而易于去除。

5）含氟硼酸钾或氟化钾的硬钎剂（如 QJ102）残渣可用水煮或在 10% 柠檬酸热水中清除。

6）铝用软钎剂残渣可用有机溶剂（例如甲醇）清除。

7）铝用硬钎剂残渣对铝具有很大的腐蚀性，钎焊后必须清除干净。下面列出的清洗方法，可以得到比较好的效果。

① 60～80℃热水中浸泡 10min，用毛刷仔细清洗钎缝上的残渣，冷水冲洗，15%HNO₃ 水溶液中浸泡约 30min，再用冷水冲洗。

② 60～80℃流动热水冲洗 5～10min，然后放在 65～75℃的 2%CrO₃+5%H₃RO₄ 的水溶液中浸泡 15min，再用冷水冲洗。

7.2.5 钎焊接头质量检验

钎焊接头缺陷的检验方法可分为无损检测和破坏性试验。日常生产中广泛采用无损检测。破坏性检测只用于重要结构的钎焊接头的抽样检验。

1. 外观检查

肉眼或低倍放大镜进行表面检查，检查项目通常包括：钎料是否填满间隙，钎缝外露一端是否形成圆角，圆角是否均匀，表面是否光滑；是否有裂纹、气孔及其他外部缺陷。外观检查只是一种初步的检查。

2. 表面缺陷检验

包括荧光检验、着色检验和磁粉检验。它们用于检查外观检查发现不了的钎缝表面微小缺陷，如裂纹、气孔等。荧光检验一般用于小型工件；着色检验一般用于大型工件；磁粉检验仅对磁性金属有效。

3. 内部缺陷检验

采用 X 射线和 γ 射线、超声波检验。对于钎焊接头，由于钎缝通常很薄，X 射线和 γ 射线检验在工件较厚的情况下，常因设备的灵敏度不够而不能发现缺陷，使其应用受到一定的限制。超声波检验所能发现的缺陷范围与射线检验的相同。

4. 钎焊结构的致密性检验

常用方法有水压试验、气密试验、气渗透试验、煤油渗透试验和质谱试验等方法。

5. 钎焊接头常见缺陷、特征、产生的原因及处理、预防措施（表 7-6）

表 7-6 常见钎焊缺陷及处理对策

缺陷	特征	产生原因	处理措施	预防措施
钎焊未填满	接头间隙部分未填满	间隙过大或过小 装配时焊件歪斜 焊件表面不清洁 焊件加热不够 钎料加入不够	对未填满部分重焊	装配间隙要合适 装配时焊件不能歪斜 焊前清理焊件 均匀加热到足够温度 加入足够钎料
钎缝成形不良	钎料只在一面填缝，未完成圆角，钎缝表面粗糙	焊件加热不均匀 保温时间过长 焊件表面不清洁	补焊	均匀加热焊件接头区域 钎焊保温时间适当 焊前焊件清理干净

（续）

缺陷	特征	产生原因	处理措施	预防措施
气孔	钎缝表面或内部有气孔	焊件清理不干净 钎缝金属过热 焊件潮湿	清除钎缝后重焊	焊前清理焊件 降低钎焊温度 缩短保温时间 焊前烘干焊件
夹渣	钎缝中有杂质	焊件清理不干净 加热不均匀 间隙不合适 钎料杂质量较高	清除钎缝后重焊	焊前清理焊件 均匀加热 合适的间隙
表面侵蚀	钎缝表面有凹坑或烧缺	钎料过多 钎缝保温时间过长	机械磨平	适当钎焊温度 适当保温时间
焊堵	毛细管全部或部分堵塞	钎料加入太多 保温时间过长 套接长度太短 间隙过大	拆开清除堵塞物后重焊	加入适当钎料 适当保温时间 适当的套接长度
氧化	焊件表面或内部被氧化成黑色	使用氧化焰加热 未用雾化助焊剂 内部未充氮保护或充氮不够	打磨清除氧化物并烘干	使用雾化助焊剂 内部充氮保护
钎料	钎料流到不需钎料的焊件表面或滴落	钎料加入太多 直接加热钎料 加热方法不正确	表面的钎料应打磨掉	加入适量钎料 不可直接加热钎料 正确加热
泄漏	工作中出现泄漏现象	加热不均匀 焊缝过热而使磷被蒸发 焊接火焰不正确，造成结碳或被氧化 气孔或夹渣	拆开清理后重焊或补焊	均匀加热，均匀加入钎料 选择正确火焰加热 焊前清理焊件 焊前烘干焊件
过烧	内、外表面氧化皮过多，并有脱落现象（不靠外力，自然脱落），所焊接头形状粗糙，不光滑发黑，严重的外套管有裂管现象	钎焊温度过高（使用了氧化焰） 钎焊时间过长 已焊好的焊缝又不断加热、填料	用高压氮对管材件内外吹	控制好加热时间 控制好加热的温度

7.3　钎焊技能训练

技能训练 1　火焰钎焊

1. 焊前准备

（1）焊前清理

1）焊件表面的锈斑、氧化物通常用锉刀、砂布、砂轮、喷砂或化学浸蚀等方法清除，用砂布等清理时，必须注意不要使砂粒残留在接合面上。

2）若焊件表面清理不干净，在钎缝处存有污物，就会产生钎料填不满钎缝和结

合不良等缺陷，使钎焊接头强度下降。因此，需要用丙酮、酒精、汽油或四氯化碳等有机溶剂对零件表面的油污进行清洗。

3）用热的碱溶液清除油污也可以取得良好的效果。如铁、铜镍合金零件可浸入 80 ~ 90℃ 的 10% NaOH 的水溶液中 8 ~ 10min 或浸入 100℃ 的 10% 的 Na_2CO_3 水溶液中 8 ~ 10min 均可达到除油的目的；不锈钢零件可放置在 10% HNO_3+6% H_2SO_4+50g/L HF 的水溶液中酸洗，酸洗温度 20℃，酸洗时间 10min，酸洗后用 60 ~ 70℃ 的热水仔细洗涤 10min，然后在 60 ~ 70℃ 的热空气中干燥；对小型复杂大批量零件，还可用超声波来清洗。

4）化学浸蚀的方法适用于大批量生产。使用化学浸蚀的方法时要防止焊件表面腐蚀过度，化学浸蚀后应立即进行中和处理，然后在冷水或热水中冲洗干净，并加以干燥。

（2）焊炬

1）射吸式焊炬的构造原理。射吸式焊炬主要由主体、乙炔调节阀、氧气调节阀、喷嘴、射吸管、混合气管、焊嘴、手柄、乙炔管接头、氧气管接头等部分组成，如图 7-3 所示。

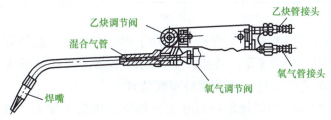

图 7-3　射吸式焊炬的构造原理

2）射吸式焊炬的工作原理。焊炬工作时，打开氧气调节阀，氧气即从喷嘴快速喷出，并在喷嘴外围造成负压（吸力）；再打开乙炔调节阀，乙炔气即聚集在喷嘴的外围。由于氧射流负压的作用，聚集在喷嘴外围的乙炔气很快被氧气吸出，并按一定的比例与氧气混合，经过射吸管、混合气管从焊嘴喷出。点火后，经调节形成稳定的焊接火焰。

射吸式焊炬的特点是利用喷嘴的射吸作用，使高压氧气与压力较低的乙炔均匀地按一定比例（体积比约为1:1）混合，并以相当高的流速喷出，所以不论是低压或中压乙炔都能保证焊炬的正常工作。射吸式焊炬应符合 JB/T 6969—1993《射吸式焊炬》的要求。由于射吸式焊炬的通用性强，因此应用较广泛。

3）焊炬型号的表示方法。焊炬型号是由汉语拼音字母 H、表示结构形式和操作方式的序号及规格组成。如：H01-6 表示手工操作的可焊接最大厚度为 6mm 的射吸式焊炬。

国产射吸式焊炬的型号有 H01-6（1 ~ 6mm）、H01-12（6 ~ 12mm）、H01-20（10 ~ 20mm）三种，各配有 5 只不同孔径焊嘴以适应焊接不同厚度的需要。

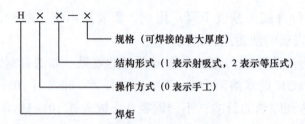

规格（可焊接的最大厚度）
结构形式（1表示射吸式，2表示等压式）
操作方式（0表示手工）
焊炬

4）焊炬及焊嘴的选择。使用通用焊炬进行钎焊时，最好使用多孔喷嘴（简称梅花嘴），此时得到的火焰比较分散，温度比较适当，有利于保证均匀加热。焊炬选择技术参数见表7-7，焊嘴选择技术参数见表7-8。

表7-7 焊炬选择技术参数

铜管直径 /mm	≤ 12.7	12.7 ~ 19.05	≥ 19.05
焊炬型号	H01-6	H01-12	H01-02

表7-8 焊嘴选择技术参数

铜管直径 /mm	≥ 16	12.7 ~ 9.53	9.53 ~ 6.35	≤ 6.35 和毛细管
单孔嘴型	3	2	2	—
梅花嘴型	4	3	2	1

2. 装配及定位焊

1）清理干净的焊丝和焊件应保持清洁和干燥，不得用手触摸焊接部位，焊前严禁污染，否则应重新进行清理，局部污染可局部重新清理；最好用白纸覆盖在坡口两侧。如清理后 6h 之内未焊，焊前就应重新清理。

2）清理好的管件按图样规定进行装配，尽量采用搭接接头，以增强接头抗剪切的能力。同时应注意钎焊间隙不能过大或过小，要均匀一致。

3）为保证钎焊接头间隙，对钎焊接头接合面应有合理的表面粗糙度要求，一般应达到 $Ra6.3\mu m$ 以上，如果对接合面的表面粗糙度要求过低，接头间隙可能过大；如果对接合面的粗糙度要求过高，不仅加工困难，而且会使接头间隙过小。

4）焊件装配应准确，如果装配不良时，应考虑换部件，而不得强行组对，以避免造成过大的应力。在正式焊接前应对坡口尺寸进行检查，合格后方可施焊。

5）定位焊 将装配好的试件置于专用工作台上进行定位钎焊，定位钎焊两头各点固一小段。在应力集中处（如焊缝交叉处和工件上的转角处等）尽量避免进行定位焊，定位焊缝不得有裂纹、气孔、夹渣等缺陷，否则必须清除重焊。重焊应在附近区域进行，而不要在原处点焊。

3. 焊接参数

（1）火焰钎焊接头形式 由于一般钎焊接头强度较低，而且对装配间隙要求较高，所以钎焊接头多采用搭接接头。通过增加搭接长度达到增强接头抗剪的能力。一般搭接接头长度为板厚的 3 ~ 4 倍，但不超过 15mm。常用的钎焊接头形式如图 7-4 所示。

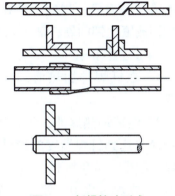

（2）火焰种类的选择

1）一般选择中性焰或轻微碳化焰，以防止母材及钎料的氧化。

2）为了防止锌的蒸发或在钎料表面形成一层氧化锌可选用轻微氧化焰。

3）由于氧乙炔焰温度高，可选用外焰来加热焊件。

（3）钎焊间隙的选择　钎焊间隙不能过大或过小，要均匀一致。低碳钢的钎焊间隙为 0.05 ~ 0.1mm。用镍基钎料钎焊不锈钢时，常出现脆性化合物，使接头性能变坏。因此，要求有较小的装配间隙，一般均在 0.04mm 以下，有的甚至为零间隙。

图 7-4　钎焊接头形式

（4）钎焊温度　纯铜钎焊的温度一般在 900 ~ 1000℃ 之间，而黄铜钎焊的温度在 600 ~ 650℃ 之间。

4. 操作要点及注意事项

（1）钎焊　用中性焰或轻微碳化焰，火焰焰芯距离钎焊件表面约 15 ~ 20mm，火焰的外焰加热焊件。钎焊时，通常是用手进给钎料，使用钎剂去膜。一方面操作转动机构使工作台上方的焊件匀速转动；另一方面焊炬沿接头的搭接部位做上下移动，使整个接头均匀加热。当接头表面变成橘红色时（钎焊温度），用钎料蘸上钎剂，沿着接头处涂抹，钎剂便开始流动填满间隙。然后加入钎料，用焊炬的外焰沿着管件四周的搭接部分均匀加热，使钎料均匀地深入钎焊间隙，整个钎缝形成饱满的圆根。当液态钎料流入间隙后，火焰焰芯与焊件的距离应加大到 20 ~ 30mm，以防钎料过热。最后，用火焰沿钎缝再加热两遍，然后慢慢地将火焰移开。钎焊结束后，不允许立即搬动焊件或将焊件的夹具卸下，如图 7-5 所示。

（2）钎焊较粗的管件　若钎焊较粗的管件，钎料可以分几次沿钎缝加入。某一段钎料渗完后，再钎焊下一段。

（3）钎焊后清洗　钎剂残渣大多数对钎焊接头起腐蚀作用，也妨碍对钎缝的检查，常需清除干净。含松香的活性钎剂残渣可用异丙醇、酒精、三氯乙烯等有机溶剂除去。由有机酸及盐组成的钎剂，一般都溶于水，可采用热水洗涤。由无机酸组成的软钎剂溶于水，因此可用热水洗涤。含碱金属及碱土金属氯化物的钎剂（例如氯化锌），可用 2% 盐酸溶液洗涤。硬钎焊用的硼砂和硼酸钎剂残渣基本上不溶于水，很难去除，一般用喷砂去除。比较

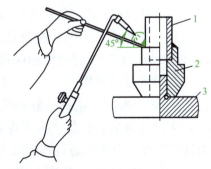

图 7-5　火焰钎焊操作

1—导管　2—套接接头　3—工作台

好的方法是将已钎焊的工件在热态下放入水中，使钎剂残渣开裂而易于去除。含氟硼酸钾或氟化钾的硬钎剂（如剂 102）残渣可用水煮或在 10% 柠檬酸热水中清除。

（4）注意事项

1）在钎焊件加热前，可将用水已调成糊状的钎剂刷涂在钎焊件的装配间隙位置。

2）继续加热焊件，此时注意火焰不能直接加热钎料至熔化，以防熔化了的钎料流到尚未达到钎焊温度的焊件表面时被迅速凝固，使钎焊难以顺利进行，因此，在钎焊过程中，熔化钎料的热量应该从加热的焊件上得到为好。

3）钎焊过程中，要注意钎剂、钎料、焊件的温度变化，因为钎剂、钎料的熔点相差不多，铝及铝合金焊件在加热过程中也没有颜色的变化，使操作者很难以判断焊件的温度，要求有较丰富经验的操作者进行钎焊。

5. 焊缝质量检验

1）焊缝接头表面光亮，填角均匀，光滑圆弧过度。

2）接头无过烧、表面严重氧化、焊缝粗糙、焊蚀等缺陷。

3）焊缝无气孔、夹渣、裂纹、焊瘤、管口堵塞等现象。

技能训练 2　炉中钎焊

1. 钎焊前准备

1）机械法：用砂布、不锈钢丝刷、角向砂轮机等进行清理直至露出金属光泽。化学法：可用 30% 硝酸水溶液浸蚀 2～3min，然后用水冲净，擦干，也可使用盐酸、硫酸等水溶液或混合液清洗，经酸洗后的焊件或焊丝要用清水或热水反复冲洗干净，并使其完全干燥后方可使用。

2）清理后的钎焊表面不得太光滑或太粗糙，以保证钎焊表面良好结合和钎料的顺畅流通。

3）坡口加工应采用机械方法或等离子切割，若使用等离子切割，切割后的母材表面应打磨平整、无凹槽。

4）焊接坡口及边缘两侧 20mm 范围内及所用的焊接材料应用丙酮或四氯化碳等有机溶剂清除油污、氧化膜及其他脏物，经过清理后的母材和焊接材料放置时间不得超过 24h，并应妥善存放和保管，防止被重新氧化和污染。

2. 装配及定位焊

1）炉中钎焊的组件一般都设计成能用压配合、扩口、铆接或其他不需采用夹具的方法进行组装。但是，为了保持各零件间的相互位置关系，或为了在钎焊炉中适当放置组件，以便熔态钎料能按所需方向漫流，偶尔也需要使用夹具。

2）针对母材表面镀覆金属的扁管与翅片，这时的接头不考虑间隙大小，但接头钎焊时必须通过夹具预加一定的压力，使钎焊过程接头间隙减小。

3）将清理过的零件组装起来，如果有需要预先安置钎料的部位，在装配的同时将钎料放到预定的位置。预置钎剂和阻流剂的方法如下：

① 有些焊接方法需要预先放置钎剂和阻流剂。预置的钎剂多为软膏式液体，以确保均匀涂覆在工件的待接两表面上。黏度小的钎剂可以采用浸沾、手工喷涂或自动喷洒。黏度大的钎剂将其加热到 50～60℃，不用稀释便能降低其黏度，热的钎剂其表面张力降低，易粘于金属。

② 用气体钎剂的炉中钎焊和火焰钎焊，以及使用自钎剂钎料的钎焊，无须预置钎料。真空钎焊也不需钎剂。

③ 阻流剂是钎焊时用来阻止钎料泛流的一种辅助材料。在气体保护炉中钎焊和真空炉中钎焊时用得最广。阻流剂主要是由稳定的氧化物（如氧化铝、氧化钛、氧化镁等）与适当的黏结剂组成。焊前把糊状阻流剂涂覆在不需要钎焊的母材表面上，由于钎剂不润湿这些物质，故能阻止其流动。钎焊后再将阻流剂清除。

4）将组件放在托盘上（在间歇或辊底连续炉中钎焊时），或直接放在传送带上（在网带传送炉中钎焊时）送入钎焊炉中。

3. 操作要点及注意事项

钎剂喷淋装置把钎剂喷涂到工件上，通过烘干炉将工件加热到 150～250℃进行干燥，在通入保护气氛的钎焊炉内温度达到 610℃左右时对工件进行钎焊，再经水冷和风冷冷却后，工件由卸料台卸下。流程如下：

被焊工件→钎剂喷涂→传送装置→干燥炉→传送装置→加热炉→钎焊炉→水冷室→气冷室→传送装置。

（1）钎剂喷涂 一条传送链携带工件通过一个封闭的钎剂室，在该钎剂室内含水钎剂喷涂到工件上，喷涂完成后，工件上多余的钎剂通过一个空气风刀去除，之后工件传送到烘干炉。

（2）干燥过程 喷撒钎剂后，工件需进入干燥炉干燥，温度通常在 200℃左右，应小心防止热交换器过热，因过热（即 250℃）可能会导致铝表面形成高温氧化物。

（3）连续钎焊炉 钎焊炉必须保证每分钟提高工件的温度在 20℃以上，使工件表面镀层钎料达到熔点（591℃）。工件温度均衡性为 ±5℃，同时炉内维持氮气保护气氛。对工件温度的控制和每个工件温度的一致性要求非常高，故加热室分成几个控制区。区域越多，对工件的温度分配控制就越好。任何大的波动都将导致工件钎焊不足或过度，升温曲线示意图如图 7-6 所示。

在炉内的钎焊区域，氧气的浓度控制在 0.005% 以下以防止氧化。通入氮气是防止氧气从炉子的两端进入炉内。氮气进入炉内不应引起炉温的变化，否则，将扰乱热交换器的均匀加热和冷却。在引入炉内之前，氮气先预热，氮气的进入必须采用多入口。

保温时间和网带速度：由于保温时间不能直接测量，常在试焊产品时通过调整钎焊温度或者网带速度来确定。保证温度达到 602℃ 以上为保温时间，范围为 3 ～ 5min 为佳。钎焊后，工件进入一个水冷水套室内，在工件冷却至 200℃ 左右时，工件进入一个风冷冷却室，用循环空气对其进行冷却，确保工件冷却至能用手接触的温度，然后手工卸件。

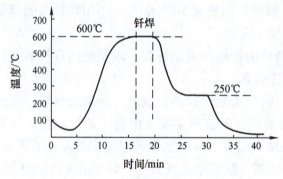

图 7-6 升温曲线示意图

（4）注意事项

1）将装配好的组件送进炉子的钎焊室，在适当的保护气氛中加热。当工件的温度达到高于钎料熔点的温度时，钎料润湿并浸流于钢组件的表面，在毛细作用下进入接头。钎料与未熔化的钢件表面形成固溶体，从而实现结合。大多数钢件炉中钎焊的加热时间为 10 ～ 13min。

2）将组件移入炉子的冷却室，在保护气氛（通常与钎焊室中的气氛相同）中冷却。直到组件被冷却到足够低温度，即处于空气中也不会变色的温度（通常约为 150℃）时，才将组件移出冷却室。

3）在钎焊温度下，炉中钎焊能使整个工件的温度均匀分布。但是，若被钎焊组件的断面厚度相差很大时，有时就需要将它们先预热到接近钎料熔点的温度并保温到温度均匀，然后再将温度升高到钎焊温度范围。如果接头结构设计和装配良好，钎料的数量和形式正确，那么钎焊接头就具有均匀一致的强度和致密性。同一组件上的几个接头可在一道工序内完成钎焊。当用适当的气氛保护时，从炉子冷却室（约 150℃）出来的已钎焊件清洁而光亮，无须再做进一步清理。

技能训练 3 感应钎焊

1.焊前准备

1）检查硬质合金刀片上是否有油污等异物存在，远离操作现场，用汽油、酒精或丙酮清洗；逐件检查刀片，不得有肉眼可见裂纹、崩刃等缺陷。

2）对刀体除检查刀槽的形状、尺寸与刀片是否相近外，刀槽处的毛刺等必须彻底清理。

3）钎料、钎剂的涂放。钎料上的钎剂应涂放均匀，钎料应充满焊缝。

4）刀具与感应器的相对位置。刀具与感应器相对位置的不合理，常常会出现局部过热，从而引起刀片、刀口崩裂，所以必须控制刀具与感应器的相对位置。刀具与感应器的各相对位置尺寸为 3～5mm。

5）感应器。感应器的形状应根据刀具的形状，尽量使感应电流平行于焊接平面流动，感应器中刀具的个数应控制为 1～2 个。

6）加热。高频钎焊时，钎焊温度及加热速度是影响钎焊焊接质量的主要工艺参数，过高的钎焊温度及过快的加热速度使刀具内部产生很大的内应力，焊后易产生裂纹及崩裂现象。过低的钎焊温度影响到钎焊焊缝的强度，过慢的加热速度引起母材晶粒长大、粗化等不良现象。钎焊时钎焊温度作为其主要工艺参数一般应高出钎料融化温度 30～50℃。例如 HL105 钎料的液相线为 909℃，钎焊温度在 939～959℃最为合适，这时钎料的流动性、渗透性最好。如加温过高，容易引起钎料中的锌蒸发与锰氧化，引起夹渣与接头强度下降等问题；太低则影响钎料的铺展。

2. 装配及定位焊

1）将预焊件放入感应器中，应连续按动开关，使其缓慢加热。

2）当加热至一定温度使钎料像汗珠一样渗出时，应用纯铜加热棒将硬质合金沿槽窝往返移动 3～5 次，以排除焊缝中的熔渣。熔渣不排除，则形成夹渣，影响焊接质量。采用纯铜棒进行操作的优点，在于它不粘钎剂、钎料和合金，而且它不易感应，可在各种钎焊加热时使用。

3）排渣完后，用拨杆将刀片放正，注意刀片与刀槽。

4）焊后保温。焊后保温是硬质合金钎焊的一道重要工序，保温的好坏直接影响到焊缝质量。对裂纹倾向较大的硬质合金刀具（P 类），禁止将刚焊好的刀具与水及潮冷的地面接触，也不得用急风吹冷。一般应在硅砂、石棉粉或硅酸铝纤维箱中进行缓冷，刀具在保温箱中应密集叠放，靠大量工件的热量来保温并缓慢冷却。有条件的可采用保温缓冷和低温回火同时进行的方法，即将焊好的刀具立即送入保温箱，在 250～300℃保温 5～6h 后随炉冷却。

3. 操作要点及注意事项

1）高频感应加热电源在工作过程中高频电磁场泄漏严重，对其周围环境构成严重电磁波污染，主要表现为无线电波干扰和对人员身体健康的危害两个方面，同时污染的强度又和高频电源的功率成正比，所以在进行感应钎焊时，必须对高频电磁场泄漏采取严格的防护措施，以降低其对环境和人体的污染，使其达到无害的程度。

2）高频电磁场对人体的危害主要是引起中枢神经系统的机能障碍和交感神经紧张为主的植物神经失调。主要症状是头昏、头痛、全身无力、疲劳、失眠、健忘、易激动，工作效能低，还有多汗、脱发、消瘦等。但是造成上述机能的障碍，不属于器质性的改变，只要脱离工作现场一段时间，人体即可恢复正常，采取一定防护措施是完全可以避免高频电磁场对人体的危害。

项目
7

3）生产实践经验表明，对高频加热电源最有效的防护是对其泄漏出来的电磁场进行有效的屏蔽。通常是采用整体屏蔽，即将高频设备和馈线、感应线圈等都放置在屏蔽室内，操作人员在屏蔽室外进行操作。

4）屏蔽室的墙壁一般用铝板、铜板或钢板制成，板厚一般为 1.2 ~ 1.5mm。操作时对需要观察的部位可装活动门或开窗口，一般用 40 目（孔径 0.450mm）的铜丝网屏蔽活动门或窗口。

5）此外，为了高频加热设备工作安全，要求安装专用地线，接地电阻要小于 4Ω。而在设备周围，特别是工人操作位置要辅耐压 35kV 绝缘橡胶板。

6）设备起动操作前，仔细检查冷却水系统，只有当水冷系统工作正常时，才允许通电预热振荡管。

4. 焊缝质量检验

钎焊后的质量检查。检查焊缝处有无气孔或裂纹。对检查出有缺陷的工件，可重新加热钎焊，但也应尽量减少重焊次数，以免硬质合金因反复加热而影响质量。此外，对于裂纹缺陷，应先将硬质合金取下并分析原因后再重新钎焊。

Chapter 8

项目 8
自动电弧焊

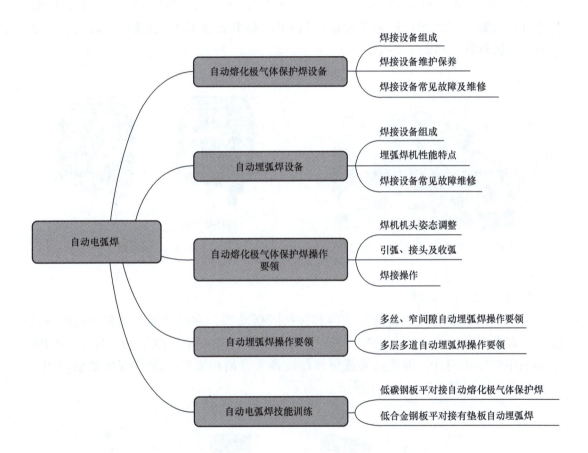

自动电弧焊是利用机械 - 电气装置自动完成焊接操作的一种电弧焊接法。电弧一般在焊丝与焊件连接处产生，自动焊机能随着焊丝和焊件连接处的熔化而自动地将焊丝送入电弧区，并按焊接方向沿焊件连接处自动地移动电弧以完成焊接，自动电弧焊可分为自动气体保护焊和自动埋弧焊两类。

8.1　自动熔化极气体保护焊设备

8.1.1　焊接设备组成

自动熔化极气体保护焊设备以福尼斯设备为例，由弧焊电源、控制箱、遥控器、送丝机构、焊枪摆动器、ACC 电弧控制模块、轨道和支撑架、供气系统及真空泵组成，如图 8-1 所示。

1. 遥控器

遥控器有两种：FRC-45 Basic 和 FRC-45 Pro，都可支持多国语言。其中，FRC-45 Pro 拥有触控屏及专门的调节旋钮，当 FRC-45 Pro 与 TPS/i 智能焊机配套时，还可调节焊机参数，如图 8-2 所示。

图 8-1　自动熔化极气体保护焊设备

a) FRC-45 Basic　　　　b) FRC-45 Pro

图 8-2　遥控器

2. OSC 焊枪摆动器

可提供两种摆动器：直线摆动器和钟摆式摆动器，它们分别有四种不同的摆动模式。根据不同的应用场合进行选择，实现焊枪的左右摆动。由于 FlexTrack 45 Pro 小车采用模块式设计，因此加装或更换摆动器非常简单容易。OSC 焊枪摆动器型号及其技术参数如图 8-3 和表 8-1 所示。

a) FOU 30/ML10直线摆动器　　　　b) FOU 30/ML6钟摆式摆动器

图 8-3　OSC 焊枪摆动器

表 8-1　OSC 焊枪摆动器型号及其技术参数

技术参数	规格型号	
	FOU 30/ML10 直线摆动器	FOU 30/ML6 钟摆式摆动器
摆动速度 /（cm/min）	5～400	20～120
摆幅 /mm	2～30	1～30
偏移 /mm	0～50	0～50
停顿时间 /s	0～3	0～3
最大负载量 /kg	10	6
净重（不含焊枪夹持器）/kg	3.2	3.6
防护等级	IP23	IP23
摆动模式		

3. ACC 电弧控制模块

ACC 电弧控制模块用于管道焊时自动调节焊枪与工件之间的距离，主要的优点是，当工件表面不平坦或当轨道的圆心与工件的圆心未重合时仍能达到很好的焊接效果。ACC 电弧控制模块如图 8-4 所示，其型号及技术参数见表 8-2。

a) FMS 100/ML 15/SE/ACC　　b) FMS 50/ML 15/SE/ACC

图 8-4　ACC 电弧控制模块

表 8-2　ACC 电弧控制模块型号及其技术参数

技术参数	规格型号	
	FMS 100/ML15/SE/ACC	FMS 50/ML15/SE/ACC
行走速度（自动）/（cm/min）	30	30
行走速度（手动）/（cm/min）	100	100
行走距离 /mm	5～100	Max.50
停顿时间 /s	1～60	1～60
敏感度	1～9	1～9
驱动电压 / 功率	24V DC/8W	24V DC/8W
最大负载量 /kg	15	15
净重 /kg	2.45	2
防护等级	IP23	IP23

4. 焊接小车和便携箱

焊接小车使用在刚性轨道的 PA 位置上，适合配套 VR4000、VR5000 或 WF25i 送丝机，如图 8-5 所示；工具便携箱拥有坚固及便携的塑料外壳，内置海绵橡胶以保护小车，底轮的设计便于运送，如图 8-6 所示。焊接小车技术参数见表 8-3。

图 8-5　焊接小车

图 8-6　工具便携箱

表 8-3　焊接小车技术参数

代号	名称	代号	名称
A	控制器开关	I	限位开关
B	电焊机连接口	J	调节开关
C	摆动控制器 FOU 30/ML16 接口	K	数字显示屏
D	FMS50/100 焊枪电动调节器接口	L	FMS50/100 焊枪电动调节器开关
E	焊接开关	M	充电电池
F	行走开关	N	手柄
G	行走速度控制	O	电缆支架
H	导轨连接	P	选配焊枪夹持器

5. 轨道和支撑架

根据不同的应用，轨道共有三种类型：柔性轨道、直线轨道和环形轨道（管焊），适用的支撑架也有三种。轨道和支撑架可组合成不同直径的配置，同时 FlexTrack 小车也可完美适配任意直径的配置。焊接小车轨道和支撑架类型见表 8-4。

表 8-4　焊接小车轨道和支撑架类型

轨道系统			
	柔性轨道	直线轨道	环形轨道
固定直径的分段环形轨道支撑架	—		
	—	磁性底座支撑架	弹簧底座支撑架
柔性和刚性轨道支撑架			
	磁性底座支撑架	真空吸盘式支撑架	可调螺栓式支撑架

6.真空泵

在某些无法吸附的工件表面，必须采用真空泵来吸定轨道支撑架，如图 8-7 所示。真空泵带有钢质框架，吸力强劲，最多可安装 13 个真空吸盘支撑架，吸力可以通过停止阀来控制，真空泵技术参数见表 8-5。

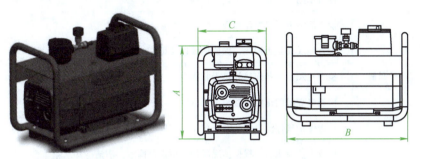

图 8-7　真空泵

表 8-5　真空泵技术参数

技术参数	数值
抽气速度 /（m³/h）	25
截止压力 /MPa	0.012
电源电压（50～60Hz）	3×（200～240）V/（346～420）V
功率 /W	900
电源线长度 /m	5
A（高）/mm	406
B（长）/mm	547
C（宽）/mm	307
净重 /kg	31
防护等级	IP23

8.1.2　焊接设备维护保养

自动熔化极气体保护焊设备的正确使用和维护保养是保证焊接设备具有良好的工作性能和延长使用寿命的重要因素之一。因此，必须加强对熔化极气体保护焊设备的保养工作，维护保养项目见表 8-6。

表 8-6　熔化极气体保护焊设备维护保养项目

序号	工作项目	内容说明
1	整理清洁	清洁、擦洗电焊机和送丝机外表面及各罩盖，达到内外清洁，无黄袍、无锈蚀，见本色；整理检查气管，更换损坏的气管；清洁电焊机内部
		清洁送丝软管，以保证送丝顺畅

（续）

序号	工作项目	内容说明
2	检查调整	检查调整送丝轮压力和间隙
		检查水路、气路各接头是否紧固
		检查清洁电焊机操作面板
		检查地线夹是否损坏，保证地线连接可靠
		检查枪颈部分各连接处是否紧固
		检查电焊机的正负极接头是否紧固
		检查保护气体流量和气管连接是否完好
		检查水位及水质，根据情况添加或更换蒸馏水，清洁冷却水箱
		检查整理焊接电缆和地线，线缆整齐无缠绕、无打结、无破损

8.1.3 焊接设备常见故障及维修

熔化极气体保护焊设备的故障与维修见表 8-7。

表 8-7 熔化极气体保护焊设备的故障与维修

故障现象	产生原因	维修方法
焊接时电弧不稳定	1）保护气纯度低 2）送丝速度调节不当 3）气体流量过小 4）焊接参数设置不正确	1）更换高纯度气体 2）调节送丝速度 3）调节气体流量 4）调节焊接参数
焊枪堵丝故障	1）送丝轮压紧力不合适 2）导电嘴孔径不合适 3）飞溅堵塞导电嘴 4）送丝软管损坏	1）调节送丝轮的压紧力 2）更换导电嘴和选择合适直径的导电嘴 3）及时清理导电嘴上的飞溅 4）更换新的送丝软管
按焊枪开关无空载电压送丝机不转	1）外电不正常 2）焊接开关断线或接触不良 3）控制变压器有故障 4）交流接触器未吸合	1）检查确认三相电源是否正常（正常值为380（1±10%）V 2）找到断线点重新接线或更换焊接开关 3）更换控制新的变压器 4）检查交流接触器线圈阻值，1000Ω 以下、500Ω 以上为不正常，需更换接触器
焊接电流、电压失调	1）芯控制器电缆有故障 2）电压调整电位器有故障 3）P板有故障	1）用万用表检查控制器电缆是否断线或短路 2）用万用表检查电压调节电位器阻值是否按指数规律变化 3）更换P板

8.2 自动埋弧焊设备

8.2.1 焊接设备组成

自动埋弧焊设备由自动机头及焊接变压器两部分组成，如图 8-8 所示。

1. 自动机头

由焊车及支架、送丝机构、焊丝矫直机构、导电部分、焊接操作控制盒、焊丝盘、焊剂斗等部件组成。

2. 焊接电源（焊接变压器）

交流焊接电源，由同体的二相降压变压器及电抗器、冷却风扇、调节电抗器用的电动机及减速器、控制电动机正反转的控制变压器及交流接触器、按钮以及给自动机头提供电源的控制变压器等组成。控制线通过电源上的 14 芯插座与外界相连，遥控盒与电源上的 4 芯插座相连，实现远距离电流调节，电源上还有近控的电流增加、减少按钮，也可实现电流调节，电流大小可通过电源顶部的电流指示窗指示。

图 8-8　自动埋弧焊设备

8.2.2 埋弧焊机性能特点

1）热效率高，熔深大，焊接速度快，焊接效果好，成形美观，劳动强度低。

2）使用寿命提高。埋弧焊小车采用无触点控制电路，电动机起动、换向可靠，使寿命显著提高。

3）电弧柔和稳定，可靠性好。晶闸管式直流弧焊电源，具有电网电压波动补偿功能及抗干扰功能。

4）适用范围广。电流调节范围宽，可适合多种板厚的焊接。

5）使用更安全。内置过热、电压异常保护电路。

8.2.3 焊接设备常见故障维修

由于自动埋弧设备在焊接性能和工作效率方面较普通焊机有较大优势，因而成了钢结构件制造过程中必不可少的生产设备。自动埋弧焊机普遍存在结构复杂，参数不易调整、故障点分散等特点，使得它的维护修理工作变得困难，表8-8列举了自动埋弧焊机在使用过程中常见故障维修的基本知识，包括故障产生的原因及排除方法。

表8-8　自动埋弧焊机常见故障及排除方法

故障特征	产生原因	排除方法
按焊丝向下或向上按钮时，送丝电动机不逆转	1. 送丝电动机有故障 2. 电动机电源线接点断开或损坏	1. 修理送丝电动机 2. 检查电源线路接点并修复
按起动按钮后，不见电弧产生，焊丝将机头顶起	焊丝与焊件没有导电接触	清理接触部分
按起动按钮，线路工作正常，但引不起弧	1. 焊接电源未接通 2. 电源接触器接触不良 3. 焊丝与焊件接触不良 4. 焊接回路无电压	1. 接通焊接电源 2. 检查并修复接触器 3. 清理焊丝与焊件的接触点
起动后，焊丝一直向上	1. 机头上电弧电压反馈引线未接断开 2. 焊接电源未起动	1. 接好引线 2. 起动焊接电源
起动后焊丝粘住焊件	1. 焊丝与焊件接触太紧 2. 焊接电压太低或焊接电流太小	1. 保证接触可靠，但不要太紧 2. 调整电流、电压至合适值
线路工作正常，焊接参数正确，但焊丝送给不均，电弧不稳	1. 焊丝给送压紧轮磨损或压得太松 2. 焊丝被卡住 3. 焊丝给送机构有故障 4. 电网电压波动太大 5. 导电嘴导电不良，焊丝脏	1. 调整压紧轮或更换焊丝给送滚轮 2. 清理焊丝，使其顺畅送进 3. 检查并修复送丝机构 4. 使用专用电焊机线路，保持电网电压稳定 5. 更换导电嘴，清理焊丝上的脏物
起动小车不活动，在焊接过程中小车突然停止	1. 离合器未接上 2. 行车速度旋钮在最小位置 3. 空载焊接开关在空载位置	1. 合上离合器 2. 将行车速度调到需要位置 3. 开关拨到焊接位置
焊丝没有与焊件接触，焊接回路即带电	焊接小车与焊件之间绝缘不良或损坏	1. 检查小车车轮绝缘 2. 检查焊车下面是否有金属与焊件短路
焊接过程中机头或导电嘴的位置不时改变	焊件小车有关部件间隙大或机件磨损	1. 进行修理以达到适当间隙 2. 更换磨损件
焊机起动后，焊丝周期性的与焊件粘住或常常断弧	1. 粘住是由于电弧电压太低、焊接电流太小或电网电压太低所致 2. 常断弧是由于电弧电压太高，焊接电流太大或电网电压太高所致	1. 增加或减小电弧电压和焊接电流 2. 等电网电压正常后再进行焊接
导电嘴以下焊丝发红	1. 导电嘴导电不良 2. 焊丝伸出长度太长	1. 更换导电嘴 2. 调节焊丝至合适伸出长度
导电嘴末端熔化	1. 焊丝伸出太短 2. 焊接电流太大或焊接电压太高 3. 引弧时焊丝与焊件接触太紧	1. 增加焊丝伸出长度 2. 调节合适的工艺参数 3. 使焊丝与焊件接触可靠但不要太紧

8.3 自动熔化极气体保护焊操作要领

8.3.1 焊机机头姿态调整

自动熔化极气体保护焊机头姿态调整见表 8-9。

表 8-9 自动熔化极气体保护焊焊接机头姿态调整

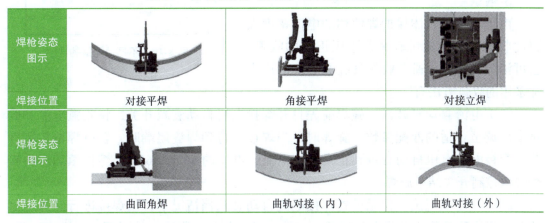

焊枪姿态图示			
焊接位置	对接平焊	角接平焊	对接立焊
焊枪姿态图示			
焊接位置	曲面角焊	曲轨对接（内）	曲轨对接（外）

8.3.2 引弧、接头及收弧

1. 引弧

自动熔化极气体保护焊一般采用碰撞法引弧。其操作步骤如下：

1）引弧前点动送出一段焊丝，焊丝伸出长度小于喷嘴与焊件之间应有的距离。超长部分或焊丝端部出现熔球时，必须用尖嘴钳预先剪去，否则易出现引弧不良现象。

2）焊枪移至引弧处，调整好焊枪角度和喷嘴距离焊件的高度。引弧前保持焊丝端头与焊件 2～3mm 的距离。喷嘴距离焊件的高度应在不影响正常观察熔池的情况下，尽可能降低喷嘴与焊件之间的距离，以确保焊缝质量。一般应控制在 10～15mm 范围内，如图 8-9 所示。

3）按动控制开关，焊丝开始输送，焊丝碰撞焊件发生短路后便引燃电弧。

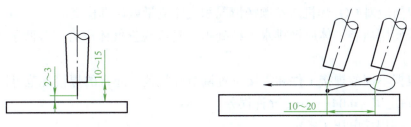

图 8-9 引弧示意图

2. 接头

在生产过程中，不可避免出现焊缝接头的连接，焊缝接头连接时，在弧坑后 8 ~ 15mm 处引弧，保持喷嘴与焊件的高度，然后正常施焊，如图 8-10 所示。

3. 收弧

由于熔化极气体保护焊使用的电流密度大，因此收弧产生的弧坑较大，采用正确的收弧方法可消除，同时可避免收弧气孔和裂纹的产生。常采用的收弧方法有：

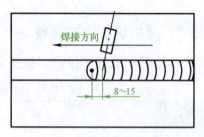

图 8-10　不摆动焊缝的连接

（1）电流自动衰减法　施焊前先打开焊接电流自动衰减开关，将收弧电流和收弧电压调至合适的匹配参数。施焊时，当焊接进行到焊缝尾端时，轻触焊枪控制开关，焊接电流电压自动衰减到正常焊接电流、电压的 50% ~ 60%，熔池填满后再轻触焊枪控制开关结束施焊。

（2）反复填充法　在无设置焊接电流自动衰减档情况下，当焊接进行到焊缝尾端时，焊枪移动停止并将电弧熄灭。在熔池稍冷却但未凝固的情况下，再进行引弧。如此反复引弧、断弧数次直至弧坑填满为止。

8.3.3　焊接操作

1. 焊接准备

1）焊接前接头清洁。要求在坡口两侧 30mm 范围内，影响焊缝质量的毛刺、油污、水锈等脏物、氧化皮必须清洁干净。

2）当施工环境温度低于零度或钢材的碳当量大于 0.41% 及结构刚性过大、物件较厚时应采用焊前预热措施，预热温度为 80 ~ 100℃，预热范围为板厚的 5 倍，但不小于 100mm。

3）工件厚度大于 6mm 时，为确保根部焊透，在板材的对接边缘应采用开切 V 形或 X 形坡口，坡口角度为 60°，钝边 p 为 0 ~ 1mm，装配间隙 b 为 0 ~ 1mm；当板厚差 ≥ 4mm 时，应对较厚板材的对接边缘进行削斜处理。

4）焊前应对 CO_2 焊机送丝顺畅情况和气体流量做认真检查。

5）若使用瓶装气体应做排水提纯处理，且应检查气体压力，若低于 1MPa 应停止使用。

6）根据不同的焊接工件和焊接位置调节好规范，通常的焊接规范可以用以下经验公式来确定 $V = 0.04I + 16$（允许误差 ±1.5V）。

式中　V——焊接电压（V）；

　　　I——焊接电流（A）。

2. 操作要点

1）垂直或倾斜位置开坡口的接头必须从下向上焊接，平、横、仰对接接头可采用左向焊接法。

2）室外作业在风速大于 1m/s 时，应采用防风措施。

3）必须根据被焊工件结构，选择合理的焊接顺序。

4）对接焊缝两端应设置尺寸合适的引弧和引出板。

5）应经常清理软管内的污物及喷嘴的飞溅。

6）有坡口的焊缝，尤其是厚板的多道焊缝，焊丝摆动时在坡口两侧应稍做停留，锯齿形运条每层厚度不大于 4mm，以使焊缝熔合良好。

7）根据焊丝直径正确选择焊丝导电嘴，焊丝伸出长度一般应控制在 10 倍焊丝直径范围以内。

8）送丝软管焊接时必须拉顺，不能盘曲，送丝软管半径不小于 150mm。施焊前应将送气软管内残存的不纯气体排出。

9）导电嘴磨损后孔径增大，引起焊接不稳定，需重新更换导电嘴。

8.4 自动埋弧焊操作要领

8.4.1 多丝、窄间隙自动埋弧焊操作要领

1. 多电源多丝、窄间隙自动埋弧焊焊接操作要领

多电源多丝、窄间隙自动埋弧焊中每一根焊丝由一个电源独立供电，根据两根或多根焊丝间距的不同，其方法有共熔池法和分离电弧法两种，前者特别适合焊丝掺合金堆焊或焊接合金钢；后者能起前弧预热、后弧填丝及后热作用，以达到堆焊或焊接合金不出裂纹和改善接头性能的目的。在多丝埋弧焊中多用后一种方法，如图 8-11 所示，每根焊丝都有几种选择的可能：或一根是直流，一根是交流；或两根都是直流；或两根都是交流。若在直流中两根焊丝都接正极，就能得到最大的溶深，也就能获得最大的焊接速度。

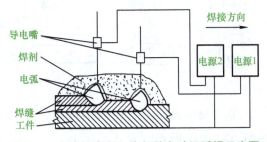

图 8-11　多电源多丝、窄间隙自动埋弧焊示意图

然而，由于电弧间的电磁干扰和电弧偏吹的缘故，这种布置还存在某些缺点，

因此，最常采用的布置或是一根导前的焊丝（反极性）和跟踪的交流焊丝，或是两根交流焊丝。直流／交流系统利用前导的直流电弧较大的溶深，来提供较高的焊接速度，而通常在略低电流下正常工作的交流电弧，将改善该焊缝的外形和表面粗糙度。虽然交流电弧对电弧偏吹敏感性较低，但围绕两种或更多交流电弧的区域，能引起取决于电弧之间的相位差的电弧偏转。

2. 单电源多丝、窄间隙自动埋弧焊焊接操作要领

该方法实际是用两根或多根较细的焊丝代替一根较粗的焊丝，两根焊丝共用一个导电嘴，以同一速度且同时通过导电嘴向外送出，在焊剂覆盖的坡口中熔化，如图 8-12 所示。这些焊丝的直径可以相同也可以不同，焊丝的排列及焊丝之间的间隙影响焊缝的形成及焊接质量，焊丝之间的距离及排列方式取决于焊丝的直径和焊接参数。

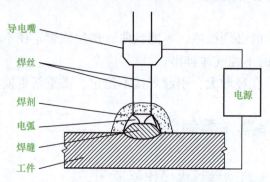

图 8-12 单电源多丝、窄间隙自动埋弧焊示意图

由于两丝之间间隙较窄，两焊丝形成的电弧共熔池，并且两电弧互相影响，这也正是多丝埋弧焊优于单丝埋弧焊的原因。交直流电源均可使用，但直流反接能得到最好的效果。两焊丝平行且垂直于母材，相对焊接方向，焊丝既可纵向排置也可横向排置或成任意角度。因此，焊丝在导电嘴中有多种排列方式，如图 8-13 所示。

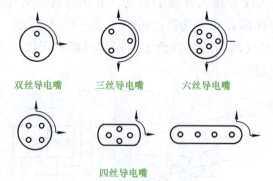

双丝导电嘴　　　三丝导电嘴　　　六丝导电嘴

四丝导电嘴

图 8-13 导电嘴中焊丝的各种排列方式

单电源多丝、窄间隙自动埋弧焊有以下几个优点：

1）能获得更高质量的焊缝，这是因为两电弧对母材的加热区变窄，焊缝金属的过热倾向减弱；

2）平均速度比单丝焊提高 150% 以上；

3）焊接设备简单。这种焊接方法的焊接速度及熔敷率较高，且设备费用相对较低。

8.4.2 多层多道自动埋弧焊操作要领

多丝、窄间隙自动埋弧焊在厚度超过 25mm 的中厚板焊接时一般采用多层多道焊工艺施焊。图 8-14 所示为一个多层多道埋弧焊接头横截面的示意图，可以将这样一个多层多道焊焊接接头划分为底层焊（打底焊）、填充焊和盖面焊三种，下面将对这三个部分结合其各自的特点分别分析各自的焊接工艺及操作要领。

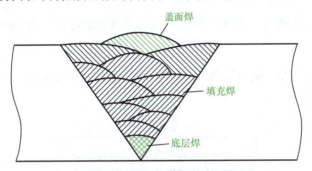

图 8-14　多层多道焊缝示意图

1. 打底焊——热输入控制优先原则

在中厚板打底焊时，根部是最薄弱的环节，其质量的好坏直接影响整个焊接接头的性能，而热输入的大小直接决定底层焊焊道的质量。热输入小时，中厚板底层散热速度快，使熔池冷却速度快，容易形成淬硬组织，造成韧性剧烈下降，同时冷裂纹倾向增大。而热输入过大时，焊缝根部焊道熔合比增大，焊缝金属中的有害元素及杂质增多，容易形成一些低熔点共晶组织，出现热裂纹，同时焊缝及热影响区晶粒粗大，性能也会急剧下降，因此，打底焊工艺参数的选择以热输入优先控制为原则。

2. 填充焊——电流与焊速匹配优先原则

多层多道焊接中，填充焊工艺参数应尽可能提高焊丝的熔化速度，使填充金属在最短的时间内填满坡口，以提高生产效率。但采用大输入的方法，会增大填充焊每一道焊缝的厚度，成形变差，焊缝残余应力增大，液化裂纹倾向增加，所以采用小热输入多道焊的方法，会细化晶粒，提高焊缝整体韧性，但生产效率降低。

填充焊以焊接电流与焊接速度相匹配为原则进行工艺参数的设定，通过给定的不同坡口尺寸，工艺人员根据对生产效率的要求，如想要几道焊缝将坡口填满，则可制定在保证热输入不超标的情况下，采用相应的焊接电流和焊接速度。

3. 盖面焊——焊道数和熔宽控制优先的原则

盖面焊的主要目的是在盖满坡口的前提下保证焊缝成形质量。盖面焊焊道之间一般采用一半搭接的形式，因为盖面焊焊道之间需要相互重叠达到热处理作用的目的。

因为焊缝熔宽与电弧电压有一定的对应关系，所以可以根据坡口宽度和盖面焊道数来确定每道焊缝的熔宽，进而确定电弧电压。但对于某一焊缝熔宽，其对应的工艺参数有多种，不便于推导焊缝熔宽与电压之间的量化关系。因此，上述方法只能作为一种评判标准。盖面焊采用以焊道数优先为原则，根据采用的不同电流，焊接速度由焊道数、焊接电流进行确定。

8.5　自动电弧焊技能训练

技能训练 1　低碳钢板平对接自动熔化极气体保护焊

1. 焊前准备

1）试件材料：Q235 钢板，规格 300mm×100mm×12mm，2 件，V 形坡口角度 $60° ± 5°$，如图 8-15 所示。

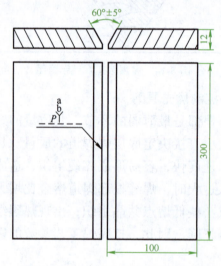

图 8-15　V 形坡口对接平焊示意图

2）焊接材料：ER50-6 焊丝，直径 $\phi 1.2mm$；保护气体为 80%Ar+20%CO_2。

3）焊接要求：单面焊双面成形。

4）焊接设备：福尼斯 TP5000 及轨道式焊接小车。

2. 装配定位焊

（1）去油污　采用清洗液喷涂在工件坡口表面，使用棉纱将附着在试件表面的油污去除。

（2）去氧化层　用角磨机将两个试件坡口面及其外边缘 30mm 范围内的锈蚀和氧化层清除干净，使坡口表面露出金属光泽。

（3）锉钝边　用平锉修磨试件坡口钝边 0.5～1.0mm。

（4）定位焊　将两试板组对成对接接头形式，采用手工气体保护焊对试件两端各 20mm 的正面坡口内进行定位焊，装配间隙始端 2mm，终端为 3mm，焊缝长度为 10～15mm，定位焊焊缝的焊接质量应与正式焊缝保持一致，如图 8-16 所示。定位焊完成后，将定位焊两端修磨成缓坡状，利于打底层焊缝与定位焊焊缝的接头熔合良好。定位焊时应避免坡口出现错边现象，错边量为 ≤ 0.1δ。

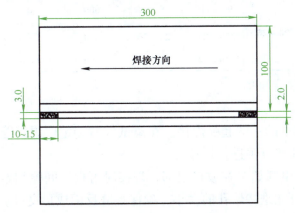

图 8-16　装配间隙及定位焊

（5）预置反变形　为抵消因焊缝在厚度方向上的横向不均匀收缩而产生的角变形量，试件组焊完成后，必须预设反变形量，预设反变形量为 4°～5°。在实际检测中，先将试件背面（非坡口面）朝上，水平放置在导电良好的槽钢上，用钢直尺放在试件两侧，钢直尺中间位置至试件坡口最低处位置 4～5mm，如图 8-17 所示。

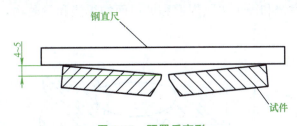

图 8-17　预置反变形

（6）将试件放置于合适位置固定　调整焊枪角度如图 8-18 所示。起动焊接小车预行走一遍，然后调整试件位置，保证行走过程中焊丝始终处于坡口中心线。

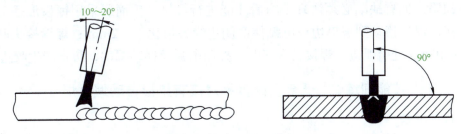

图 8-18　焊枪角度

3. 焊接参数

低碳钢板平对接自动 MAG 焊接参数见表 8-10。

表 8-10　焊接参数

焊接层次	焊丝直径 /mm	焊丝伸出长度 /mm	焊接电流 /A	电弧电压 /V	焊接速度 /（mm/min）	摆动宽度 /mm	摆动速度 /（mm/s）	气体流量 /（L/min）
打底层（1）			90～110	18～20	600	0	0	15～18
填充焊（2）	1.2	20～25	220～230	24～26	550	3～5	20～30	15～18
盖面焊（3）			230～240	24～26	500	4～6	20～30	15～18

4. 操作要点及注意事项

（1）打底层焊接

1）从试件间隙小的一端起弧焊接。在离试件右端定位焊焊缝约 20mm 坡口的一侧引弧，然后起动焊接开关进行焊接。

2）焊接过程中电弧始终在坡口根部，焊接时可根据间隙和熔孔直径的变化调整相关焊接参数，尽可能维持熔孔的大小，确保焊缝反面成形良好。

3）打底焊时，要严格控制喷嘴的高度，电弧必须在坡口根部熔池的三分之二处进行焊接，保证打底层焊透。

（2）填充层焊接　调试填充层工艺参数，在试板右端开始焊填充层，焊枪适当设置横向摆动，注意熔池两侧熔合情况，保证焊道表面平整并稍下凹，并使填充层的高度应低于母材表面 1.0～1.5mm，焊接时不允许烧化坡口棱边，如图 8-19 所示。填充层完成后，用扁铲和锤子去除焊道和坡口面的焊渣和飞溅物。

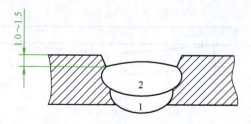

图 8-19　填充层离焊缝表面高度

（3）盖面层焊接　焊前仔细检查填充层两侧焊缝与母材坡口死角及焊道表面是否存在缺陷，如有缺陷必须清理干净后才能进行焊接。盖面层采用锯齿形摆动运条方法焊接，焊丝摆动到坡口边缘电弧使两侧边缘各熔化 1～2mm；焊缝接头时在收弧后 5～10mm 处引弧进行焊接，焊接时，控制电弧及摆动幅度，防止产生咬边。

技能训练 2　低合金钢板平对接有垫板自动埋弧焊

1. 焊前准备

1）试件材料：Q355R 低合金钢板，500mm×125mm×14mm，2 件，V 形坡口，

如图 8-20 所示。

2）焊接材料：焊丝选用 H10Mn2，直径 ϕ 4.0mm，使用前焊丝要做除油、去锈处理；焊剂为配合熔炼焊剂 HJ-301，焊前，焊剂应进行 200℃烘干，保温备用。

3）焊接要求：采用引弧、引出板；全焊透，焊缝背面允许清根。

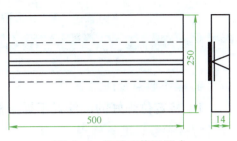

图 8-20　焊件形状及尺寸

4）焊接设备：采用单丝埋弧焊，选用 MZ-1000 交、直流两用埋弧焊机。

2. 装配定位焊

（1）焊接坡口　选用 65°±5° 的 V 形坡口，其坡口形状如图 8-21 所示。

（2）焊前清理　对钢板焊接坡口及两侧的油污、铁锈等，应进行清洗或用角向磨光机打磨干净，以免焊接过程中产生气孔或熔合不良等缺陷。

（3）组装定位焊　装配焊件应保证间隙 3mm、钝边 3mm、错边量 ≤ 0.5mm，如图 8-21 所示；定位焊可在坡口内及两端引弧、引出板上进行。定位焊焊缝长度在 30～50mm 之间，且应保证定位焊缝质量，要与主焊缝要求一致。

（4）焊剂垫准备　一般地，常用的焊剂垫有普通焊剂垫、气压焊剂垫、热固化焊剂垫、纯铜板垫等多种，纯铜板垫最为简单适用，其形状如图 8-22 所示。

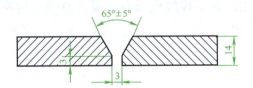

图 8-21　埋弧焊 V 形坡口形状示意图

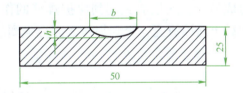

图 8-22　铜板垫截面示意

铜板垫采用机械加工法，按所需尺寸刨制。常用铜板垫的截面尺寸规格见表 8-11。

表 8-11　铜板垫的截面尺寸　　　　　　　　　　　　（单位：mm）

焊件厚度	宽度 b	深度 h	曲率半径 r
4～6	10	2.5	7.0
6～8	12	3.0	7.5
8～10	14	3.5	9.5
10～12	16	3.5	10.5
12～14	18	4.0	12

3. 焊接参数

低合金钢板平对接有垫板埋弧自动焊焊接参数见表 8-12。

表 8-12　低合金钢板平对接有垫板埋弧自动焊焊接参数

板厚 /mm	根部间隙 /mm	焊丝直径 /mm	焊接电流 /A	电弧电压 /V	焊接速度 / (cm/min)
14	4 ~ 5	4.0	850 ~ 900	39 ~ 41	38

4. 操作要点及注意事项

1）将定位焊好的试件置于焊接板垫上，调整好焊接电流、电弧电压、焊接速度等各焊接参数，准备施焊。

2）引弧。将焊丝与试件短路接触，打开焊剂阀，使焊剂覆盖在焊接缝上，然后按下起动按钮，焊接开始。

3）引弧和收弧。埋弧自动焊引弧时，处于焊接的起始阶段，工艺参数的稳定性和使焊道达到熔深要求的数值，需要有一个过程；而在焊道收尾时，由于熔池冷却收缩，容易出现弧坑，这两种情况都会影响焊接质量。为了弥补这个不足，要在焊缝两端设置引弧板和引出板。焊接结束后，用气割的方法，将引弧板和引出板去掉。

4）引弧板和引出板的厚度要和被焊试件相同，长度为 100 ~ 150mm；宽度为75 ~ 100mm。

5）焊接过程中，注意观察控制盘上的焊接电流、电弧电压表，并准备随时调节；用机头上的手轮，调节导电嘴的高低；用小车前侧的手轮调焊丝对准基准线的位置，以防歪斜偏离焊道。

6）采用铜垫法焊接时，焊接电弧在较大的间隙中燃烧，熔渣随电弧前移凝固，形成渣壳，这层渣壳起到保护焊缝的作用。观察焊缝成形时，要注意等焊缝凝固冷却后再除掉渣壳，否则焊缝表面会强烈氧化。

5. 焊接质量要求

（1）外观

1）宏观金相（目测检查）。焊缝成形美观，焊缝两侧过渡均匀，无任何肉眼可见缺陷。

2）焊缝外形尺寸。焊缝余高为 2.5 ~ 3.5mm；焊缝宽度为 16 ~ 18mm。

（2）无损探伤　按 NB/T 47013—2015 标准进行 100%RT 探伤，评定等级达到 Ⅱ级以上为合格。

（3）力学性能　埋弧焊接头力学性能见表 8-13。

表 8-13　埋弧焊接头力学性能

检测部位	抗拉强度 R_m/MPa	屈服强度 R_{eL}/MPa	断后伸长率 A (%)	弯曲 [压头直径 D=3s α t （ t 为板厚)]	冲击吸收功 /J	
					焊缝	热影响区
焊接接头	347 ~ 380	527 ~ 583	29 ~ 34	合格	45 ~ 76	32 ~ 39

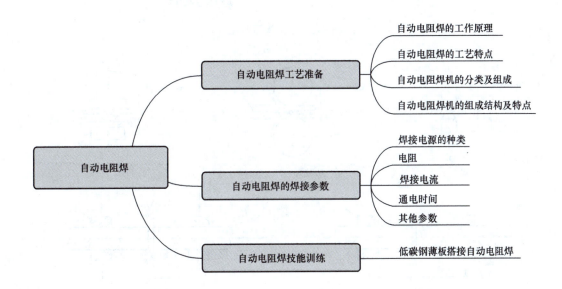

9.1 自动电阻焊工艺准备

9.1.1 自动电阻焊的工作原理

电阻焊是将被焊接材料组合后通过电极施加压力，利用电流流过接头的接触面及邻近区域产生的电阻热进行焊接的一种方法，如图 9-1 所示。预压阶段：通电之前向焊件加压，建立良好的接触与导电通路，保持电阻稳定。焊接阶段：向焊件通电加热形成焊点，金属焊件接触面在电极力作用下焊接在一起。锻压阶段（冷却结晶阶段）：当焊点达到合格的形状与尺寸之后，切断焊接电流，焊点在电极力作用下冷却。因此电极应具有导电、导热，承受热态下的压力作用，要求电极具有高导电及高热强度的性能。

电阻焊有两大显著特点：一是焊接的热源是电阻热，故称为电阻焊；二是焊接时需施加压力，故属于压焊。电阻焊有点焊、凸焊、缝焊、电阻对焊和闪光对焊五类。图 9-2 所示为这五类电阻焊的原理。

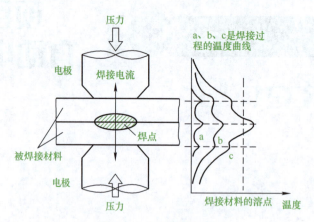

图 9-1 电阻焊示意图

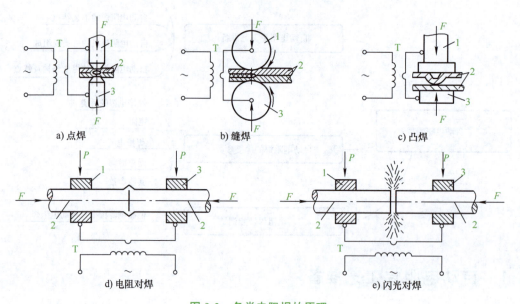

a) 点焊 　　　　　b) 缝焊 　　　　　c) 凸焊

d) 电阻对焊 　　　　　e) 闪光对焊

图 9-2 各类电阻焊的原理

1、3—电极　2—焊件　$F—W=\phi$ 电极压力（顶锻力）　P—夹紧力　T—电源（变压器）

9.1.2 自动电阻焊的工艺特点

影响金属电阻焊焊接性的因素主要是它的物理性能和力学性能。

1. 材料的导电、导热性

基本规律是导电性好的材料其导热性也好。材料的导电性、导热性越好，在焊接区产生的热量越少，散失的热量也越多，焊接区的加热就越困难。点焊时，就要求有大容量的电源，采用大电流、短时间的硬规范施焊。

2. 材料的高温、常温强度

这是决定焊接区金属塑性变形程度与飞溅倾向大小的重要因素之一。材料的高温、常温强度越高，焊接区的变形抗力越大，焊接中产生必要塑性变形所需的电极压强就越高。因此，必须增大电焊机的机械能力和机架刚性。电极应具有较高的高温强度。为了提高焊接区金属塑性变形程度，可以采用软规范，双脉冲等参数进行焊接。

3. 材料的线胀系数

材料的线胀系数越大，焊接区的金属在加热和冷却过程中体积变化就越大。当焊接时，加压机构不能迅速地适应金属体积的变化，则在加热熔化阶段可能因金属膨胀受阻而使焊点上的电极压力增大，甚至挤破塑性环而产生飞溅；在冷却结晶阶段，焊点体积收缩时，由于加压机构的摩擦力抵消一部分电极压力，使电极压力减小，结果使焊点内部产生裂纹、缩孔等缺陷。此外，结构焊后翘曲变形也加大。

4. 材料对热的敏感性

有淬火倾向的金属、经变形强化或调质处理的材料，热敏感性都比较大，在焊接热循环作用下，不同程度上使接头的力学性能发生变化。例如，易淬火钢会产生淬火组织，严重时产生裂纹；经冷作强化的材料易产生软化等，使接头承载能力下降。因此，对热敏感的材料其焊接性较差。

5. 材料的熔点

熔点越高的金属材料，其焊接性越差，因焊接时电极与材料接触面的温度较高，容易使电极头部受热变形并加速磨损。

此外，材料塑性温度范围的宽窄对焊接性也有影响。例如，铝合金的塑性温度范围较窄，对焊接参数的波动非常敏感，它要求使用能精确控制焊接参数和随动性能好的电阻焊机；低碳钢则因其塑性温度区间宽，使其焊接性很好；极易氧化的金属，其焊接性一般都较差，因为这些金属表面形成的氧化物熔点和电阻一般都较高，给焊接带来困难。

9.1.3　自动电阻焊机的分类及组成

电阻焊设备是对在加压条件下，利用电流通过焊件及接触面时，其自身电阻产生的热量，对焊接区域局部加热焊接的一类设备统称。按照电阻焊工艺方法不同，主要分为点焊机、凸焊机、缝焊机及对焊机 4 种，如图 9-3 所示。

点(凸)焊机　　　　　缝焊机　　　　　对焊机

图 9-3　电阻焊机的分类

电阻焊设备通常由 3 个主要部分组成，即焊接主电源、机械装置和控制装置。各类焊机的结构组成如图 9-4 所示。

（1）焊接主电源 包括阻焊变压器、功率调节机构、主电力开关和焊接回路等。

（2）机械装置 包括机架、加压（夹紧）机构、送进机构（对焊机）、传动机构（缝焊机）等。

（3）控制装置 能同步地控制通电和加压，控制焊接程序中各段时间及调节焊接电流，有些还兼有焊接质量监控功能。

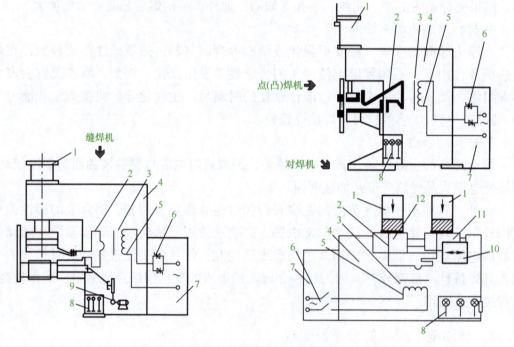

图 9-4　电阻焊机的结构组成

1—加压机构　2—焊接回路　3—阻焊变压器　4—机身　5—功率调节机构　6—主电力开关
7—控制设备　8—冷却系统　9—传动机构　10—送进机构　11—活动座板　12—固定座板

电阻焊设备的主要特点：

1）焊接生产率高，易实现机械化、自动化。

2）根据焊接用途不同，各种电焊机主电源容量跨度大，从 0.5 ～ 500kV·A，甚至达几千千伏安。

3）焊接主电源的供电形式多样。

4）输出电流大（通常千安级以上）、电压低。

5）电焊机机架刚性要求高，加压机构随动性要求较高。

9.1.4 自动电阻焊机的组成结构及特点

1. 焊接主电源

根据电阻焊的基本原理及工艺要求，电阻焊机主电源一般具有以下特点：

1）输出大电流、低电压。

2）电源功率大，且可调节。

3）一般无空载运行，负载持续率低。

4）可采取多种供电方式。

电阻焊机主电源可以采用单相工频交流、三相低频、二次整流、电容储能和逆变等方式供电，由于这几种供电方法的电阻焊机主电源的工作原理、特点及用途各不相同，通常根据被焊材料的性质和厚度、被焊工件的焊接工艺要求、设备投资费用以及用户的电网情况等因素选择其中一种供电方式的电焊机，典型的电阻焊主电源焊接性能对比见表 9-1。

表 9-1　典型的电阻焊主电源焊接性能对比

主电源类型	焊接高导电导热材料	焊接高强钢板或厚板	焊接生产率	热效率	焊接变形	焊接能量稳定性
单相工频交流	▲	●		▲	▲	▲
二次整流	★	★	★	★	●	★
三相低频	★	★	▲	●	●	★
电容储能	★	▲	▲	★	★	★
逆变	★	★	★	★	★	★

注：★——极好，●——好，▲——差

2. 机械结构

（1）点焊机和凸焊机　按照电焊机的机械结构，可以将点（凸）焊机分为：通用固定式焊机、移动式焊机和多点焊机 3 类。

1）通用固定式焊机。通用固定式焊机又包括圆弧运动式点焊机、垂直固定式点焊机和垂直运动式凸焊机，如图 9-5 所示。

圆弧运动式点焊机　　垂直固定式点焊机　　垂直运动式凸焊机

图 9-5　通用固定式焊机类型

① 圆弧运动式点焊机。圆弧运动式点焊机是最简单的固定式焊机，俗称摇臂式点焊机。其利用杠杆原理，通过上电极臂施加电极压力。上、下电极臂为伸长的圆柱形构件，既传递电极压力，也传递焊接电流。加压方式有气动、脚踏、电动机—凸轮 3 种。

圆弧运动式点焊机的优点是：结构简单，生产及维修成本较低；适用于多种用途的电极变化，即电极臂间距、臂伸长及下电极臂的方位均可按工件形状及焊点位置做灵活调整；合理的杠杆加压和配力结构运作灵活。

缺点是：焊接电流和电极压力会随臂伸度的变化而变化；同时，由于上电极的运动轨迹是圆弧形的，不适宜做凸焊。

② 垂直运动式焊机。垂直运动式焊机，亦称直压式焊机，适用于要求较高的点焊及凸焊。这类电焊机的上电极在导向构件的控制下做直线运动。电极压力由气缸或液压缸直接作用。加压方式有气动、液压、伺服电动机。

垂直运动式焊机的特点是：采用直压式加压机构，焊接速度快；可分别通过调压阀和节流阀无级调节电极压力和加压速度；直压式加压，焊接压力稳定，有利于保证焊点表面及内在质量，尤其是凸焊，对焊接压力稳定性、均匀性和随动性要求高，必须采用垂直加压式。

2）移动式电焊机。移动式电焊机分为两类：悬挂式焊机和便携式焊机。图 9-6 所示为 3 种典型的移动式电焊机。

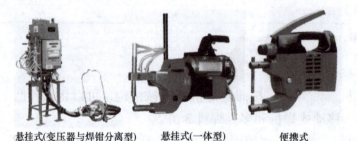

悬挂式(变压器与焊钳分离型)　　悬挂式(一体型)　　便携式

图 9-6　典型的移动式电焊机

3）多点焊机。多点焊机是大批量生产中的专用设备，例如汽车生产线上针对具体冲压焊接件而专门设计制造的多点焊机。多点焊机一般采用多台阻焊变压器及多把焊枪根据工件形状分布。电极压力通过安装在焊枪上的气缸或液压缸直接作用在电极上，为了达到较小的焊点间距，焊枪外形和尺寸受到限制，有时需要采用液压缸才能满足要求，如图 9-7 所示。

4）机械装置。点焊机及凸焊机的机械装置中的关键部分为加压机构，它直接影响到焊接质量，加压机构

图 9-7　多点焊机

应满足下列要求：

① 刚度好，在工作中不易产生挠曲变形，不失稳，保证上下电极不发生错位。

② 加压、消压动作灵活、迅速、无冲击，电极压力随动性好，特别对于凸焊机，其电极压力随动性要求更高。

③ 能提供适合焊接工艺要求的各种电极压力变化曲线（例如：恒定压力、阶梯形压力及马鞍形压力等）。

④ 焊接过程中电极压力要稳定。

点焊机及凸焊机的加压机构主要由动力部分和导向部分组成，前者产生压力，后者的作用是保证电极和导电部分在加压和焊接过程中按照一定的方向移动。

按照加压机构的动力来源不同，一般有脚踏式加压机构、电动凸轮传动加压机构、气压传动加压机构、液压传动加压机构和气 - 液压复合传动加压机构等，最新开发的是用伺服电动机驱动的加压机构。

（2）缝焊机　缝焊机按照电焊机的机械结构，可以分为纵向缝焊机、横向缝焊机、通用缝焊机（可焊纵、横两种焊缝）3 种，如图 9-8 所示。

1）横向缝焊机是指在焊接操作时形成的焊缝与焊机的电极臂相垂直的一种焊机，它可用于焊接水平工件的长焊缝以及圆周环形焊缝。

2）纵向缝焊机是指在焊接操作时形成的焊缝与焊机的电极臂相平行的一种焊机，它可用于焊接水平工件的短焊缝以及圆筒形容器的纵向直缝。

3）通用缝焊机是一种纵横两用缝焊机，上电极可做 90° 旋转，而下电极臂和下电极有两套，一套用于横向焊接，另一套用于纵向焊接，可根据需要进行互换。

a) 横向缝焊机　　　　　　　　b) 纵向缝焊机

图 9-8　常见缝焊机

4）机械装置。缝焊机的机械装置除了必须具有与点（凸）焊机相似的加压机构外，还有两个关键的部分：即使焊轮转动的传动机构，以及集传动、加压和导电三项功能为一体的缝焊机机头。加压机构与点（凸）焊机的加压机构基本相似或更为简单，因为缝焊机一般不需要施加预压和锻压力，而且不需要给焊轮两种行程，只要有一种大的工作行程可以放入和取出工件就足够了；传动机构的主要功能是：保证焊件在焊接过程中按点距所要求的速度可靠、平稳地移动，且可在一定范围内调节此速度。

（3）对焊机　对焊机一般有电阻对焊机和闪光对焊机两大类。其机械结构基本相同，但它与点焊机和缝焊机的机械结构有很大的区别，即包括机身、夹紧机构、送进机构等关键部分，图9-9所示为通用型对焊机。

对焊机的分类：

1）按夹紧机构，可以分为杠杆夹紧、螺旋夹紧、偏心夹紧、气压夹紧、气液压夹紧和液压夹紧等对焊机。

2）按送进机构，可分为杠杆传动、弹簧传动、电动凸轮传动、气压传动、气液压传动和液压传动等对焊机。

图9-9　通用型对焊机

3）按焊接过程自动化程度，可分为非自动（手动传动）焊机、半自动（非自动预热、自动烧化和顶锻）对焊机以及自动对焊机。

4）按用途可分为通用和专用对焊机。

5）按安装方法可分为固定式和移动式对焊机。

3. 控制装置

控制装置一般包括：主电力开关、程序转换定时器、热量控制器。图9-10所示为集成电路式控制装置的通用控制原理图。

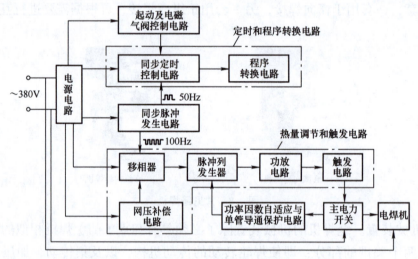

图9-10　集成电路式控制装置的通用控制原理图

电阻焊机控制装置的主要功能是：

1）提供信号控制电焊机按设定的焊接程序工作。

2）可靠地接通和切断焊接电流。

3）均匀地调节焊接电流的大小。

4）故障检测和处理。

5）先进的控制装置还能实现焊接质量监控。

9.2 自动电阻焊的焊接参数

9.2.1 焊接电源的种类

按电阻焊使用的电流可将电阻焊分为交流电阻焊、直流电阻焊和脉冲电阻焊三类。交流电阻焊又分为工频交流电阻焊、低频交流电阻焊、中频交流电阻焊和高频交流电阻焊等几种。应用最多的是工频（50Hz）交流电阻焊；低频交流电阻焊使用3～10Hz 的交流，主要用于大厚度或大断面焊件的点焊和对焊；中频交流电阻焊使用 150～300Hz 的交流；高频交流电阻焊使用 2.5～450kHz 的交流，中频、高频交流电阻焊通常都用于焊接薄壁管。

直流电阻焊使用二次侧整流的直流电源，这样可以用小的功率焊接较厚大的焊件，具有节能等技术经济效果。

脉冲电阻焊有电容储能焊和直流脉冲焊（又称直流冲击波焊）等。其特点是通电时间短、电流峰值高、加热和冷却很快，因此适于焊接导热性好的金属，如轻金属和铜合金的焊接。

9.2.2 电阻

两电极之间的电阻 R 随着焊接方法不同而不同，点焊的电阻 R 是由焊件本身电阻 R_w、它们之间的接触电阻 R_c，以及电极与焊件之间的接触电阻 R_{ew} 组成，如图 9-11所示。

1. 焊件的电阻值 R_w

对于点焊，焊件的电阻值 R_w 就是电流流经两电极直径所限定的金属圆柱体内的电阻，该电阻和焊件厚度、材料的电阻率成正比，与电极和焊件间接触面的直径的平方成反比。当焊件和电极确定后，电阻 R_w 就取决于焊件材料的电阻率。

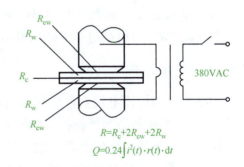

$$R=R_c+2R_{ew}+2R_w$$
$$Q=0.24\int i^2(t)\cdot r(t)\cdot dt$$

图 9-11　点焊时电阻的分布

各种金属材料的电阻率与温度有关，随着温度升高，电阻率也增大，而且金属熔化时的电阻率比熔化前还高；另一方面，随着温度的升高，金属塑性变形更加容易，其压溃强度降低，使焊件与焊件、焊件与电极之间的接触面积增大，从而导致焊件电阻减小。于是，在焊接过程中，焊件的电阻在开始时增加，然后又逐渐下降。

2. 焊件间的接触电阻 R_c

两平面接触时，从微观看都只能在个别凸出点上发生接触，电流需沿这些接触点通过，电流流线在该点附近产生弯曲，于是构成了接触电阻；另一方面，焊件和电极表面有高电阻率的氧化物或油污层，也使电流受到阻碍，也构成接触电阻，而过厚的氧化物或油污层甚至不能通过电流。

接触电阻的大小与电极压力、材料性质、表面状态及温度有关。随着电极压力的增大，焊件表面凸点被压溃，氧化膜也被破坏，接触点数量和面积随之增加，于是接触电阻相应减小。

若材质较软，则压溃强度低，接触面增加，也使接触电阻减小。表面状态除上述有氧化物等存在改变了接触电阻外，表面加工的粗糙程度也影响着接触电阻。表面越粗糙，则凸点越少，于是接触面积越小，导致接触电阻越大。因此，焊件表面质量的稳定性就影响着接触电阻的稳定性。

在焊接过程中，随着温度升高，接触点的金属压溃强度逐渐下降，接触面积急剧增加，接触电阻将迅速下降。对钢焊件而言，当温度为 873K 时，对铝合金而言，当温度为 623K 左右时，其接触电阻几乎完全消失。所以，除闪光对焊外，其他电阻焊接方法的接触电阻在焊接过程中随温度升高而很快消失。如果在常规焊接条件下进行点焊，其接触电阻产生的热量与总热量之比不超过 10%，即占焊点形成所需热量的比例不大，但在很短的时间内完成的点焊，如电容储能点焊，接触电阻对于产生的热量起着决定性作用，在这种情况下，保持接触电阻的稳定十分重要，所以必须保证焊件表面准备良好。

3. 电极与焊件间的接触电阻 R_{ew}

电阻 R_{ew} 的存在对焊接不利。若 R_{ew} 过大，容易使焊件和电极间过热而降低电极的使用寿命，甚至使电极和焊件接触表面被烧坏。由于电极材料通常使用铜合金，其电阻率和硬度一般都比焊件小，所以 R_{ew} 比 R_c 小（一般可按 $R_{ew} \leqslant 0.5R_c$ 估算），对于点焊，R_{ew} 对焊点的形成影响很小。

9.2.3　焊接电流

电阻焊的焊接电流对产生热量的影响比电阻和通电时间都大（与电流的二次方成正比），因此是必须严格控制的重要参数。引起电流变化的原因主要是电网电压波动和弧焊变压器二次回路阻抗的变化，这是由于回路的几何形状变化，或在二次回路中引入了不同量的磁性金属。对于电阻焊整流器，二次回路阻抗的变化对电流无明显影响。

随着焊接电流的增大，点焊焊点尺寸和接头的抗剪强度将增大，但焊接电流过大会出现飞溅或焊件表面压痕过深，抗剪强度会明显下降。电流过大还会导致母材

过热、电极迅速损耗等。

焊接电流在焊件内部电阻上所形成的电流场分布特征，将使焊接区各处加热强度不均匀，影响点焊加热过程：

1）电流线在贴合面产生集中收缩，产生集中加热效果。

2）贴合面边缘电流密度出现峰值，先出现塑性连接区，保证焊点正常生长。

3）不均匀的加热过程产生了不均匀温度场，从而影响焊点质量。可以通过改变电流波形和电极形状加以控制。

除电流总量外，电流密度对加热也有显著影响。增大电极接触面积，或凸焊时凸点尺寸过大，都会降低电流密度和焊接热量，从而使接头强度下降。反之，电流密度过大，将导致焊缝金属飞溅，导致空腔、焊缝开裂及力学性能降低等后果。

9.2.4　通电时间

电阻点焊时，为了保证焊点尺寸和焊点强度，焊接时间和焊接电流在一定范围内可以互为补充，总热量既可通过调节电流来改变，也可通过调节焊接时间来改变。为了获得一定强度的焊点，可以采用大电流和短时间，即所谓硬规范；也可以采用小电流和长时间，即所谓软规范。在生产中，选用硬规范还是软规范，取决于金属的性质、厚度和所用焊接电源的功率。例如，点焊导热性好的铝合金，若采用小电流和长时间，则产生的热量可能大部分被传向周围而无法成核。因此，定厚度的特定金属可用的焊接电流和通电时间有上、下限限值，超过限值将无法形成合格的焊点。

9.2.5　其他参数

1. 电极压力

电极压力过大或过小都会使接头强度降低。电极压力过大，引起界面接触面积增大，总电阻和焊接电流密度减小，所以焊点强度总是随电极压力的增大而降低。为了使焊接热量达到原有水平，保持焊点强度不变，在增大电极压力的同时，也适当增大焊接电流或延长焊接时间以弥补电阻减小的影响。若电极压力过小，将引起金属飞溅，也会引起焊点强度下降。在确定电极压力时，还必须考虑到原材料的加工或装配质量，如果焊件已经变形，以致焊接区不能紧密接触，则需采用较高的电极压力以克服这种变形。

2. 电极形状及其材料

电极的接触面积决定着电流密度和焊点的大小，电极材料的电阻率和导热性关系着热量的产生和散失。电极必须有合适的强度和硬度，不至于在反复加压过程中发生变形和损耗，使接触面积加大，接头强度下降。

3. 焊件表面状况

焊件表面上带有氧化物、铁锈或其他杂质等不均匀覆层时，会因接触电阻的不

项目
9

一致，各个焊点产生的热量就会不一致，从而引起焊接质量的波动。所以，焊前彻底清理待焊表面是获得优质焊接接头的必备条件。

9.3　自动电阻焊技能训练

技能训练　低碳钢薄板搭接自动电阻焊

1.焊前准备

1）试件材料：Q235 钢板，规格 150mm×30mm×2mm，2 件，搭接接头，如图 9-12 所示。

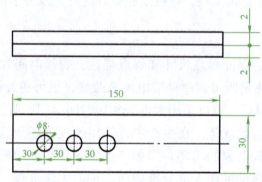

图 9-12　接头示意图

2）焊接要求：电阻点焊。

3）焊接设备：直压式点焊机 DN-63，其主要技术参数见表 9-2。

4）焊接辅助工具和量具：活扳手、150mm 卡尺、台虎钳、锤子、点焊试片撕裂卷棒、抛光机、砂纸、焊点腐蚀液、低倍放大镜、钢丝钳等。

表 9-2　直压式点焊机 DN-63 技术参数

电流特性	额定功率 /kW	负载持续率（%）	二次空载电压 /V	电极臂长 /mm	可焊接板厚度 /mm
工频	63	50	3.22～6.67	600	钢：4+4

2.装配定位焊

（1）表面清理　点焊前，应该清除焊件表面的油污、氧化皮、锈垢等不良导体，因为它们的存在既影响了电阻热量的析出，影响焊点形成，并导致未熔透缺陷产生，使接头强度与焊接生产率降低，且会缩短电极寿命。所以，焊件表面清理是焊前十分关键的工作。

表面清理方法有两种，即机械清理和化学清理。

1）机械清理：用旋转钢丝刷清扫，金刚砂毡轮抛光，小的零部件可以采用喷砂、喷丸处理。

2）化学清理：主要工艺过程是焊件去油、酸洗、钝化等，用于成批生产或氧化

膜较厚的碳钢。冷轧碳钢化学清理溶液的成分及工艺见表 9-3。

表 9-3　冷轧碳钢化学清理溶液的成分及工艺

溶液成分及温度			中和溶液
（脱脂用）			
工业用磷酸三钠	Na$_3$PO$_4$	50kg/m^3	先在 70～80℃热水中冲洗，后在冷水中冲净
煅烧苏打	Na$_2$CO$_3$	25kg/m^3	
氢氧化钠	NaOH	40kg/m^3	
温度	60～70℃		
（酸洗用）			
硫酸	H$_2$SO$_4$	0.11m^3	常温下，在 50～70kg/m^3 的氢氧化钠或氢氧化钾溶液中中和
氯化钠	NaCl	10kg	
KCl 填充剂	1kg		
温度	50～60℃		

（2）装配及定位焊　　首先，用锉刀和砂纸进行电极的修、磨，尽量使电极表面光滑。按试件调整电极钳口，使两个钳口的中心线对准，同时，调整好钳口的距离，把两焊件按图 9-12 中标注的尺寸进行点焊定位焊，其焊接参数见表 9-4。

3. 焊接参数

焊接参数见表 9-4。

表 9-4　低碳钢薄板电阻点焊工艺参数

板厚 /mm	电极直径 /mm	焊接通电时间 / 周波	电极压力 /N	焊接电流 /kA	焊点直径 /mm	抗剪强度 /kN
2+2	8	20	4700	13.3	7.9	14500

4. 操作要点及注意事项

1）按表 9-4 调整焊接参数。

2）在焊接过程中，应该注意如下几点：①焊件要在电极下放平，防止出现表面缺陷；②要随时观察点焊焊点的表面质量，及时对电极表面的端头进行修理；对焊接表面的要求应比较严格，要求焊后无压痕或压痕很小时，可以把表面要求比较高的一面放在下电极上，同时，尽可能地加大下电极表面直径；在焊接过程中以及焊接结束之前，应该分阶段地进行点焊试验件的焊接质量鉴定，及时调整焊接参数。

3）焊接结束后，关闭电源、气路和冷却水。

5. 表面清理

检查焊点表面在焊接过程中的飞溅情况，及时清除表面飞溅物的残渣。

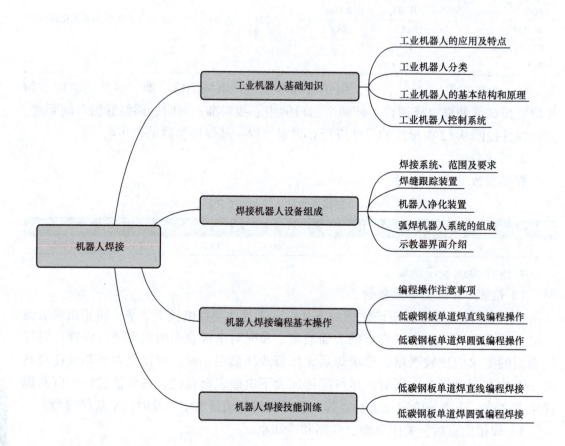

机器人焊接 ─┬─ 工业机器人基础知识 ─┬─ 工业机器人的应用及特点
           │   ├─ 工业机器人分类
           │   ├─ 工业机器人的基本结构和原理
           │   └─ 工业机器人控制系统
           │
           ├─ 焊接机器人设备组成 ─┬─ 焊接系统、范围及要求
           │   ├─ 焊缝跟踪装置
           │   ├─ 机器人净化装置
           │   ├─ 弧焊机器人系统的组成
           │   └─ 示教器界面介绍
           │
           ├─ 机器人焊接编程基本操作 ─┬─ 编程操作注意事项
           │   ├─ 低碳钢板单道焊直线编程操作
           │   └─ 低碳钢板单道焊圆弧编程操作
           │
           └─ 机器人焊接技能训练 ─┬─ 低碳钢板单道焊直线编程焊接
                                └─ 低碳钢板单道焊圆弧编程焊接

10.1　工业机器人基础知识

　　弧焊机器人或称机器人电弧焊机，是 20 世纪 60 年代后期国际上迅速发展起来的工业机器人技术的重要分支，目前少数工业发达国家已开始工业应用。早期的工业机器人是指能模拟人的手工动作，按预定程序自动完成某些特定生产过程操作的机械装置。最早的机器人应用见于机床的上下料，以后逐渐推广到电阻点焊、喷漆、抛光等工序。工业机器人已被公认为是使工人摆脱手工操作，特别是从高温、尘毒、

高压、低温、放射性污染等恶劣或不可近环境中解放出来，和实现无人化车间和工厂自动化生产的有效手段。电弧焊是一种在有尘毒和高温环境的生产操作。由于目前已经提出的各种"自动"焊的方法，只能实现直缝、圆形环缝等少数几种规则焊缝的机械化操作，因而在许多实际构件的焊接中焊条电弧焊仍然占着十分重要的地位。人们对于这种电弧焊生产长期不能摆脱手工操作的落后状况是很不满意的。机器人技术诞生后，人们就开始研究能取代焊工操作的弧焊机器人。只是电弧焊的操作比较复杂，直到最近几年才取得一些明显的进展。

10.1.1 工业机器人的应用及特点

1. 工业机器人的应用

工业机器人的主要应用领域有弧焊、点焊、搬运、涂胶、喷漆、去毛刺、切割、激光焊接、测量等，如图 10-1 所示。

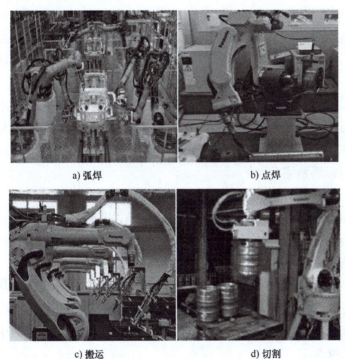

a) 弧焊 b) 点焊

c) 搬运 d) 切割

图 10-1　机器人应用领域

2. 机器人焊接的优点

1）易于实现焊接产品质量的稳定和提高，保证其均一性。

2）提高生产率，一天可 24h 连续生产，机器人不会疲倦。

3）改善工人劳动条件，可在有害环境下长期工作。

4）降低对工人操作技术难度的要求。

5）可实现小批量产品焊接自动化。

6）可作为数字化制造的一个环节。

7）机器人属于典型的具有柔性的设备，产品换型时，只需通过改变相应程序，便可适应新产品，可以缩短产品改型换代的准备周期，减少相应的设备投资。

10.1.2　工业机器人分类

1. 按用途分类

（1）**弧焊机器人**　在焊接过程中，弧焊机器人的基本功能为焊接条件（焊接电流、焊接电压、焊接速度等）；设定焊接引弧、灭弧条件、断弧检测及搭接功能；具有与电焊机的通信功能；设定摆动功能和摆焊文件；有坡口填充功能；焊接异常功能检测；焊接传感器的接口功能（检出起始焊点及进行焊缝跟踪），与计算机及网络的接口功能等。在弧焊过程中，焊枪尖端始终沿着预定的轨迹运动，运动过程中保持速度平稳和重复定位精度，并且不断地填充熔化金属形成焊缝。一般情况下，弧焊机器人的弧焊速度在 30～300cm/min，重复定位精度约为 ±（0.2～0.5）mm。

（2）**点焊机器人**　在点焊过程中，点焊机器人的基本功能有与点焊机的通信接口功能；电焊机的作业空间大；点焊速度与生产线速度相互匹配，能快速完成小节距的多点定位，并且定位准确。点焊机器人内存容量大，示教简单；点焊过程中，定位准确、确保点焊质量；具有离线接口功能。对点焊机器人的要求，主要有能快速小节距的多点定位，速度为每 0.3～0.4s 移动 30～50mm；机器人的持重为 50～100kg，定位精度高，其误差在 ±0.25mm 范围内。

2. 按结构坐标系特点分类

（1）**直角坐标系**　该类机器人在工作时，其工作轨迹（x、y、z）都是由直线运动构成的。运动方向互相垂直，末端操作器的工作状态由附加的旋转机构实现。该种机器人的特点是，运动结构较简单、控制精度易提高。不足之处是结构较庞大，工作空间小，操作灵活性差。

（2）**圆柱坐标系**　该类机器人的水平臂可沿水平方向伸缩，并且可沿立柱上下升高和降低，还可以在立柱上做 360° 旋转。圆柱坐标系机器人，该机器人的优点是，末端操作器可获得较高的速度，缺点是末端操作器外伸离开立柱轴中心越远，其线位移分辨率精度越低。

（3）**球坐标系**　球坐标系机器人采用同一分辨率的码盘检测角位移，伸缩关节的线位移分辨率恒定，由于转动关节在操作器上的线位移分辨率是各边梁，所以球坐标系机器人比直角坐标系机器人、圆柱坐标系机器人增加了控制系统的复杂性。

（4）**全关节型**　该类机器人的结构，类似人类的腰部和手部，机器人完成工作时的位置和姿态全部由关节的旋转运动来实现。该种机器人的优点是：结构紧凑、灵活性好；占地面积小，工作空间大，末端操作器可获得较高的线速度。缺点是：运动学模型复杂、高精度控制难度大，空间线位移分辨率取决于机器人手臂的位置。

3. 按受控运动分类

（1）连续轨迹控制型焊接机器人　各关节控制系统在获取驱动机的角位移和角速度信号后，其终端按预期的轨迹和速度，各关节同时受控运动。弧焊机器人就是连续轨迹控制型焊接机器人。

（2）点焊控制型焊接机器人　该类机器人在目标点位上有足够的定位精度，使机器人的运动方式从一个点位目标移向另一个点位目标，只在目标点上完成操作，主要用于点焊作业。

长期以来，焊接生产上使用的自动化设备，都是刚性自动化设备。由于是专用设备，所以适用于中、大批量产品的自动化生产，而在中、小批量产品焊接生产中，焊条电弧焊仍然是主要焊接方式。焊接机器人是焊接自动化的革命性进步，使焊接刚性自动化方式向柔性自动化方式转变，焊接机器人使小批量的产品自动化生产成为可能。

10.1.3　工业机器人的基本结构和原理

1. 工业机器人的主要名词术语

（1）机械手（Manipulator）　也称为操作机，具有和人臂相似的功能，可以在空间抓放物体或进行其他操作的机械装置。

（2）驱动器（Actuator）　将电能或流体能转化为机械能的动力装置。

（3）位姿（Pose）　工业机器人末端操作器在指定坐标系中的位置和姿态。

（4）工作空间（Working Space）　工业机器人在执行任务时，其腕轴交点在空间的活动范围。

（5）机械原点（Mechanical Origin）　工业机器人在机械坐标系中的基准点。

（6）工作原点（Working Origin）　工业机器人工作空间的基准点。

（7）速度（Velocity）　工业机器人在额定条件下匀速运动过程中，机械接口中心或者工具中心点在单位时间内所移动的距离或者转动的角度。

（8）额定负载（Rated load）　工业机器人在限定的操作条件下，其机械接口能承受的最大负载（包括末端操作器），用质量或者力矩来表示。

（9）重复位姿精度（Poce Repeatability）　工业机器人在同一条件下，用同一方法操作时，重复 n 次所测得的位姿一致程度。

（10）轨迹重复精度（Path Repeatability）　工业机器人机械接口中心沿同一条轨迹跟随 n 次所测得的轨迹之间的一致程度。

（11）存储容量（Memory Capacity）　计算机存储装置中可以存储的位置、顺序、速度等信息的容量，通常用时间或者位置点数来表示。

（12）外部检测功能（External Measuring Ability）　工业机器人对外界物体状态环境状态所具备的检测能力。

（13）内部检测功能（Internal Measuring Ability）　工业机器人对本身的位置、

速度等状态的检测能力。

2. 基本结构

工业机器人由以下几个部分组成：

1）机械本体。机器人的机械本体机构基本上分为两大类，一类是操作本体机构，它类似人的手臂和手腕，另一类为移动型本体结构，主要实现移动功能，如图 10-2 所示。

2）驱动伺服单元。伺服单元的作用是使驱动单元驱动关节并带动负载按预定的轨迹运动。已广泛采用的驱动方式有：液压伺服驱动、电动机伺服驱动，气动伺服驱动。

3）计算机控制系统。各关节伺服驱动的指令值由主计算机计算后，在各采样周期给出。机器人通常采用主计算机与关节驱动伺服计算机两级计算机控制。

4）传感系统。除了关节伺服驱动系统的位置传感器（称作内部传感器）外，还配备视觉、力觉、触觉、接近觉等多种类型的传感器（称作外部传感器）。

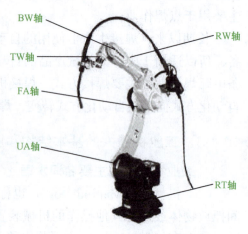

图 10-2　松下机器人本体

5）输入 / 输出系统接口。为了与周边系统及相应操作进行联系与应答，还应有各种通信接口和人机通信装置。

3. 工业机器人的控制原理

（1）运动控制　控制简单，易于实现。但难以保证机器人具有良好的动态和静态品质，主要应用于定点控制，如图 10-3 所示。

（2）动态控制　可使机器人具有良好的动态和静态品质，需要在线进行机器人动力学计算，主要应用于轨迹跟踪控制，如图 10-4 所示。

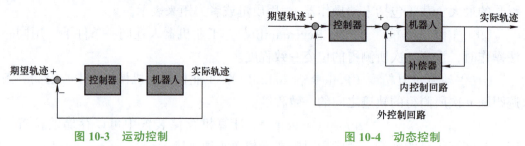

图 10-3　运动控制　　　　　　　图 10-4　动态控制

4. 工业机器人的主要参数

（1）自由度　物体能够对坐标系进行独立运动的数目称为自由度，对于自由刚体，具有 6 个自由度。通常作为机器人的技术指标，反映机器人灵活性，对于焊接

机器人一般具有 5 ~ 6 个自由度。

（2）额定负载　指机器人在工作范围内的任何位姿上所能承受的最大重量。弧焊机器人：5 ~ 20kg，点焊机器人：50 ~ 200kg。

（3）工作空间　机器人工作时，其腕轴交点能在空间活动的范围。

（4）重复精度　机器人手部重复定位于同一目标位置的能力。

（5）最大工作速度　工业机器人主要自由度上最大的稳定速度，或手臂末端的最大合成速度。

10.1.4　工业机器人控制系统

1. 控制系统概念

什么是机器人控制系统，如果仅仅有感官和肌肉，人的四肢还是不能动作。一方面是因为来自感官的信号没有器官去接收和处理，另一方面也是因为没有器官发出神经信号，驱使肌肉发生收缩或舒张。同样，如果机器人只有传感器和驱动器，机械臂也不能正常工作。原因是传感器输出的信号没有起作用，驱动电动机也得不到驱动电压和电流，所以机器人需要有一个控制器，用硬件和软件组成的一个控制系统。

机器人控制系统的功能是接收来自传感器的检测信号，根据操作任务的要求，驱动机械臂中的各台电动机就像人的活动需要依赖自身的感官一样，机器人的运动控制离不开传感器。机器人需要用传感器来检测各种状态。机器人的内部传感器信号被用来反映机械臂关节的实际运动状态，机器人的外部传感器信号被用来检测工作环境的变化。所以机器人的神经与大脑组合起来才能成一个完整的机器人控制系统。

2. 控制系统组成

1）执行机构——伺服电动机或步进电动机。

2）驱动机构——伺服或者步进驱动器。

3）控制机构——运动控制器，做路径和电动机联动的算法运算控制。

4）控制方式——有固定执行动作方式的，就编好固定参数的程序给运动控制器。如果有加视觉系统或者其他传感器的，根据传感器信号，就编好不固定参数的程序给运动控制器。机器人控制系统简表如图 10-5 所示。

机器人的控制系统，就相当于人体的大脑，是机器人的核心组成部分。机器人控制系统按其控制方式可分集中控制系统、主从控制系统及分散控制系统。

3. 机器人控制系统的基本功能

1）控制机械臂末端执行器的运动位置（即控制末端执行器经过的点和移动路径）。

2）控制机械臂的运动姿态（即控制相邻两个活动构件的相对位置）。

3）控制运动速度（即控制末端执行器运动位置随时间变化的规律）。

4）控制运动加速度（即控制末端执行器在运动过程中的速度变化）。

5）控制机械臂中各动力关节的输出转矩：（即控制对操作对象施加的作用力）。

6）具备操作方便的人机交互功能，机器人通过记忆和再现来完成规定的任务。

7）使机器人对外部环境有检测和感觉功能。工业机器人配备视觉、力觉、触觉等传感器进行测量、识别，判断作业条件的变化。

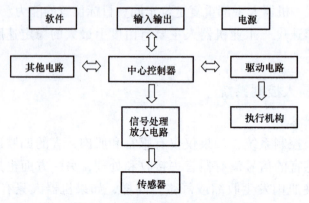

图 10-5　机器人控制系统简表

10.2　焊接机器人设备组成

10.2.1　焊接系统、范围及要求

1. 焊接系统

机器人焊接系统主要包括：机器人（本体、控制柜、示教编程器、动力及数据电缆）、焊接电源（含送丝机构、焊接电源控制线缆）、电气控制部分、焊接夹具部分和安全防护部分，如图 10-6 所示。

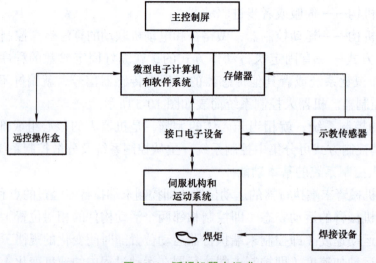

图 10-6　弧焊机器人组成

机器人焊接基本工作原理是示教再现，即由用户导引机器人，一步步按实际任务操作一遍，机器人在导引过程中自动记忆示教的每个动作的位置、姿态、运动参数、焊接参数等，并自动生成一个连续执行全部操作的程序。完成示教后，只需给机器人一个起动命令，机器人将精确地按示教动作，一步步完成全部操作，实际示教与再现。

焊接机器人分弧焊机器人和点焊机器人两大类。弧焊机器人可以应用在所有电弧焊、切割技术及类似的工业方法中。最常用的范围是结构钢和铬镍钢的熔化极活性气体保护焊（CO_2 焊、MAG 焊）、铝及特殊合金熔化极惰性气体保护焊（MIG 焊）、铬镍钢和铝的惰性气体保护焊以及埋弧焊。

弧焊机器人通常有五个以上自由度，具有六个自由度的弧焊机器人可以保证焊枪的任意空间轨迹和姿态。点至点方式移动速度可达 60m/min 以上，其轨迹重复精度可达到 ±0.2mm。这种弧焊机器人应具有直线的及环形内插法摆动的功能，共六种摆动方式，以满足焊接工艺要求，机器人的负荷为 5kg。

点焊机器人使用最多的领域应当属汽车车身的自动装配车间。点焊机器人由机器人本体、计算机控制系统、示教盒和点焊焊接系统几部分组成，由于为了适应灵活动作的工作要求，通常点焊机器人选用关节式工业机器人的基本设计，一般具有六个自由度：腰转、大臂转、小臂转、腕转、腕摆及腕捻。其驱动方式有液压驱动和电气驱动两种。其中电气驱动具有保养维修简便、能耗低、速度高、精度高、安全性好等优点，因此应用较为广泛。点焊机器人按照示教程序规定的动作、顺序和参数进行点焊作业，其过程是完全自动化的，并且具有与外部设备通信的接口，可以通过这一接口接受上一级主控与管理计算机的控制命令进行工作。

2. 机器人工作范围与工作空间

1）直立式机器人工作范围与工作空间（工业机器人 QRC-320（350）[410]）如图 10-7 所示。

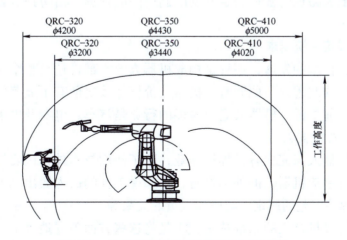

图 10-7　直立式机器人工作范围与工作空间

2）顶装式机器人工作范围与工作空间（工业机器人 QRC-320（350）[410]））如图 10-8 所示。

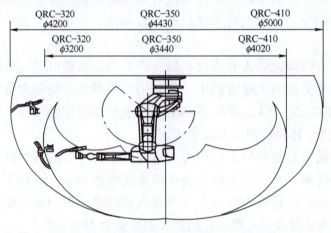

图 10-8　顶装式机器人工作范围与工作空间

3）无限制的工作范围。无限制的工作范围就是一个空间范围，在此范围内工具（焊枪、夹持装置）可以不受限制地加工工件。

4）受限制的工作范围。受限制的工作范围包括机器人轴的运动空间和各个工具（焊枪）的运动空间。根据焊枪相对于工件的姿态，工作范围会缩小（受限）。

5）最大空间。最大空间是指工业机器人运动部分（包括工件和工具在内）可达的空间范围。调试时或围挡缺失时应进行明确标识，从而让操作和调试人员知悉机器人将在多大半径内活动。

6）受限制空间。受限制空间是最大空间中被限制起来的部分，由限制装置限定，机器人系统发生任何可预见故障时都不会超出此范围。在限制装置工作时机器人仍能经过的最大路径将被视为定义受限制空间的依据。由防护装置限定的空间包括受限制空间。

3. 机器人焊接系统要求

随着机器人技术的发展，不管是构成机器人的零部件还是整个机器人，它们的性能都有了明显的改善。与此同时，机器人价格却较之前有了显著的降低，因此被大量使用。从目前来说，机器人应用最多的行业是汽车、电器及电子行业，其主要产品之一就是焊接机器人。

利用焊接机器人来完成各种焊接作业，除了使用技术外，还要根据用户提出的要求及使用条件制造机器人的外围设备，比如说工件的搬入搬出、工装夹具的制作及动作控制、焊接工艺的制定、与操作人员的关系等。

所以作为焊接机器人的系统技术，不是将这些方面独立地考虑，而是必须综合

考虑，从用户及机器人厂家两方提出的各种制约条件中，选择最佳设备，从而完成理想的焊接过程。

10.2.2 焊缝跟踪装置

焊缝跟踪装置（如激光传感器、模拟传感器和电弧传感器）用于跟踪焊接轨迹，也就是说，实际的轨迹走向与程序中的轨迹走向是存在偏差的，其中原因可能是由热输入导致的工件制造误差或工件变形。

不同的应用场合（火焰切割、焊接）、焊缝形状（搭接焊缝、角焊缝和 V-N 共存埋弧焊焊缝）、材料和轨迹的可接近性在很大程度上影响着这些系统的实际应用以及使用效果。

采用焊缝跟踪系统焊接焊缝时，焊接轨迹并不会沿着程序中规定的轮廓精确前行，它的走向由焊缝跟踪系统的测量结果决定。一旦控制系统发觉实际的轨迹走向与程序规定中的轨迹走向存在偏差，则程序中的轨迹发生变化。测得的偏差（Offset）可以保存下来并作为矢量加在其他点上。

在多层焊中，对第一道焊缝的走向进行感知探测，将测得的偏移保存下来。所有其他焊道由机器人控制系统重新计算（加上测得的偏差），机器人向着发生偏移后的目标位置动移动，同时焊接。

除了激光传感器之外，由于焊缝跟踪系统不适合跟踪焊接轨迹起点位置，所以经常将触觉传感器（例如喷气嘴传感器）与受电弧控制的焊缝跟踪系统组合在一起使用。图 10-9 ~ 图 10-11 为采用激光、电弧和模拟传感器的焊缝跟踪系统的对话窗口。

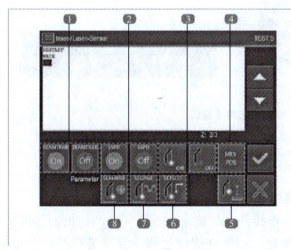
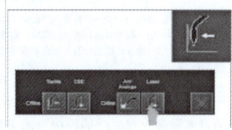

图 10-9　传感对话窗口总览

1—定义传感器类型　2—激活 / 禁用焊缝跟踪　3—启用 / 关闭传感器引导　4—激活静态测量
5—指令：RPOINTS 焊缝跟踪时保存点　6—测定正确的传感器 TCP/TOV　7—模板选取　8—确定传感器引导的参数

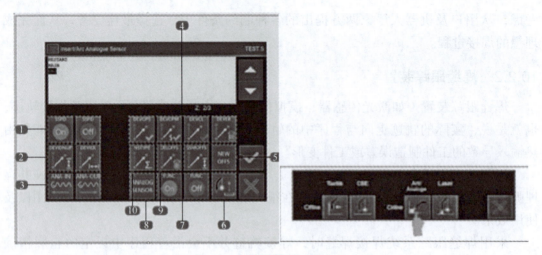

图 10-10　电弧传感对话窗口

1—激活或禁用焊缝跟踪　2—焊缝跟踪时的横向 / 高度限制　3—显示模拟传感器的输入电压值
4—为多层焊技术保存偏移　5—测量竖向额定值　6—焊缝跟踪时保存点　7—启用 / 关闭功能
8—删除偏移　9—打开模拟传感器　10—将偏差应用到目标点上

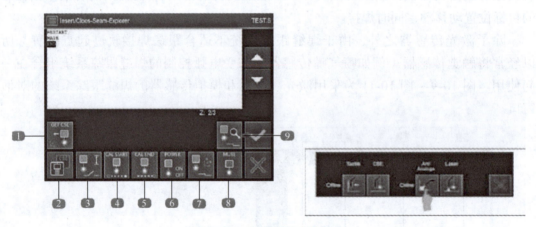

图 10-11　激光传感对话窗口

1—读出测量值　2—示教器 /iCSE 屏幕切换　3—置位传感器冷却和传感器挡板的数字输出端
4—输入校准时返回的运行路段，启动校准　5—结束校准　6—打开 / 关闭激光传感器
7—输入跟踪运行的目标点和焊缝编号　8—激活 / 禁用激光束　9—启动编程例程

1. 受电弧控制的焊缝跟踪系统（电弧传感器）

电弧传感器用于 MIG/MAG 和 TIG 焊接任务。确定位置所需的测量值通过电弧，即通过测量最大摆幅时的焊接电流来确定，因此在焊接过程中需要进行摆动。正确的焊缝跟踪取决于精确设置的焊接参数和所用的材料，不同材料焊缝跟踪使用范围见表 10-1。

表 10-1　不同材料焊缝跟踪使用范围说明

材料	使用范围
钢	主要使用范围
铬镍钢	限制使用
铝	不适用
药心焊丝	限制使用

电弧传感器可以实现机器人焊接路径上下方向和左右方向的补偿。

1）只有在进行摆动焊接时，才可以进行左右方向的补偿。此时机器人系统通过采样焊丝通过坡口端部与中心时反馈回来的电流值，并计算出摆动焊接中心线左右两侧各自波形下的面积，再比较左右两侧波形面积的大小来实现机器人焊接运动路径的左右补偿。

2）当工件与焊丝之间有上下方向偏差时，机器人系统会在焊接线中央采样反馈电流值，并与基准电流值进行比较，以实现焊接运动路径上下方向的补偿。

2. 焊缝跟踪对焊枪方位和电弧的要求

1）过程类型（喷射电弧、脉冲电弧、短电弧）的选择对其他设置值没有直接影响。

2）选择焊接参数时，要使得电弧不完全处于熔池上（熔池提前）。电弧长度应尽可能短。

3）电弧过程的稳定性。一般应避免在摆幅大的同时出现高摆动频率。焊缝的坡口角度越小（例如 V 形接口），就越要避免这种情况。

4）在标准位置时，焊枪在角焊缝中的定向应在上板方向上与角平分线呈一定的角度。焊枪方位可以从中线到垂直，不能影响焊缝引导。

10.2.3　机器人净化装置

机器人焊接时会产生焊接烟尘，如图 10-12 所示，因此需要一套专用的烟尘处理系统进行焊接烟尘处理（也可以连接车间内焊接烟尘处理系统进行处理），一般处理方式为机器人焊接工位局部通风，将烟尘吸走后进行处理。

焊接烟尘　　　切割烟尘　　　打磨粉尘

图 10-12　各种作业粉尘

机器人净化装置工作站有烟尘罩及吸风管以及焊接烟尘净化器。

（1）烟尘罩及吸风管　烟尘和粉尘通过烟尘罩及吸风管吸入焊接烟尘净化器中对空气进行过滤。

（2）焊接烟尘净化器　机器人焊接烟尘净化装置用于焊接、切割、打磨等工序中产生的烟尘和粉尘的净化以及对稀有金属、贵重物料的回收等，可净化大量悬浮在空气中对人体有害的细小金属颗粒。

焊接过程中产生的污染种类多、危害大，会导致多种职业病（如焊工硅肺、锰中毒、电光性眼炎等）的发生，已成为一大环境公害。随着相关研究的深入，治理技术日趋完善，焊接污染已得到了相对有效的控制。依据我国焊接车间具体情况，结合国内外最新的研究成果及实用技术，从焊接污染的形成、特点及危害入手，提出切实可行的防治对策。

机器人自动焊接产烟量大，如何设置烟尘捕捉是烟尘治理的关键。烟尘净化，是指对生产相关工艺过程中产生的"有害物质"进行净化。如何控制和治理有害于健康的气态和颗粒状态的物质，提高室内空气品质，为人们创造一个健康与舒适的室内生活与工作环境，将对人类社会的可持续健康发展起着关键性作用。

机器人焊接需配套烟尘净化系统，包括依管道连接的烟尘收集、净化、导出和控制装置，烟尘收集装置置于焊接空间的上端，烟尘收集装置包括集气罩口和管道增压风机，两者之间设有电动阀门，电动阀门连接控制装置；烟尘净化装置的内侧自下而上设置过滤筒、文氏管、反吹管和引风机，引风机连接控制装置；导出装置包括除味和消声装置。除味装置内设有多组活性炭净化单元，并置于焊接相对空间顶部，增加除味功能。烟尘收集、净化和导出装置，能够彻底净化焊接烟尘，整个除尘过程由控制装置控制。

10.2.4　弧焊机器人系统的组成

机器人系统组成主要由机器人操作手、变位机、控制器、焊接系统、焊接传感器、中央控制计算机、焊接夹具和有关安全设备等构成一个弧焊系统。标准的机器人弧焊工作站如图10-13所示。

1. 弧焊机器人系统说明

1）弧焊过程比点焊过程要复杂得多，工具中心点（TCP）——也就是焊丝端头的运动轨迹、焊枪姿态、焊接参数都要求精确控制。所以，弧焊用机器人除了前面所述的一般功能外，还必须具备一些适合弧焊要求的功能。

2）从理论上讲，5轴机器人就可以用于电弧焊，但是对复杂形状的焊缝，用5根轴的机器人会有困难。因此，除非焊缝比较简单，否则应尽量选用6轴机器人。

3）弧焊机器人在作"之"字形拐角焊或小直径圆焊缝焊接时，其轨迹除应能贴近示教的轨迹之外，还应具备不同摆动样式的软件功能，供编程时选用，以便做摆动焊，而且摆动在每一周期中的停顿点处，机器人也应自动停止向前运动，以满足

工艺要求。此外，还应有接触寻位、自动寻找焊缝起点位置、电弧跟踪及自动再引弧功能等。

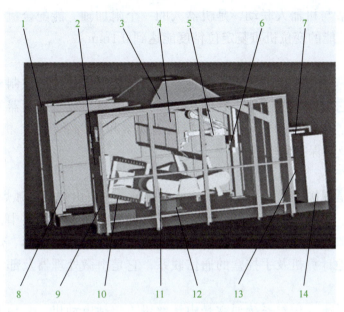

图 10-13　标准的机器人弧焊工作站

1、9—安全栅　2—触摸屏　3—排烟罩　4—遮光栅　5—机器人　6—清枪装置　7—机器人控制柜
8—光电开关　10—夹具台　11—变位器　12—水平回转变位机　13—焊接电源　14—控制单元

2.弧焊机器人系统两个关键技术

（1）**协调控制技术**　控制多机器人及变位机协调运动，既能保持焊枪和工件的相对姿态以满足焊接工艺的要求，又能避免焊枪和工件的碰撞，还要控制各机器人焊接区域的变形影响。

（2）**精确焊缝轨迹跟踪技术**　结合激光传感器和视觉传感器离线工作方式的优点，采用激光传感器实现焊接过程中的焊缝跟踪，提升焊接机器人对复杂工件进行焊接的柔性和适应性，结合视觉传感器离线观察获得焊缝跟踪的残余偏差，基于偏差统计获得补偿数据并进行机器人运动轨迹的修正，在各种工况下都能获得最佳的焊接质量。

3.机器人操作手

机器人操作手是焊接机器人的执行机构，由驱动器、传动机构、机器人手臂、关节以及内部传感器等组成。其结构形式是多种多样的，完全根据任务和需要而定。对其性能的要求是：高精度、高速度、高灵活性大、工作空间和模块化。

4.变位机

变位机在焊接前和焊接过程中，通过夹具装卡和定位被焊焊件并且把焊件旋转和平移，使其达到最佳的焊接位置。在焊接机器人的系统中，常采用两台变位机，即其中一台在焊接作业时，另一台则对已焊完焊件卸载和新焊件的装卡，从而使焊接机器人能充分发挥效能。

变位机一般与机器人联动，是机器人的一个附加轴，能配合机器人完成复杂工件的焊接，高性能的变位机重复定位精度能达到0.1mm。

5. 控制器

控制器是整个焊接机器人系统的神经中枢，在焊接过程中控制机器人及其外围设备的运行。它由计算机硬件、软件和一些专用电路组成。控制器的软件包括：控制器系统软件、机器人专用语言、机器人运动学和动力学软件、机器人控制软件、机器人自诊断及自保护软件等。

6. 焊接系统

焊接系统是焊接机器人完成工作的核心设备，主要由焊枪（弧焊机器人）、焊钳（点焊机器人）、焊接控制器以及水、电、气等辅助设备组成。其中，焊接控制器根据预定的焊接监控程序，完成焊接参数的输入、焊接程序的控制、焊接系统故障诊断并进行与本地计算机及手控盒的通信联系，它是由微处理器及部分外围接口芯片组成。

（1）送丝系统　送丝系统通常是由送丝机（包括电动机、减速器、矫直轮、送丝轮、送丝软管、焊丝盘等）组成。盘绕在焊丝盘上的焊丝经过矫直轮和送丝轮送往焊枪。根据送丝方式的不同，可分为四种类型：

1）推丝式。推丝式是焊丝被送丝轮推送经过软管而达到焊枪，是半自动熔化极气保护焊的主要送丝方式。这种送丝方式的焊枪结构简单、轻便、操作维修都比较方便，但焊丝送进的阻力较大。随着软管的加长，送丝稳定性变差，一般送丝软管长为3.5～4m左右。

2）拉丝式。拉丝式可分为三种形式：

① 将焊丝盘和焊枪分开，两者通过送丝软管连接。

② 将焊丝盘直接安装在焊枪上。

③ 焊丝盘与焊枪分开，送丝电动机也与焊枪分开。

前两种都适用于细丝半自动焊，但前一种操作比较方便，第三种送丝方式可用于自动熔化极气体保护焊。

3）推拉式。这种送丝方式的送丝软管最长可以加长到15m左右，扩大了半自动焊的操作距离。焊丝前进时既靠后面的推力，又靠前边的拉力，利用两个力的合力来克服焊丝在软管中的阻力。推拉丝的两个动力在调试过程中要有一定配合，尽量做到同步，但以拉为主。焊丝送进过程中，始终要保持焊丝在软管中处于拉直状态。这种送丝方式常被用于半自动熔化极气体保护焊。

4）行星式（线式）。行星式送丝系统是根据"轴向固定的旋转螺母能轴向送进螺杆"的原理设计而成的。三个互为120°的滚轮交叉地安装在一块底座上，组成一个驱动盘。驱动盘相当于螺母，通过三个滚轮中间的焊丝相当于螺杆，三个滚轮与焊丝之间有一个预先调定的螺旋角。当电动机的主轴带动驱动盘旋转时，三个滚轮即向焊丝施加一个轴向的推力，将焊丝往前推送。送丝过程中，三个滚轮一方面围绕焊丝公转，另一方面又绕着自己的轴自转。调节电动机的转速即可调节焊丝送进速度。

这种送丝机构可一级一级串联起来而成为所谓线式送丝系统，使送丝距离更长（可达 60m）。若采用一级传送，可传送 7~8m。这种线式送丝方式适合于输送小直径焊丝（$\phi 0.8 \sim \phi 1.2mm$）和钢焊丝，以及长距离送丝。

（2）焊枪 熔化极气体保护焊的焊枪分为半自动焊焊枪（手握式）和自动焊焊枪（安装在机械装置上）。在焊枪内部装有导电嘴（纯铜或铬铜等）。焊枪还有一个向焊接区输送保护气体的通道和喷嘴。喷嘴和导电嘴根据需要都可方便地更换。

此外，焊接电流通过导电嘴等部件时产生的电阻热和电弧辐射热一起，会使焊枪发热，故需要采取一定的措施冷却焊枪。冷却方式有空气冷却、内部循环水冷却，或两种方式相结合。对于空气冷却焊枪，在 CO_2 气体保护焊时，断续负载下一般可使用高达 600A 的电流。但是，在使用氩气或氦气保护焊时，通常电流只限于 200A。

焊枪可分为：半自动焊焊枪和自动焊焊枪。

1）半自动焊焊枪。

① 鹅颈式焊枪。适合于小直径焊丝，使用灵活方便，特别适合于紧凑部位、难以达到的拐角处和某些受限制区域的焊接。

② 手枪式焊枪。适合于较大直径焊丝，它对于冷却效果要求较高，因而常采用内部循环水冷却。半自动焊焊枪可与送丝机构装在一起，也可分离。

2）自动焊焊枪。自动焊焊枪（图 10-14）的基本构造与半自动焊焊枪相同，但其载流容量较大，工作时间较长，有时要采用内部循环水冷却。焊枪直接装在焊接机头的下部，焊丝通过送丝轮和导丝管送进焊枪。

供气系统与钨极氩弧焊相似，对于 CO_2 气体，通常还需要安装预热器和干燥器，以吸收气体中的水分，防

图 10-14　自动焊焊枪

止焊缝中生成气孔。对于熔化极活性气体保护焊还需要安装气体混合装置，先将气体混合均匀，然后再送入焊枪。

冷却水系统由水箱、水泵和冷却水管及水压开关组成。水箱里的冷却水经水泵流经冷却水管，经水压开关后流入焊枪，然后经冷却水管再回流入水箱，形成冷却水循环。水压开关的作用是保证当冷却水未流经焊枪时，焊接系统不能起动焊接，以保护焊枪，避免由于未经冷却而烧坏。

（3）焊接电源　熔化极气体保护焊通常采用直流焊接电源，目前生产中使用较多的是弧焊整流器式直流电源。近年来，逆变式弧焊电源发展也较快。焊接电源的额定功率取决于各种用途所要求的电流范围。熔化极气体保护焊所要求的电流通常在 100～500A 之间，电源的负载持续率（也称暂载率）在 60%～100%，空载电压在 55～85V。

熔化极气体保护焊的焊接电源按外特性类型可分为三种：平特性（恒压）、陡降特性（恒流）和缓降特性。

1）平特性。当保护气体为惰性气体（如纯 Ar）、富 Ar 和氧化性气体（如 CO_2），焊丝直径小于 $\phi 1.6mm$ 时，在生产中广泛采用平特性电源。这是因为平特性电源配合等速送丝机具有许多优点，可通过改变电源空载电压调节电弧电压，通过改变送丝速度来调节焊接电流，故焊接规范调节比较方便。使用这种外特性电源，当弧长变化时可以有较强的自调节作用；同时短路电流较大，引弧比较容易。实际使用的平特性电源，其外特性并不都是真正平直的，而是带有一定的下倾，其下倾率一般不大于 5V/100A，但仍具有上述优点。

2）下降特性。当焊丝直径较粗（大于 $\phi 2mm$），生产中一般采用下降特性电源，配用变速送丝系统。由于焊丝直径较粗，电弧的自身调节作用较弱，弧长变化后恢复速度较慢，单靠电弧的自身调节作用难以保证稳定的焊接过程。因此也像一般埋弧焊那样需要外加弧压反馈。

3）电源输出参数的调节。熔化极气体保护焊电源的主要技术参数有：输入电压（相数、频率、电压）、额定焊接电流范围、额定负载持续率（%）、空载电压、负载电压范围、电源外特性曲线类型（平特性、缓降外特性、陡降外特性）。

通常要根据焊接工艺的需要确定对焊接电源技术参数的要求，然后选用能满足要求的焊接电源。

电弧电压是指焊丝端头和工件之间的电压降，不是电源电压表指示的电压（电源输出端的电压）。电弧电压的预调节是通过调节电源的空载电压或电源外特性斜率来实现的。平特性电源主要通过调节空载电压来实现电弧电压调节。缓降或陡降特性电源主要通过调节外特性斜率来实现电弧电压调节。

平特性电源的电流的大小主要通过调节送丝速度来实现，有时也适当调节空载电压来进行电流的少量调节。对于缓降或陡降特性电源则主要通过调节电源外特性斜率来实现。

7. 传感器

在焊接过程中传感器是个完整的测量装置，它把被测得的非电物理量转换成与之有确定对应关系的有用电量（电阻、电容、电感、电压）输出，以满足信息的传输、处理、记录、显示及控制等各种要求，要求它具有精确度高、灵敏度高、响应速度快、体积小、寿命长、价格低等特点，最好能实现多功能和智能化。

按信号的转换原理不同，传感器可分为电弧式、机械式或机械电子式、电磁感应式、电容式、气动式、超声式、光学式等。

8. 中央控制计算机

中央控制计算机主要用于在同一层次或者不同层次的计算机通信网络，同时与传感器系统相配合，实现焊接路径和参数的离线编程、焊接专家系统的应用及生产数据的管理。

9. 焊接夹具

是用来定位工件，以及在一定程度上减小焊接产生的变形的器具。焊接夹具应满足以下要求：

1）各加工程序要按照统一的基准进行设计，减小重复定位产生的误差。

2）工件的定位要选择多定位点定位，制造完成后各个定位点要进行三坐标测量，并确保各个定位点符合产品图样设计要求。

3）焊接夹具多采用自动夹紧、松开方式，并具有夹紧、松开到位检测。

4）夹具设计有防误装件和漏件检测。

5）夹具设计要考虑零件焊接后的热变形，能够有效控制工件在焊接过程中的焊接变形以及焊接的飞溅，并能够根据测定的焊接变形量对夹具进行快速的定量调节。

6）不同机种夹具采用统一标准的接口，可以实现夹具的快速更换。

7）夹具中的气动、电子元器件及配管、配线具有良好的防护，能够防止焊接飞溅的烧蚀。

8）焊接夹具的设计要考虑人机工程学，要实现操作简单方便，安全可靠。

9）夹具设计过程中要采用仿真软件进行机器人模拟，要在制造前校核焊枪与夹具的干涉以及焊枪的可达性。

10. 安全设备

安全设备主要包括：驱动系统过热自断电保护、动作超限位自断电保护、超速自断电保护、机器人系统工作空间干涉自断电保护及人工急停电保护等。这些安全设备起到了防止机器人伤人或者损坏周边设备的作用。此外，机器人的工作部，还装有各类触觉或接近传感器，可以在机器人过分接近工件或发生碰撞时停止工作。

10.2.5　示教器界面介绍

示教器正面和反面如图 10-15 和图 10-16 所示。

编制或创建一个顺序程序时，要把薄膜键盘与触摸屏组合起来使用。如图 10-16 所示为示教器释放键的三个位置：

Pos.1. 没有激活释放键自由态：没有激活机器人的移动。

Pos.2. 激活释放键开关：机器人可以在示教窗口 T1、T2 模式下示教和移动。

Pos.3. 释放键强力压紧开关：机器人停止移动。

图 10-15 示教器正面

图 10-16 示教器反面

1—Emergency-Off 紧急停止开关 2—触摸屏 3—选择按钮 4—膜键

示教器膜键盘功能介绍见表 10-2。在"手动低速"（T1）和"手动高速"（T2）调试运行中，均可通过按下"启动"（START）键执行预选的程序流程。在"自动"运行模式下，该键失效。按下"停止"（STOP）键中止程序流程，出于安全考虑，在任何运行模式下该键都有效。排除急停状态后，按下"动力"（POWER）键可以重新接通机器人驱动。请遵守安全注意项。

表 10-2 膜键盘功能介绍

图标	名称	功能	图标	名称	功能
START	启动键	启动程序流程		保存键	执行保存功能
STOP	停止键	停止程序流程		中止键	中止功能
POWER	动力键	接通动力		确认键	确认功能
	机器人坐标键	切换到机器人坐标系		速度预选	选择位移速度
	笛卡尔坐标键	切换到笛卡尔坐标系		左向箭头键	光标向左移动
	内/外轴键	在内部/外部轴之间切换		右向箭头键	光标向右移动
Go	前进键	驶向各点		"减号"键	减少参数值
Point	点键	选取点号		"加号"键	增加参数值
Q	Q键	无功能	x10	10倍系数	以10倍系数减少或增加参数值

运动装置非预期启动：

在示教器上放置物品或者违规将示教器（触摸屏）触碰到工具或部件边棱上会导致机器人意外运动或触发非预期的功能，进而导致人员受伤或机器人系统损坏。

1）示教器上不得放置任何物品。

2）将示教器始终放置在专用支架上。

接通机器人控制系统之后，在示教器上会出现各种符号。该符号界面被视为主菜单，如图 10-17 和图 10-18 所示。在亮起的符号位置触摸显示屏就可以打开包含新符号的其他窗口（菜单）。每个符号，也称为按键，都代表机器人控制系统的一个动作、一项功能或一个指令。程序创建时有菜单指引，这样能减少输入错误，主菜单按键功能见表 10-3。

图 10-17　带有 QWP 选配的主菜单

图 10-18　主菜单

表 10-3　主菜单按键功能

按键	功能
	在 TEACH 模式下创建一个顺序程序
	在 PROG 模式下创建一个顺序程序
	选取和操作编辑器 在程序流程中创建文本、修改文本
	选取和操作点编辑器 创建点、修改点
	程序流程 在 EXE/EST 运行模式中测试完成创建的程序流程
	为自动运行预选程序 常规运行

（续）

按键	功能
	离线编程 程序的转换、镜像映射、偏移 外部轴手动位移 并行任务、UMS
	程序管理 程序的保存、删除、显示等
	移向原位 机器人移向原位
	数字输入 / 输出端 开关数字输出端
	输入 TCP/TOV 值 系统设置
	编译所有程序
	选取维修菜单 选择国家语言、机器人参考点校正、配置等
	显示系统信息
	显示出现的出错提示消息
	调出 QWP 界面

主菜单主要功能介绍：

1）■■创建程序，通过 TEACH 模式或 PROG 模式，可创建一个最多包含三十二个字符的新程序，或者选取一个现有的程序。

TEACH 模式下，可以在选取的程序中移动机器人各轴并将不同的轴位保存为"点"。也可以操作机器人驶向已经存在的点，并进行重新编程。

PROG 模式综合了机器人位置保存（TEACH 模式）与程序文本创建功能 - 编辑器。

在选取了这两个模式中的其中一个后，显示出所有可供使用的程（最多 64 个）。按键■"对"确认选择，按键■"错"放弃选择。新程序的创建是通过键盘进行的。

2）■归档系统，为用户提供的功能包括，将 CAROLA 程序保存在 3.5 英寸磁盘、U 盘、硬盘或网络存储器中，也可以从中重新加载程序。同时还有数据管理功能可供使用，例如：目录、复制、重命名和删除文件（工作程序）或文件类型（程

序段）。

所有工作程序都保存在具有蓄电池缓冲功能的工作存储器中，防止断电或机器人控制系统意外关闭而造成丢失。为了将程序永久归档，必须将其保存在可靠的数据载体上。

防止程序丢失或损坏的建议：各程序独立存储；定期将数据备份到适当的数据载体上；定期制作备份副本并将其存储在适当位置；定期更新备份副本；正确保管存储介质；正确使用存储介质。

3）■自动运行，选取该功能后，控制系统会询问为自动运行预选的程序名。出于安全考虑，在执行程序之前，应在"手动低速 T1"运行模式下进行测试，以确保程序流程安全无误。在通过确认键■选择后，才可将"运行模式选择开关"置于第 4 档位（"自动"），在"自动"运行中，预选的程序启动。

4）■■通过键盘可以将信息文本和指令输入到顺序程序中。选好程序之后，示教器也能作为监视器使用。所选顺序程序的指令行在文本编辑器中"列出"（编辑），可以根据相应要求对程序进行修改或删除。也可以创建新程序并录入到必要的指令行。文本编辑器中还提供帮助功能。帮助中会对文本编辑器的使用、CAROLA指令的功能和句法进行解释。

5）■维修菜单，用于创建和检查系统规格，通过密码防止未经授权的访问。在维修菜单中，可以修改或检查机器人的语言、时间或参考位置。

10.3 机器人焊接编程基本操作

10.3.1 编程操作注意事项

1. 弧焊机器人的校零

零点是机器人坐标系的基准，机器人需要依靠正确的零点位置来准确判断自己所处的位置。当机器人发生以下情况时，需要重新校零。

1）更换电动机、系统零部件之后。

2）机器人发生撞击后。

3）整个硬盘系统重新安装。

4）其他可能造成零点丢失的情况等。

不同品牌的机器人校零方式也有所区别。由于涉及的轴数较多，每个轴都要校零，校零的方式比较复杂，一般会让专门的工作人员进行校零。

2. 机器人焊接示教编程

弧焊机器人焊接时是按照事先编辑好的程序来进行的，这个程序一般是由操作人员按照焊缝的形状示教机器人并记录运动轨迹而形成的。

"示教"就是机器人学习的过程，在这个过程中，操作者要手把手教会机器人做某些动作，机器人的控制系统会以程序的形式将其记忆下来。机器人按照示教时记忆下来的程序展现这些动作，就是"再现"过程。

3. 机器人异常位置的编程与控制

对于常见的长直焊缝或者空间较大的焊接位置，调整焊枪姿态和示教编程都比较容易。但是实际编程过程中，由于某些位置焊缝周围存在干涉或者空间狭小，导致这些位置难以编程。出现这些情况，可以采取以下解决办法：

1）进入异常焊接位置前，可设置过渡点，但过渡点的数量不宜过多，并且枪姿可以与进入前一点和进入后一点的枪姿衔接，且运行过程中，不会与周围障碍物干涉。

2）进入异常位置的空间点与焊接起始点的枪姿变化不应过大，否则在狭小空间内容易与周围障碍物干涉。

3）异常位置焊接过程中的枪姿尽量保持不变，这就需要提前将焊枪移动到焊接结束位置进行检查，防止还没有完成焊接，就达到了焊枪的极限位置。

4）另外，如果工件所在的变位机可以与弧焊机器人实现同步，就有可能更容易实现焊接，这也是需要在编程过程中注意的。

4. 机器人焊接工艺制定

弧焊机器人多采用的气体保护焊方法有 MAG、MIG 和 TIG，选择的焊接方法不同，对应的保护气体也有差别。MAG 焊方法采用的保护气为 80%Ar+20%CO$_2$，MIG 和 TIG 焊采用的是氩气。焊接前需要将保护气调节至合适的流量。Cloos 焊接机器人的干伸长一般为 15mm 左右，焊前需要根据材料的种类、母材的板厚、焊接位置等因素确定焊接电流、电压和焊接速度等参数。

5. 机器人的焊接工艺验证

在制定好焊接工艺后，需要进行工艺验证，确认焊接工艺是可行的。按照制定的焊接参数焊接试板，试板的材料种类、接头型式、焊接位置等应和母材保持一致。焊接完成后，按照焊接工艺评定标准中的相关内容对试板进行评判，从而验证焊接工艺是否可行。

6. 机器人焊前工装准备

弧焊机器人使用的工装主要是焊接夹具，焊接夹具上包括 X、Y、Z 三个方向的定位、压紧（夹紧）部件。焊接前，需要对工装的状态进行确认，尤其是定位部件（定位块或定位螺栓）。定位部件表面应清洁、无异物，且同一平面的定位部件应在同一平面；定位部件应是固定可靠的，确保产品按照定位部件定位时，相对位置基本无变化，从而保证焊接质量。另外需要对压紧（夹紧）部件进行检查，常用的压紧（夹紧）部件包括压块、螺栓和螺母，这些部件应无变形，螺栓和螺母无滑丝，能够正常使用，确保焊接过程中产品无法窜动或脱落。

7. 机器人跟踪系统的调节

焊缝跟踪过程中使用的传感器可分为直接电弧式、接触式和非接触式 3 大类。按工作原理可分为机械、机电、电磁、电容、射流、超声、红外、光电、激光、视觉、电弧、光谱及光纤式等。按用途分有用于焊缝跟踪、焊接条件控制（熔宽、熔深、熔透、成形面积、焊速、冷却速度和干伸长）及其他如温度分布、等离子体粒子密度、熔池行为等。接触式传感器一般在焊枪前方采用导杆或导轮和焊缝或工件的一个侧壁接触，通过导杆或导轮把焊缝位置的变化通过光电、滑动变阻器、力觉等方式转换为电信号，以供控制系统跟踪焊缝。其特点为不受电弧干扰，工作可靠，成本低，曾在生产中得到过广泛应用，但跟踪精度不高，目前正在被其他传感方法取代。

电弧式传感器利用焊接电极与被焊工件之间的距离变化能够引起电弧电流（对于 GMAW 方法）电弧电压（对于 GTAW 方法）变化这一物理现象来检测接头的坡口中心。电弧传感方式主要有摆动电弧传感、旋转电弧传感以及双丝电弧传感。因为旋转电弧传感器的旋转频率可达几十 Hz 以上，大大高于摆动电弧传感器的摆动频率（10Hz 以下），所以提高了检测灵敏度，改善了焊缝跟踪的精度，且可以提高焊接速度，使焊道平滑等。旋转电弧传感器通常采用偏心齿轮的结构实现，而采用空心轴电动机的机构能有效地减小传感器的体积。

电弧传感器具有以下优点：

1）传感器基本不占额外的空间，焊枪的可达性好。

2）不受电弧光、磁场、飞溅、烟尘的干扰，工作稳定，寿命长。

3）不存在传感器和电弧间的距离，且信号处理也比较简单，实时性好。

4）不需要附加装置和附加装置成本低，因而电弧传感器的价格低；所以电弧传感器获得了广泛的应用，目前是机器人弧焊中用得最多的传感器，已经成为大部分弧焊机器人的标准配置。

5）电弧传感器的缺点是对薄板件的对接和搭接接头，很难跟踪。

用于焊缝跟踪的非接触式传感器很多，主要有电磁传感器、超声波传感器、温度场传感器及视觉传感器等，其中以视觉传感器最引人注目。由于视觉传感器所获得的信息量大，结合计算机视觉和图像处理的最新技术成果，大大增强了弧焊机器人的外部适应能力。

8. 机器人外围设备的维护

1）弧焊机器人采用机器人进行焊接，但是仅有一台机器人是不够的，还必须有相应的外围设备，才能确保其正常工作。

2）机器人外围设备较多，例如线性滑轨（可以增大机器人的运行范围，加大焊枪可达范围）、变位机（调节焊缝位置，有利于将焊缝调整至最佳焊接位置）、送丝机、清枪站（提高清枪效率和机器人焊接效率）等。

3）外围设备的状态，对于焊接质量和效率都会有较大的影响。因此，对于这些设备，应该做好维护，做到定期检查并清理，不同设备的维护频率也有所区别。

4）线性滑轨上不得放有杂物或者踩踏，每班次前后对线性滑轨表面进行检查。

5）每班次在使用变位机前要检查螺栓等连接部件是否存在异常，并且在无产品状态下，试运行，工作结束后，将变位机恢复原位置。

6）送丝机也要每天检查清理，并定期更换送丝轮，防止因送丝不畅造成焊接质量变差。

7）清枪站需每天做好检查清洁工作。

10.3.2 低碳钢板单道焊直线编程操作（图10-19～图10-21）

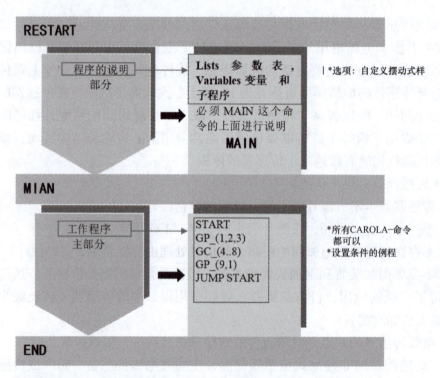

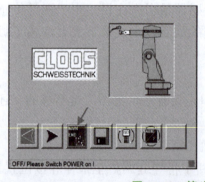

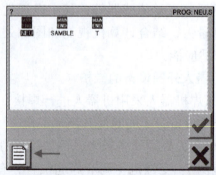

图10-19 箭头方向创建新的程序

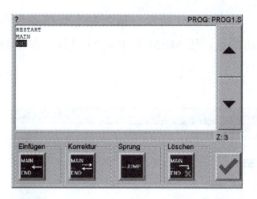

图 10-20 输入新的程序 PROG1

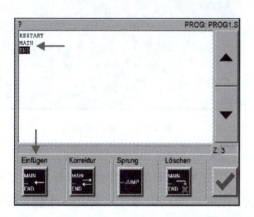
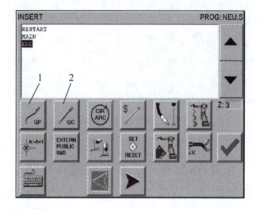

图 10-21 插入命令

1—命令空间点 GP = Go to point 移动到点　2—命令焊接路径 GC = Go continious path 连续直线轨迹路径

如图 10-22 所示，接近位置和存储点 1，用 MEM 和 P 同时组合，保存空间点 1，依此类推将空间点 1，2，3 点保存，单击确认 ✓，生成在工作程序里的工作部分的程序行。

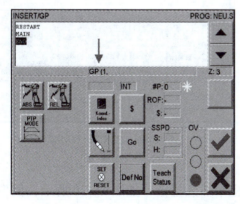
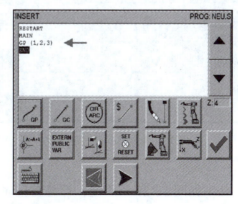

图 10-22 插入空间点

如图 10-23 所示，插入命令焊接路径点，GC = Go continious path 连续直线轨迹移动到点，用 MEM 和 P 同时组合，单击确认█，生成在工作程序里的工作部分的程序行。

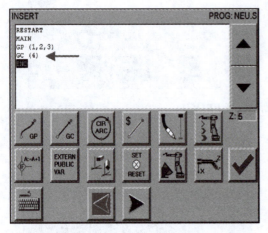

图 10-23　插入焊接路径点

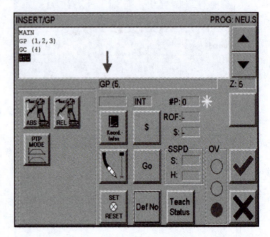

图 10-24　插入空间点

如图 10-24 所示，接近位置和存储点 5，用 MEM 和 P 同时组合，保存空间点 5，单击如图 10-25 中 Def No，输入已经示教并且存储过的点编号 1，单击确认█，生成在工作程序里的工作部分的程序行，如图 10-26 所示。

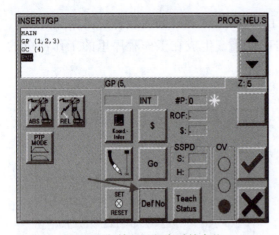

图 10-25　输入已保存过的点位

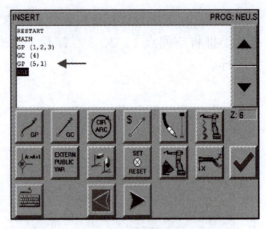

图 10-26　工作部分程序行

按下如图 10-29 所示键，即可在程序流程中插入指令，如图 10-30 所示，但事先要选择需要的焊接参数表如图 10-27 所示，或是选择相应的指令行被创建出来，程序

行中如图 10-28 所示。

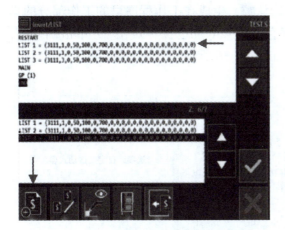

图 10-27　现有或新定义的焊接参数表

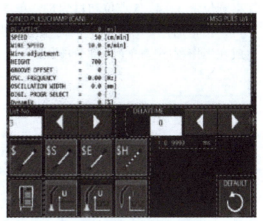

图 10-28　定义焊接参数表

　　如图 10-29 所示，单击此按键█，即可在程序流程中插入指令，如图 10-30 所示。但事先需选择需要的焊接参数表，如图 10-27 所示，或是选择相应的指令行被创建出来（$_（..）、$S_（..）、$E_（..）或 $H_（..）），并被收入到当前的程序行中，如图 10-28 所示。

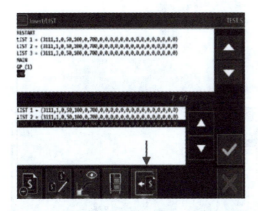

图 10-29　将选择的焊接参数表插入到流程部分中

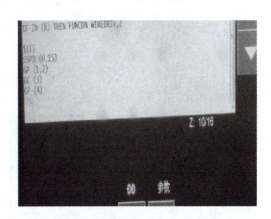

图 10-30　插入定义焊接参数表

10.3.3　低碳钢板单道焊圆弧编程操作（图 10-31 ~ 图 10-35）

　　创建新的程序，输入新的程序名 PROG2，接近位置和存储点 1，用 MEM 和 P 同时组合，保存空间点 1，依此类推将空间点 1，2，3 点保存，单击确认█，生成在

项目
10

工作程序里的工作部分的程序行。

单击如图 10-31 所示键，生成 10-32 图所示窗口，单击 CIR 整圆命令，输入已保存圆位置 3，4，5 点位和过焊量，单击确认■，生成在工作程序里的工作部分的程序行，抬枪后用 MEM 和 P 同时组合，保存空间点 6 和已保存点位 1，单击确认■，生成在工作程序里的工作部分的程序行，如图 10-36 所示。

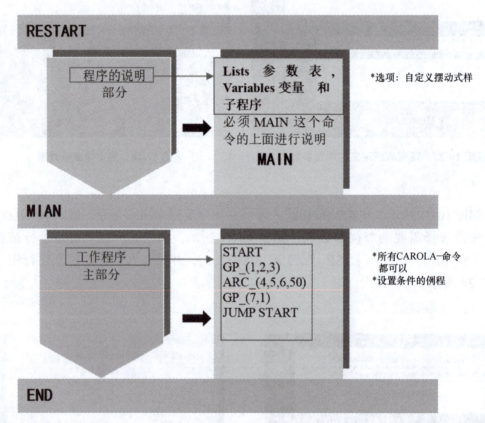

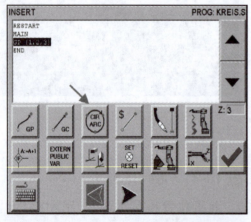

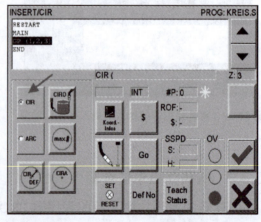

图 10-31　整圆、圆弧命令　　　　图 10-32　整圆 CIR 360 度

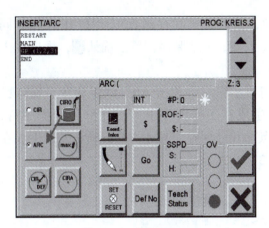

图 10-33 圆弧 ARC

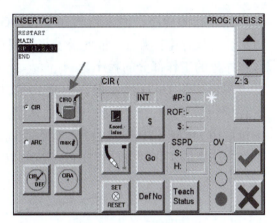

图 10-34 整圆定向

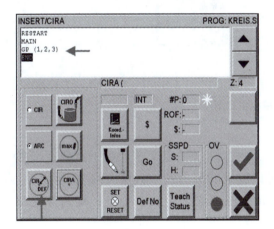

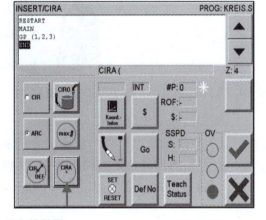

图 10-35 中心点定向的整圆

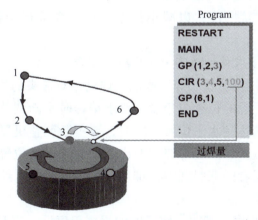

图 10-36 整圆编程示意图

　　创建新的程序，输入新的程序 PROG3，接近位置和存储点 1，用 MEM 和 P 同时组合，保存空间点 1，依此类推将空间点 1，2，3 点保存，单击确认✓，生成在工作程序里的工作部分的程序行。

　　单击如图 10-31 所示键，生成 10-32 图所示窗口，单击 ARC 圆弧命令，输入已保存圆位置 3，4，5 点位，单击确认✓，生成在工作程序里的工作部分的程序行，抬枪后用 MEM 和 P 同时组合，保存空间点 6 和已保存点位 1，单击确认✓，生成在工作程序里的工作部分的程序行，如图 10-37 所示。

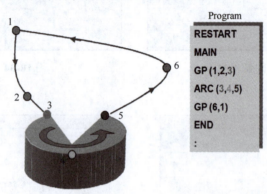

图 10-37　圆弧编程示意图

编程过程中注意事项：

　　1）空间最后点必须为整圆命令的起始点，每个圆必须定义 3 个点＋重叠定义参数，点必须均匀分布（大约 120°），整圆上可以定义的圆的最小直径大约 10cm。

　　空间最后点必须为圆弧命令的起始点，每个圆弧必须定义 3 个点，均匀分配每个点。

　　2）焊枪角度的变化尽可能使用第六轴。

　　3）每两点之间的角度不得超过 180°。

　　4）选择合理的焊接顺序，以减小焊接变形、焊枪行走路径长度来制定焊接顺序。

　　5）焊枪空间过渡要求移动轨迹短、平滑、安全。

　　6）采用合理的变位机位置、焊枪姿态、焊枪相对接头的位置。工件在变位机上固定后，若焊缝不是理想的位置与角度，要求编程时不断调整变位机，使得焊接的焊缝按照焊接顺序逐次达到水平位置。同时，要不断调整机器人各轴位置，合理地确定焊枪相对接头的位置、角度与焊丝伸出长度。工件的位置确定后，焊枪相对接头的位置只能通过编程者的双眼观察，难度较大。这就要求编程者非常熟练掌握操作要求及善于总结积累经验。

　　7）及时插入清枪程序。编写一定长度的焊接程序后，应及时插入清枪程序，可以防止焊接飞溅堵塞焊接喷嘴和导电嘴，保证焊枪的清洁，提高喷嘴的使用寿命，

确保可靠引弧、减少焊接飞溅。

8）编制程序一般不能一步到位，要在机器人焊接过程中不断检验和修改程序，调整焊接参数及焊枪姿态等，才会形成一个程序。

10.4 机器人焊接技能训练

技能训练 1 低碳钢板单道焊直线编程焊接

1. 焊前准备

1）试件材料：Q355 钢板，规格 300mm×100mm×12mm，2 件，T 形接头平角焊。

2）焊接材料：焊丝 H08Mn2SiA，直径为 $\phi1.2mm$；保护气体为 $80\%Ar+20\%CO_2$。

3）焊接要求：焊后两钢板垂直，焊脚尺寸 $a5$。

4）焊接设备：弧焊机器人。

5）辅助工具：角向打磨机、平锉、钢丝刷、锤子、扁铲、300mm 钢直尺。

2. 装配定位焊

1）清除坡口面及坡口正反面两侧各 20mm 范围内的油污、锈蚀、水分及其他污物，直至露出金属光泽。

2）装配过程中，立板与底板不允许有间隙，采用 300mm 直角尺检查立板与底板的垂直度，并用直角尺进行焊接反变形量的控制，以底板为基准，立板做 1mm 的反变形量，以此来抵消焊接变形。

3）定位焊缝有 3 处，分别在试件两个端面和焊缝背面中间位置，如图 10-38 所示，试件两个端面的定位焊缝不超过 15mm，焊缝背面中间定位焊缝最长不超过 25mm，最后将定位焊缝两端修磨成缓坡状。

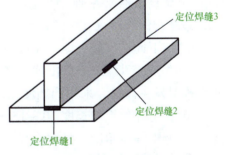

定位焊缝3
定位焊缝2
定位焊缝1

图 10-38 定位焊接示意图

3. 焊接参数

焊接参数见表 10-4。

表 10-4 焊接参数

焊道分布	焊接层次	焊条直径 /mm	送丝速度 /（m/min）	弧长修正 （%）	焊接速度 /（cm/min）	摆动宽度 /cm	摆动频率 /Hz
	1	1.2	9.8	-10	28	5.5	1.39

4. 操作要点及注意事项

1）试板放在工作平台上夹紧：将装配定位焊好的焊接试件放在工作平台上，并采用 F 型夹具将试件夹紧；为保证整个焊接正常顺利进行，接地线牢固接在试件底板上。

2）焊枪角度：焊枪角度的合适与否直接影响到焊缝熔深的好坏及焊缝成形的好坏，将焊枪姿态调整到最佳位置可以较好地减少焊缝未熔合、咬边以及盖面焊缝不均匀等缺陷，焊枪与立板呈 45°夹角，与焊接方向呈 70°～75°夹角，如图 10-39 所示。

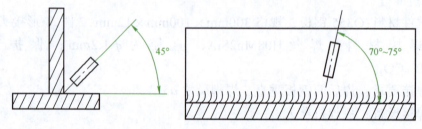

图 10-39 焊枪角度示意图

3）示教器编程

① 新建程序，输入程序名（如：PROG1）确认，自动生成程序，如图 10-40 所示。

② 正确选择坐标系：基本移动采用直角坐标系，接近或角度移动采用绝对坐标系。

③ 调整机器人各轴，调整为合适的焊枪姿势及焊枪角度，生成空步点 GP（1，2，3），按✅键保存步点。

④ 按下此按键■，即可在程序流程中插入指令，选择已建好的参数表。

⑤ 生成空步点（2 点位置）之后，设置焊枪接近试件起弧点（3 点位置），为防止和夹具发生碰撞，采用低挡慢速，掌握微动调整，精确地靠近工件。

⑥ 调整焊丝干伸长度 10～15mm。

⑦ 调整焊枪角度，将焊枪与平板呈 45°夹角，与焊接方向呈 70°～75°夹角。

⑧ 将焊枪移至焊缝收弧点，调整好焊枪角度及焊丝干伸长度，按✅键保存焊接步点（4 点位置），调整好焊枪角度及焊丝干伸长度。

⑨ 将焊枪移开试件至安全区域，生成空步点 GP（5），按✅键保存步点。

⑩ 示教编程完成后，对整个程序进行试运行。试运行过程中观察各个步点的焊接参数是否合理，并仔细观察焊枪角度的变化及设备周围运行的安全性。

4）焊接

① 焊前采用直磨机将接头处磨成缓坡状，保证焊接时引弧良好及焊缝质量。

② 焊接前检查试件周边是否有阻碍物。

③ 检查气体流量，焊丝是否满足整条焊缝焊接。

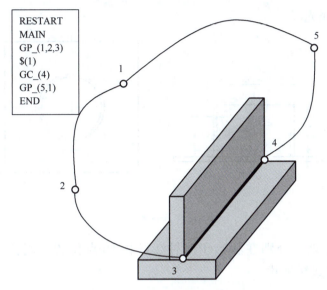

图 10-40　单道焊直线编程示意图

④ 检查焊机设备各仪表是否准确。

⑤ 清理喷嘴焊渣，拧紧导电嘴。

⑥ 为保证起弧的保护效果，起弧前先按按钮，提前放气 10 ~ 15s。

⑦ 焊接从起弧端往收弧端依次进行焊接，焊接完成后去除飞溅。

5. 焊缝质量检验

（1）外观检验　焊缝表面不得有裂纹、未熔合、夹渣、气孔等缺陷；焊缝的正面宽窄度在 0.5mm 以内；焊缝的凹度或凸度应 ≤ 1.0mm；焊脚应对称，其高宽差 ≤ 2mm。

（2）内部检验　焊缝内部进行宏观金相检验，熔深符合工艺要求。

技能训练 2　低碳钢板单道焊圆弧编程焊接

1. 焊前准备

1）试件材料：Q355 钢管，规格 100mm × ϕ 200mm × t8（mm），1 件；Q355 钢板，规格 400mm × 400mm × 10mm，1 件，接头如图 10-41 所示。

2）焊接材料：焊丝 H08Mn2SiA，直径为 ϕ 1.2mm；保护气体为 80%Ar + 20%CO_2。

3）焊接要求：焊后两钢板垂直，焊脚尺寸 z8。

4）焊接设备：弧焊机器人。

5）辅助工具：角向打磨机、平锉、钢丝刷、锤子、扁铲、300mm 钢直尺。

2. 装配定位焊

1）清除坡口面及坡口正反面两侧各 20mm 范围内的油污、锈蚀、水分及其他污物，直至露出金属光泽。

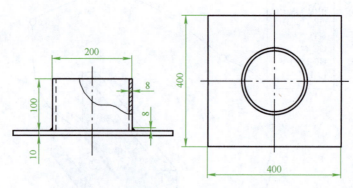

图 10-41　试板规格

2）定位焊 2 处，分别在相当于时钟 2 点和 10 点位置，定位焊缝长度为 10～15mm，两端修磨成缓坡状。

3. 焊接参数

焊接参数见表 10-5。

表 10-5　焊接参数

焊道分布	焊接层次	焊条直径/mm	送丝速度/（m/min）	焊丝调整（%）	焊接速度/（cm/min）	摆动宽度/cm	摆动频率/Hz
	1	1.2	9.8	-10	25	7	1.39

4. 操作要点及注意事项

1）将装配好的焊接试件放在工作平台上，并采用 F 形夹具将试件夹紧，如图 10-42 所示；为保证整个焊接正常顺利进行，接地线牢固接在试件底板上。

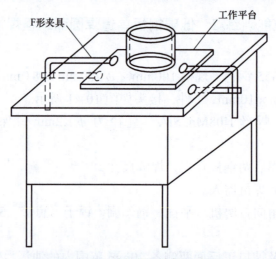

图 10-42　管板焊接夹紧示意图

2）焊枪角度：焊枪角度的合适与否直接影响到焊缝熔深的好坏及焊缝成形的好坏，将焊枪姿态调整到最佳位置可以较好地减少焊缝未熔合、咬边以及盖面焊缝不均匀等缺陷，焊枪与立板呈 45° 夹角，与焊接方向呈 70°~75° 夹角，如图 10-43 所示。

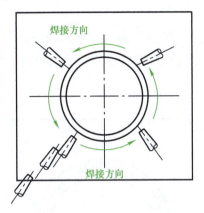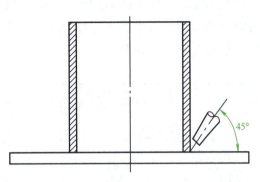

图 10-43 焊接方向与夹角示意图

3）示教器编程

① 新建程序，输入程序名（如：PROG4）确认，自动生成程序，参照图 10-44 进行。

② 正确选择坐标系：基本移动采用直角坐标系，接近或角度移动采用绝对坐标系。

③ 调整机器人各轴，调整为合适的焊枪姿势及焊枪角度，生成空步点 GP（1，2，3），按✓键保存步点。

④ 按下此按键 ，即可在程序流程中插入指令，选择已建好的参数表。

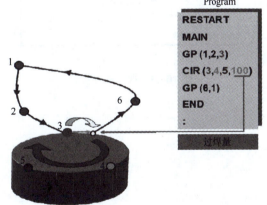

图 10-44 编程示意图

⑤ 生成空步点（2 点位置）之后，设置焊枪接近试件起弧点（3 点位置），为防止和夹具发生碰撞，采用低挡慢速，掌握微动调整，精确地靠近工件。

⑥ 调整焊丝干伸长度 10~15mm。

⑦ 调整焊枪角度将焊枪与管板呈 45° 夹角，与焊接方向呈 70°~75° 夹角。

⑧ 将焊枪移至焊缝收弧点，调整好焊枪角度及焊丝干伸长度，按✓键保存焊接步点（3，4，5 点位置），调整好焊枪角度及焊丝干伸长度。

⑨ 将焊枪移开试件至安全区域，生成空步点 GP（6），按✓键保存步点。

⑩ 示教编程完成后，对整个程序进行试运行。试运行过程中观察各个步点的焊

接参数是否合理，并仔细观察焊枪角度的变化及设备周围运行的安全性。

5.焊缝质量检验

（1）外观检验　焊缝表面不得有裂纹、未熔合、夹渣、气孔等缺陷，如图10-45所示；焊缝的正面宽窄度在 0.5mm 以内；焊缝的凹度或凸度应≤ 1.0mm；焊脚应对称，其高宽差≤ 2mm。

（2）内部检验　焊缝内部进行宏观金相检验：将试件起、收弧端25mm去除，再将试块均分四等份（可采取锯床切割或机加工方法直接取样）取样，如图10-46所示；取样后按照标准要求检验。

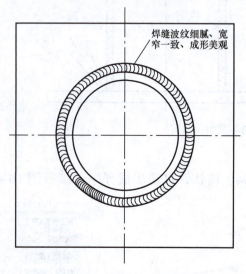

图 10-45　焊缝成形良好

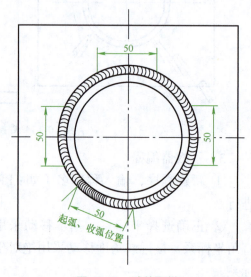

图 10-46　试件取样

模拟试卷样例一

一、单项选择题：共 60 分，每题 1 分。（请从备选项中选取正确答案填写在括号中。错选、漏选、多选均不得分，也不反扣分。）

1. 职业道德的内容不包括（　　　）。
（A）职业道德意识
（B）职业道德行为规范
（C）从业者享有的权利
（D）职业守则

2. 职业道德是（　　　）。
（A）社会主义道德体系的重要组成部分
（B）保障从业者利益的前提
（C）劳动合同订立的基础
（D）劳动者的日常行为规则

3. 不违反安全操作规程的是（　　　）。
（A）不按标准工艺生产
（B）自己制订生产工艺
（C）使用不熟悉的机床
（D）执行国家劳动保护政策

4. 图样中剖面线是用（　　）表示的。
（A）粗实线　　（B）细实线　　（C）点画线　　（D）虚线

5. 下列装配图尺寸标注述说不正确的是（　　　）。
（A）规格或性能尺寸，表示产品或部件的规格、性能的尺寸
（B）装配尺寸，包括零件之间有配合要求的尺寸及装配时需保证的相对位置尺寸
（C）安装尺寸，表示工件外形尺寸
（D）各零件的尺寸

6. 焊接装配图能清楚地表达出（　　）内容。
（A）焊接材料的性能
（B）接头和坡口形式
（C）焊接工艺
（D）焊缝质量

7. 焊缝符号标注原则是焊缝横截面上的尺寸标注在基本符号的（　　）。

（A）上侧　　　　（B）下侧　　　　（C）左侧　　　　（D）右侧

8. 未注公差尺寸应用范围是（　　）。

（A）长度尺寸　　　　　　　　　　　　（B）工序尺寸

（C）用于组装后经过加工所形成的尺寸　　（D）以上都适用

9. 力学性能指标中符号 R_m 表示（　　）。

（A）屈服点　　（B）抗拉强度　　（C）伸长率　　（D）冲击韧度

10. 使钢产生冷脆性的元素是（　　）。

（A）锰　　　　（B）硅　　　　（C）硫　　　　（D）磷

11. 合金组织大多数属于（　　）。

（A）金属化合物　（B）单一固溶体　（C）机械混合物　（D）纯金属

12. 热处理是将固态金属或合金用适当的方式进行（　　）以获得所需组织结构和性能的工艺。

（A）加热、冷却　　　　　　　　（B）加热、保温

（C）保温、冷却　　　　　　　　（D）加热、保温和冷却

13. 铁碳相图上的共析线是（　　）线。

（A）ACD　　　（B）ECF　　　（C）PSK　　　（D）GS

14. 焊接不锈钢及耐热钢的熔剂牌号是（　　）。

（A）CJ101　　（B）CJ201　　（C）CJ301　　（D）CJ401

15. 焊接电弧强迫调节系统的控制对象是（　　）。

（A）电弧长度　（B）焊丝外伸长　（C）电流　　（D）电网电压

16. 对钨极氩弧焊机的气路进行检查时，气压为（　　）MPa时，检查气管无明显变形和漏气现象，打开试气开关时，送气正常。

（A）1　　　（B）0.5　　　（C）0.1　　　（D）0.3

17. 开关式晶体管电源，可以通过控制达到（　　）脉冲过渡一个熔滴，电弧稳定，焊缝成形美观。

（A）一个　　（B）二个　　（C）三个　　（D）四个

18. 着色检验时，施加显像剂后，一般在（　　）内观察显示痕迹。

（A）5min　　（B）7～30min　　（C）60min　　（D）1min

19. 焊缝化学分析试验是检查焊缝金属的（　　）。

（A）化学成分　（B）物理性能　（C）化学性能　（D）工艺性能

20. 正确的触电救护措施是（　　）。

（A）合理选择照明电压　　　　（B）打强心针

（C）先断开电源再选择急救方法　（D）移动电器不须接地保护

21. 焊条电弧焊所采用的熔滴过渡形式是（　　）。

（A）粗滴　　　　（B）渣壁　　　　（C）细滴　　　　（D）短路

22. 钢板定位焊时，采用的焊接电流比正式施焊时大（　　　）A。

（A）0～10　　　（B）10～20　　　（C）20～30　　　（D）30～40

23. 低碳钢和低合金钢焊接时，焊接材料的选择原则是强度、塑性和冲击韧性都不能低于被焊钢材中的（　　　）值。

（A）最高　　　　（B）最低　　　　（C）平均

24. 由于 CO_2 气体保护焊的 CO_2 气体具有氧化性，可以抑制（　　　）的产生。

（A）CO_2 气孔　　（B）氢气孔　　　（C）氮气孔　　　（D）NO 气孔

25. CO_2 气体保护焊的焊丝伸出长度通常取决于（　　　）。

（A）焊丝直径　　（B）焊接电流　　（C）电弧电压　　（D）焊接速度

26. 下列型号焊机中，（　　　）是交流手工钨极氩弧焊机。

（A）WS-250　　（B）WSJ-150　　（C）WSES-500　　（D）WS-300-2

27. （　　　）不是手工钨极氩弧焊所使用的电源。

（A）交流　　　　（B）直流正接　　（C）直流反接　　（D）脉冲

28. 手工钨极氩弧焊时，钨极伸出长度为（　　　）mm。

（A）2～4　　　（B）3～5　　　（C）5～10　　　（D）6～12

29. 手工钨极氩弧焊填丝的基本操作技术没有（　　　）。

（A）连续填丝

（B）断续填丝

（C）焊丝紧贴坡口与钝边同时熔化填丝

（D）焊丝放在坡口内熔化填丝

30. 减小焊件焊接应力的工艺措施之一是（　　　）。

（A）焊前将焊件整体预热

（B）使焊件焊后迅速冷却

（C）组装时强力装配，以保证焊件对正

31. 焊前预热能够（　　　）。

（A）减小焊接应力

（B）增加焊接应力

（C）减小焊接变形

32. 预防和减少焊接缺陷的可能性的检验是（　　　）。

（A）焊前检验　　（B）焊后检验　　（C）设备检验　　（D）材料检验

33. 在焊接碳钢和合金钢时，常选用含（　　　）的焊丝，这样能有效地脱氧。

（A）Mn 与 Si　　（B）Al 与 Ti　　（C）V 与 Mo

34. 气焊管子时，一般均用（　　　）接头。

（A）对接　　　　（B）角接　　　　（C）卷边　　　　（D）搭接

35. 所产生的焊接变形量最小的焊接方法是（ ）。

（A）氧乙炔焊 （B）氩弧焊 （C）电子束焊

36. 氧乙炔气焊时，（ ）易使焊缝产生气孔。

（A）氧化焰 （B）中性焰 （C）碳化焰

37. 在焊接机器人操作过程中，最简单的编程方法是（ ）编程法。

（A）脱机 （B）示教 （C）模拟复位 （D）编程台

38. 如何改变机器人自动状态下的空间运行速度（ ）。

（A）PTPMAX （B）CP、GP （C）GPMAX （D）CPMAX

39. 通过示教板进行工件坐标系定义时需要定义（ ）点。

（A）3点 （B）4点 （C）5点 （D）6点

40. 如果 ROF 命令没有在程序中使用，计算机会自动使用（ ）。

（A）ROF（1） （B）ROE（1） （C）ROF（2） （D）ROF（3）

41. 点焊不同厚度钢板的主要困难是（ ）。

（A）分流太大 （B）产生缩孔 （C）焊点偏移 （D）容易错位

42. 点焊设备自动操作时，如遇到紧急情况时应按（ ）键。

（A）电源开关键 （B）紧急停止键 （C）手动键 （D）锁紧键

43. 点焊设备上汉语"焊接"一词的英语单词是：（ ）

（A）TEACH （B）ERROR （C）DELETE （D）WELD

44. 弧焊机械手在使用 CO_2 气体保护焊时主要问题之一是（ ）。

（A）裂纹 （B）飞溅 （C）未熔合 （D）夹渣

45. 实心焊丝型号的开头字母是大写字母（ ）。

（A）E （B）H （C）ER （D）HR

46. 厚板对接接头时，为了控制焊接变形，宜选用的坡口形式是（ ）。

（A）V形 （B）X形 （C）K形 （D）以上选项均可

47. 焊接前通常将工件或试板做反变形，其目的是控制（ ）。

（A）扭曲变形和弯曲变形 （B）角变形和波浪变形

（C）波浪变形和弯曲变形 （D）角变形和弯曲变形

48. 薄板焊接易产生（ ）。

（A）波浪变形 （B）角变形 （C）弯曲变形 （D）收缩变形

49. 焊接前须对坡口表面及其附近进行清理，如表面有油污，应采用的清理方法是（ ）。

（A）用抹布擦拭 （B）酸洗 （C）碱洗 （D）火烤

50. 氧在焊缝金属中的存在形式主要是（ ）。

（A）FeO 夹杂物 （B）SiO_2 夹杂物 （C）MnO 夹杂物 （D）CaO 夹杂物

51. 焊接时，弧焊电源发热取决于（ ）。

（A）焊接电流的大小　　　　　　　（B）焊接电压的大小

（C）焊钳大小　　　　　　　　　　（D）焊接电流的负载状态

52.TIG 焊熄弧时，采用电流衰减的目的是为了防止产生（　　）。

（A）未焊透　　　（B）内凹　　　（C）弧坑裂纹　　　（D）烧穿

53.电弧挺度对焊接操作十分有利，可以利用它来控制（　　），吹去覆盖在熔池表面过多的熔渣。

（A）焊缝的成分　　（B）焊缝的组织　　（C）焊缝的结晶　　（D）焊缝的成形

54.焊接接头热影响区的最高硬度值可以用来间接判断材料（　　）。

（A）强度　　　　　（B）塑性　　　　　（C）韧性　　　　　（D）焊接性

55.焊条电弧焊时，由于冶金反应在熔滴和熔池内部将产生（　　）气体，因此引起飞溅现象。

（A）CO　　　　　　（B）N_2　　　　　（C）H_2　　　　　（D）CO_2

56.埋弧焊焊缝自动跟踪传感器的性能，除了通常的指标外，还要能抵抗电弧的（　　）。

（A）电磁干扰　　　（B）辐射　　　　　（C）弧光　　　　　（D）烟尘

57.检查焊缝中气孔、夹渣等立体状缺陷最好的方法是（　　）检测。

（A）磁粉　　　　　（B）射线　　　　　（C）渗透　　　　　（D）超声

58.渗透检测主要用来探测非铁磁性材料的（　　）的焊接缺陷。

（A）焊缝根部　　　　　　　　　　（B）表面和近表面

（C）焊层与焊件　　　　　　　　　（D）热影响区

59.下列试验方法中属于破坏性检验的是（　　）。

（A）气密性试验　　（B）水压试验　　（C）沉水试验　　（D）弯曲试验

60.下列检验方法属于表面检验的是（　　）。

（A）金相检验　　　（B）硬度检验　　　（C）磁粉检验　　　（D）致密性检验

二、多项选择题：共 20 分　每题 1 分。（请从备选项中选取正确答案填写在括号中。错选、漏选、多选均不得分，也不反扣分。）

1.（　　）均为焊工职业守则。

（A）遵守国家法律

（B）爱岗敬业，忠于职守

（C）吃苦耐劳

（D）刻苦钻研业务

（E）坚持文明生产

2.下列说法中，你认为正确的有（　　）。

（A）岗位责任、规定岗位的工作范围和工作性质

（B）操作规则是职业活动具体而详细的次序和动作要求

（C）规章制度是职业活动中最基本的要求

（D）职业规范是员工在工作中必须遵守和履行的职业行为要求

3. 气焊（　　　）金属材料时必须使用熔剂。

（A）低碳钢　　　　（B）低合金高强度钢　　　　　　　　（C）不锈钢

（D）耐热钢　　　　（E）铝及铝合金　　　　　　　　　　（F）铜及铜合金

4. 一张完整的焊接装配图应由几个方面组成（　　　）。

（A）一组视图　　　（B）必要的尺寸

（C）技术要求　　　（D）标题栏、明细表和零件序号

5. 金属材料的物理、化学性能是指材料的（　　　）等。

（A）熔点　　　　　（B）导热性　　　（C）导电性

（D）硬度　　　　　（E）塑性　　　　（F）抗氧化性

6. 氩弧焊机的调试内容主要是对（　　　）等进行调试。

（A）电源参数调整　　　　　　　　（B）控制系统的动能

（C）控制系统的精度　　　　　　　（D）供气系统完好性

（E）焊枪的发热情况

7. 检查非磁性材料焊接接头表面缺陷的方法有（　　　）。

（A）X射线检测　（B）超声检测　　（C）荧光检测

（D）磁粉检测　　（E）着色检测　　（F）外观检查

8. 在电路中，用电设备如（　　　）等，由导线连接电源和负载，用来输送电能。

（A）电动机　　　（B）电焊机　　　（C）电热器　　　　（D）发电机

9. 采用焊条电弧焊焊接低碳钢和低合金钢试件仰对接焊时，坡口形式一般选用（　　　）。

（A）V形　　　　（B）K形　　　　（C）单边V形

（D）U形　　　　（E）X形　　　　（F）带钝边V形

10. CO_2 焊时熔滴过渡形式主要有（　　　）。

（A）短路过渡　　（B）断路过渡　　（C）粗滴过渡

（D）喷射过渡　　（E）射流过渡

11. 增加焊接结构的返修次数，会使（　　　）。

（A）焊接应力减小　　　　　　　　（B）金属晶粒粗大

（C）金属硬化　　　　　　　　　　（D）产生裂纹等缺陷

（E）提高焊接接头强度　　　　　　（F）降低焊接接头的性能

12. 恰当地选择装配次序、焊接次序是控制焊接结构的（　　　）的有效措施之一。

（A）应力　　　　（B）硬度　　　　（C）塑性　　　　（D）变形

13. 退火的目的（　　　）。

（A）降低钢硬度 （B）提高塑性 （C）利于切削加工（D）提高强度

14. 以下选项中影响焊接的主要因素有（　　　）和条件因素。

（A）材料因素 （B）工艺因素 （C）结构因素 （D）保护气体

15. 引起点焊飞溅的因素有（　　　）。

（A）焊接电流 （B）焊接压力

（C）电极表面状态 （D）母材表面状态

16. 防止咬边的方法包括（　　　）。

（A）正确的操作方法和角度 （B）选择合适的焊接电流

（C）装配间隙不合适 （D）电弧不能过长

17. 焊接检验的目的是（　　　）。

（A）发现焊接缺陷 （B）检验焊接接头的性能

（C）测定焊接残余应力 （D）确保产品的安全使用

18. 焊接生产中，常用的控制焊接变形的工艺措施有（　　　）。

（A）残余量法 （B）反变形法

（C）减少焊缝的数量 （D）刚性固定法

19. 在结构设计和焊接方法确定的情况下，采用（　　　）方法能够减小焊接应力。

（A）采用合理的焊接顺序和方向 （B）采用较小的焊接热输入

（C）采用整体预热 （D）锤击焊缝金属

20. 钨极氩弧焊时，通常要求钨极具有（　　　）等特性。

（A）电流容量大 （B）脱氧

（C）施焊损耗小 （D）引弧性好

三、判断题：共 20 分，每题 1 分。（正确的打"√"，错误的打"×"。错答、漏答均不得分，也不反扣分。）

1. 从业者从事职业的态度是价值观、道德观的具体表现。　　　　（　　）

2. 办事公道不可能有明确的标准，只能因人而异。　　　　　　（　　）

3. 法律对人们行为的调整是靠内心信念、风俗习惯和社会舆论的力量来维持的。

（　　）

4. 职工必须严格遵守各项安全生产规章制度。　　　　　　　　（　　）

5. 在设计过程中，一般是先画出零件图，再根据零件图画出装配图。　（　　）

6. 装配图中相邻两个零件的非接触面由于间隙很小，只需画一条轮廓线。

（　　）

7. 焊缝的辅助符号是说明焊缝的某些特征而采用的符号。　　　　（　　）

8. 尺寸公差的数值等于上极限尺寸与下极限尺寸之代数差。　　　（　　）

9. 当无法用代号标注时，也允许在技术要求中用相应的文字说明。　（　　）

10. 热膨胀性是金属材料的化学性能。　　　　　　　　　　（　　　）

11. 所有热处理的工艺过程都应包括加热、保温和冷却。　　　（　　　）

12. 碳钢及合金钢气焊时，合金元素的氧化只发生在熔滴和熔池的表面。（　　　）

13. 气焊时选用富含硅脱氧剂的焊丝，可有效地脱去焊缝中的氧。（　　　）

14. 焊接电流越大，熔深越大，因此焊缝成形系数越小。　　　（　　　）

15. 焊缝余高太高，易在焊趾处产生应力集中，所以余高不能太高，但也不能低于母材金属。　　　　　　　　　　　　　　　　　　　（　　　）

16. 两块工件装配成 V 形坡口的对接接头，其装配间隙两端尺寸都一样。（　　　）

17. 焊接完毕，收弧时应将熔池填满后再灭弧。　　　　　　（　　　）

18. 焊接热输入越大，焊接热影响区越小。　　　　　　　　（　　　）

19. 焊接接头拉伸试验用的试样应保留焊后原始状态，不应加工掉焊缝余高。
　　　　　　　　　　　　　　　　　　　　　　　　　（　　　）

20. CO_2 气体保护焊采用直流反接时，极点的压力大，所以造成大颗粒飞溅。
　　　　　　　　　　　　　　　　　　　　　　　　　（　　　）

模拟试卷样例一答案

一、单项选择题

1.C	2.A	3.D	4.C	5.D	6.B	7.C	8.D	9.B	10.D
11.C	12.D	13.C	14.A	15.A	16.D	17.A	18.B	19.A	20.C
21.C	22.C	23.B	24.B	25.A	26.B	27.C	28.C	29.D	30.A
31.A	32.A	33.A	34.A	35.C	36.C	37.B	38.A	39.A	40.A
41.C	42.B	43.D	44.B	45.C	46.B	47.D	48.A	49.C	50.A
51.D	52.C	53.D	54.D	55.A	56.A	57.B	58.B	59.D	60.C

二、多项选择题

1.ABCE	2.ABCD	3.CDEF	4.ABCD	5.ABCF	6.ABCDE
7.CEF	8.ABC	9.AEF	10.AC	11.BCDF	12.AD
13.ABC	14.ABCD	15.ABCD	16.ABC	17.ABD	18.ABD
19.ABCD	20.ACD				

三、判断题

1.√	2.×	3.×	4.√	5.×	6.×	7.×	8.×	9.√	10.×
11.√	12.×	13.×	14.√	15.√	16.×	17.√	18.×	19.×	20.×

模拟试卷样例二

一、单项选择题：共 60 分，每题 1 分。（请从备选项中选取正确答案填写在括号中。错选、漏选、多选均不得分，也不反扣分。）

1. 职业道德的内容不包括（　　　）。
（A）职业道德意识
（B）职业道德行为规范
（C）从业者享有的权利
（D）职业守则

2. 职业道德的实质内容是（　　　）。
（A）树立新的世界观
（B）树立新的就业观念
（C）增强竞争意识
（D）树立全新的社会主义劳动态度

3. 遵守法律法规不要求（　　　）。
（A）延长劳动时间
（B）遵守操作程序
（C）遵守安全操作规程
（D）遵守劳动纪律

4. 不爱护设备的做法是（　　　）。
（A）保持设备清洁
（B）正确使用设备
（C）自己修理设备
（D）及时保养设备

5. 零件图样中，能够准确地表达物体的尺寸与（　　　）的图形称为图样。
（A）形状
（B）公差
（C）技术要求
（D）形状及其技术要求

6. 识读装配图的具体步骤中，第一步是（　　　）。
（A）看标题栏和明细表
（B）分析视图
（C）分析工作原理和装配关系
（D）分析零件

7. （　　　）不是通过看焊接结构视图应了解的内容。
（A）坡口形式及坡口深度
（B）分析焊接变形趋势
（C）焊缝数量及尺寸
（D）焊接方法

8. 确定两个基本尺寸的精确程度，是根据两尺寸的（　　　）。
（A）公差大小　（B）公差等级　（C）基本偏差　（D）基本尺寸

9. 评定表面粗糙度时，一般在横向轮廓上评定，其理由是（　　　）。
（A）横向轮廓比纵向轮廓的可观察性好
（B）横向轮廓上表面粗糙度比较均匀
（C）在横向轮廓上可得到高度参数的最小值
（D）在横向轮廓上可得到高度参数的最大值

10. 使钢产生冷脆性的元素是（　　　）。
（A）锰
（B）硅
（C）硫
（D）磷

11. 金属材料传导热量的性能称为（　　　）。

（A）热膨胀性　　（B）导热性　　　（C）导电性　　　（D）耐热性

12. 能够完整地反映晶格特征的最小几何单元称为（　　　）。

（A）晶粒　　　　（B）晶胞　　　　（C）晶面　　　　（D）晶体

13. （　　　）不是铁碳合金的基本组织。

（A）铁素体　　　（B）渗碳体　　　（C）奥氏体　　　（D）布氏体

14. 热处理是将固态金属或合金用适当的方式进行（　　）以获得所需组织结构
和性能的工艺。

（A）加热、冷却　　　　　　　　（B）加热、保温

（C）保温、冷却　　　　　　　　（D）加热、保温和冷却

15. 为了加强电弧自身的调节作用，应该使用较大的（　　　）。

（A）电流密度　　（B）焊接速度　　（C）焊条直径　　（D）电弧电压

16. 对钨极氩弧焊的水路进行检查时，水压为（　　　）MPa时，水路能够正常工
作，无漏水现象。

（A）0.15～0.3　　（B）0.5　　　　（C）0.5～1.5　　（D）1.5

17. IGBT逆变焊机的逆变频率是（　　　）。

（A）5kHz以下　　（B）16～20kHz　　（C）20kHz以上

18. 正确的触电救护措施是（　　　）。

（A）合理选择照明电压　　　　　（B）打强心针

（C）先断开电源再选择急救方法　（D）移动电器不须接地保护

19. 易燃易爆物品距离切割场地在（　　　）m以外。

（A）3　　　　　　（B）5　　　　　（C）10　　　　　（D）15

20. 由于CO_2气体保护焊的CO_2气体具有氧化性，可以抑制（　　　）的产生。

（A）CO_2气孔　　（B）氢气孔　　　（C）氮气孔　　　（D）NO气孔

21. 焊接接头冲击试样的缺口不能开在（　　　）位置。

（A）焊缝　　　　（B）熔合线　　　（C）热影响区　　（D）母材

22. 装配的准备工作有确定装配（　　　）、顺序和准备所需要的工具。

（A）方法　　　　（B）过程　　　　（C）工艺　　　　（D）工装

23. 产生噪声的原因很多，其中较多的是由于机械振动和（　　　）引起的。

（A）空气　　　　（B）气流　　　　（C）介质　　　　（D）风向

24. 焊条电弧焊焊接低碳钢和低合金钢时，一般用（　　　）方法清理坡口表面及
两侧的氧化皮及污物等。

（A）机械　　　　（B）化学　　　　（C）两者均可

25. 焊前预热能够（　　　）。

（A）减小焊接应力　　（B）增加焊接应力　　（C）减小焊接变形

26. CO_2 气体保护焊焊接厚板工件时，熔滴过渡的形式应采用（   ）。

（A）短路过渡　　（B）粗滴过渡　　（C）射流过渡　　（D）喷射过渡

27. CO_2 气体保护焊用于焊接低碳钢和低合金高强度结构钢时，主要采用（   ）脱氧方法。

（A）Mn　　　　（B）Si　　　　　（C）Mn-Si　　　　（D）Al

28. （   ）不是 CO_2 气体保护焊的焊丝直径选择的条件。

（A）焊件厚度　　　　　　　　（B）焊缝空间位置
（C）电源极性　　　　　　　　（D）焊接生产率

29. （   ）不是手工钨极氩弧焊所使用的电源。

（A）交流　　　　（B）直流正接　　（C）直流反接　　（D）脉冲

30. 手工钨极氩弧焊时，焊接速度太快，不会产生（   ）。

（A）咬边　　　　（B）气体保护层偏离钨极和熔池
（C）气孔　　　　（D）未焊透

31. 手工钨极氩弧焊时，焊枪直线断续移动主要用于（   ）mm 材料的焊接。

（A）1～3　　　　（B）3～6　　　（C）6～9　　　（D）9～12

32. 有利于减小焊接应力的措施有（   ）。

（A）采用塑性好的焊接材料
（B）采用强度高的焊接材料
（C）将焊件刚性固定

33. （   ）不是 Ar+He 混合气体的特点。

（A）焊接电弧燃烧非常稳定　　　（B）焊接电弧的温度较高
（C）焊速小　　　　　　　　　　（D）熔深大

34. 焊缝金属中若存在体积分数为（   ）的氢，就会对焊接接头质量产生严重的影响。

（A）1/1000　　　（B）1/10000　　（C）1/100000

35. 采用气焊焊接低碳调质钢时，为保证接头的强度和韧性，焊后一定要重新进行（   ）。

（A）正火处理　　（B）退火处理　　（C）调质处理

36. 氧乙炔焊时，（   ）易使焊缝产生气孔。

（A）氧化焰　　　（B）中性焰　　　（C）碳化焰

37. 气焊管子时，一般均用（   ）接头。

（A）对接　　　　（B）角接　　　　（C）卷边　　　　（D）搭接

38. 机器人移动到记忆点有几种方式（   ）。

（A）G、GP、PTP　　　　　　（B）GP
（C）PTP、GP、GL　　　　　（D）GL、GP

39.在焊接机器人操作过程中，最简单的编程方法是（　　　）编程法。

（A）脱机　　　　　（B）示教　　　　　（C）模拟复位　　　（D）编程台

40.在机器人进行维修工作的时候为了保护服务和维修人员操作方式应选择（　　　）。

（A）OFF　　　　　（B）T1　　　　　（C）T2　　　　　（D）AUTO

41.整圆命令CIR（3，4，5，50）中50为（　　　）。

（A）圆的直径　　　（B）圆的周长　　　（C）圆的半径　　　（D）过焊量

42.点焊不同厚度钢板的主要困难是（　　　）。

（A）分流太大　　　（B）产生缩孔　　　（C）熔核偏移　　　（D）容易错位

43.点焊时，焊件与焊件之间的接触电阻（　　　）。

（A）越大越好　　　（B）越小越好　　　（C）正常为好　　　（D）不要过大

44.在点焊设备焊接过程中，如为了控制熔合偏移，应使用（　　　）的规范进行焊接。

（A）大电流、短通电时间　　　　　　（B）大电流、长通电时间

（C）小电流、短通电时间　　　　　　（D）小电流、长通电时间

45.在弧焊机械手焊接过程中，为了保证适当的焊缝宽度，还应进行适当的（　　　）。

（A）压低定位焊　　（B）横向摆动　　　（C）纵向摆动　　　（D）抬高弧长

46.CO_2气体保护焊采用直流负极性的飞溅比直流正极性的飞溅（　　　）。

（A）大　　　　　　（B）小　　　　　　（C）一样大　　　　（D）大小不确定

47.厚板对接接头时，为了控制焊接变形，宜选用的坡口形式是（　　　）。

（A）V形　　　　　（B）X形　　　　　（C）K形　　　　　（D）以上选项均可

48.焊接前通常将工件或试板做反变形，其目的是控制（　　　）。

（A）扭曲变形和弯曲变形　　　　　　（B）角变形和波浪变形

（C）波浪变形和弯曲变形　　　　　　（D）角变形和弯曲变形

49.氧在焊缝金属中的存在形式主要是（　　　）。

（A）FeO 夹杂物　　　　　　　　　　（B）SiO_2 夹杂物

（C）MnO 夹杂物　　　　　　　　　　（D）CaO 夹杂物

50.厚板焊接预防冷裂纹的措施是（　　　）。

（A）预热　　　　　　　　　　　　　（B）使用大电流

（C）降低焊接速度　　　　　　　　　（D）焊后热处理

51.为了减小焊件的焊接残余变形，选择合理的焊接顺序的原则之一是（　　　）。

（A）先焊收缩量大的焊缝　　　　　　（B）对称焊

（C）尽可能考虑焊缝能自由收缩　　　（D）先焊收缩量小的焊缝

52.防止弧坑的措施不包括（　　　）。

（A）提高焊工操作技能　　　　（B）适当摆动焊条以填满凹陷部分

（C）在收弧时做几次环形运条　　（D）适当加快熄弧

53.缝焊机的滚轮电极为主动时，用于（　　　）。

（A）圆形焊缝　（B）不规则焊缝　（C）横向焊缝　（D）纵向焊缝

54.为了保证低合金钢焊缝与母材有相同的耐热、耐腐蚀等性能。应选用（　　　）相同的焊丝。

（A）抗拉强度　（B）屈服强度　（C）成分　　　（D）塑性

55.工件表面的锈蚀未清除干净会引起（　　　）。

（A）热裂纹　　（B）冷裂纹　　（C）咬边　　（D）弧坑

56.手工电弧焊时，由于冶金反应在熔滴和熔池内部将产生（　　　）气体，因此引起飞溅现象。

（A）CO　　　　（B）N_2　　　　（C）H_2　　　　（D）CO_2

57.埋弧焊焊缝的自动跟踪系统通常是指电极对准焊缝的（　　　）。

（A）左棱边　　（B）右棱边　　（C）中心　　（D）左、右棱边

58.下列检验方法属于表面检验的是（　　　）。

（A）金相检验　（B）硬度检验　（C）磁粉检验　（D）致密性检验

59.下列试验方法中属于破坏性检验的是（　　　）。

（A）气密性试验　（B）水压试验　（C）沉水试验　（D）弯曲试验

60.磁粉探伤可用来发现焊缝缺陷的位置是（　　　）。

（A）焊缝深处的缺陷　　　　　（B）表面或近表面的缺陷

（C）焊缝的内部缺陷　　　　　（D）夹渣等

二、多项选择题：共20分　每题1分。（请从备选项中选取正确答案填写在括号中。错选、漏选、多选均不得分，也不反扣分。）

1.加强职业道德修养的途径有（　　　）。

（A）树立正确的人生观

（B）培养自己良好的行为习惯

（C）学习先进人物的优秀品质，不断激励自己

（D）坚决同社会上的不良现象做斗争

2.焊接与铆接相比，它具有（　　　）等特点。

（A）节省金属材料　（B）减轻结构重量　（C）接头密封性好

3.金属材料常用的力学性能指标主要有（　　　）。

（A）塑性　　（B）硬度　　（C）强度

（D）密度　　（E）热膨胀性　　（F）冲击韧性

4.碳钢中除含有铁、碳元素外，还有少量的（　　　）等杂质。

（A）硅　　　　（B）锰　　　　（C）钼
（D）铌　　　　（E）硫　　　　（F）磷

5.CO_2气体保护焊机的供气系统由（　　）组成。
（A）气瓶　　　（B）预热器　　（C）干燥器
（D）减压阀　　（E）流量计　　（F）电磁气阀

6.焊接接头的金相试验是用来检查（　　）的金相组织情况，以及确定焊缝内部缺陷等。
（A）焊缝　　　（B）热影响区　（C）熔合区　　（D）母材

7.防止未熔合的措施主要有（　　）。
（A）焊条和焊炬的角度要合适
（B）焊条和焊剂要严格烘干
（C）认真清理焊件坡口和焊缝上的脏物
（D）防止电弧偏吹

8.长期接触噪声可引起噪声性耳聋及对（　　）的危害。
（A）呼吸系统　（B）神经系统　（C）消化系统
（D）血管系统　（E）视觉系统

9.熔滴过渡对焊接过程的（　　）有很大的影响。
（A）稳定性　　（B）焊缝成形　（C）飞溅
（D）焊接接头质量　　　　　　（E）焊缝的组织

10.坡口清理的目的是清除坡口表面上的（　　），保证焊接质量。
（A）油　　　　（B）铁锈　　　（C）油污
（D）水分　　　（E）氧化皮　　（F）其他有害杂质

11.焊接生产中，常用的控制焊接变形的工艺措施有（　　）。
（A）残余量法　　　　　　　　（B）反变形法
（C）减少焊缝的数量　　　　　（D）刚性固定法

12.手工钨极氩弧焊具有（　　）优点。
（A）能够焊接绝大多数金属包括化学活泼性很强的金属
（B）焊接过程无飞溅、不用清渣
（C）能进行全位置焊接
（D）焊接过程填加焊丝，不受焊接电流的影响

13.以下选项中，哪些可以提高钢的韧性。（　　）
（A）加入 Ti、V、W、Mo 等强碳化物形成元素
（B）提高回火稳定性
（C）改善基体韧性
（D）细化碳化物

14. 矫正的方法有哪些？（　　　）

（A）机械矫正　　（B）手工矫正　　（C）火焰矫正　　（D）高频热度矫正

15. 焊接烟尘的危害与（　　　）相关。

（A）工件金属材质　　　　　　　（B）焊丝

（C）药皮　　　　　　　　　　　（D）清洗剂或除酯剂

16. CO_2 激光器工作气体的主要成分是（　　　）。

（A）CO_2　　　　（B）N_2　　　　（C）CO　　　　（D）He

17. 熔焊焊接接头的组成部分包括（　　　）。

（A）焊缝金属　　（B）熔合区　　（C）热影响区　　（D）母材金属

18. 易诱发焊接结构产生疲劳破坏的因素有（　　　）。

（A）残余拉应力　　（B）应力集中

（C）残余压应力　　（D）焊缝表面的强化处理

19. 焊接结构进行焊后热处理的目的有（　　　）。

（A）消除或降低焊接残余应力　　　（B）提高焊接接头的韧性

（C）防止焊接区扩散氢的聚集　　　（D）减少焊接变形

20. 焊接生产中降低应力集中的措施有（　　　）。

（A）合理的结构形式　　　　　　　（B）多采用对接接头

（C）避免焊接缺陷　　　　　　　　（D）对焊缝表面进行强化处理

三、判断题：共 20 分，每题 1 分。（正确的打"√"，错误的打"×"。错答、漏答均不得分，也不反扣分。）

1. 职业道德的实质内容是建立全新的社会主义劳动关系。（　　　）

2. 忠于职守就是要求把自己职业范围内的工作做好。（　　　）

3. 在装配图中，所有零部件的形状尺寸都必须标注。（　　　）

4. 为了便于读图，同一零件的序号可以同时标注在不同的视图上。（　　　）

5. 常见的剖视图有全剖视图、半剖视图和局部剖视图。（　　　）

6. 零件图中对外螺纹的规定画法是用粗实线表示螺纹大径，用细实线表示螺纹小径。（　　　）

7. 只要是线性尺寸的一般公差，则其在加工精度上没有区分。（　　　）

8. 低碳钢气焊时产生的氢气孔，大都分布在焊缝内部，而非铁金属气焊时产生的氢气孔多存在于焊缝的表面。（　　　）

9. 锰可以减轻硫对钢的有害性。（　　　）

10. 钨极氩弧焊机的调试内容主要是对电源参数、控制系统的功能及其精度、供气系统完好性、焊枪的发热情况等进行调试。（　　　）

11. 焊缝的余高越高，连接强度越高，因此余高越高越好。（　　　）

12. 电弧电压主要影响焊缝的熔深。   （   ）

13. 装配 T 形接头时应在腹板与平板之间预留间隙，以增加熔深。   （   ）

14. 焊前对施焊部位进行除污、除锈等是为了防止产生夹渣、气孔等焊接缺陷。

（   ）

15. 焊接接头的弯曲试验是用以检验接头拉伸面上的塑性及显示缺陷。   （   ）

16. 在坡口中留钝边是为了防止烧穿，钝边的尺寸要保证第一层焊缝能焊透。

（   ）

17. 焊接时弧光中的红外线对焊工会造成电光性眼炎。   （   ）

18. 手工钨极氩弧焊电弧电压的大小，主要是由弧长决定的。   （   ）

19. 对于 T 形接头，开坡口进行焊接可以减少应力集中系数。   （   ）

20. 焊接缺陷返修次数增加会使焊接应力减小。   （   ）

模拟试卷样例二答案

一、单项选择题

1.C	2.D	3.A	4.C	5.D	6.A	7.B	8.B	9.D	10.D
11.B	12.B	13.D	14.D	15.A	16.A	17.B	18.C	19.C	20.B
21.D	22.A	23.B	24.A	25.A	26.B	27.C	28.C	29.C	30.A
31.B	32.A	33.C	34.C	35.C	36.C	37.A	38.A	39.B	40.A
41.D	42.C	43.A	44.A	45.B	46.B	47.B	48.D	49.A	50.A
51.A	52.D	53.D	54.C	55.B	56.A	57.C	58.C	59.D	60.B

二、多项选择题

1.ABCD	2.ABCF	3.ABCF	4.ABEF	5.ABCDEF	6.ABCD
7.ACD	8.BD	9.ABBD	10.ABCDEF	11.ABD	12.ABCD
13.ABCD	14.ABCD	15.ABCD	16.ABD	17.ABCD	18.AB
19.AB	20.AB				

三、判断题

1.×	2.√	3.×	4.√	5.√	6.√	7.×	8.×	9.√	10.√
11.×	12.×	13.√	14.√	15.√	16.√	17.×	18.√	19.√	20.×

参 考 文 献

[1] 陈祝年，陈茂爱.焊接工程师手册 [M].3 版.北京：机械工业出版社，2019.

[2] 张应立，周玉华.焊工手册 [M].北京：化学工业出版社，2018.

[3] 张能武.焊工入门与提高全程图解 [M].北京：化学工业出版社，2019.

[4] 中国机械工程学会焊接学会.焊接手册 [M].3 版.北京：机械工业出版社，2014.

[5] 王飞，盛国荣，王德涛.焊工：高级 [M].北京：机械工业出版社，2011.

[6] 龙伟民，等.焊接材料手册 [M].北京：机械工业出版社，2014.

[7] 张应立.新编焊工实用手册 [M].北京：金盾出版社，2004.

[8] 刘云龙.焊工技师手册 [M].北京：机械工业出版社，2000.

[9] 张元彬.钎焊 [M].北京：化学工业出版社，2014.

[10] 扈成林.气焊与气割实训指导书 [M].北京：中国铁道出版社，2015.